No.

JN036343

単位が取れる
線形代数ノート

改訂第2版

齋藤寛靖
Saitoh Hiroyasu

講談社

まえがき

　単位が取れる線形代数ノート，そんなタイトルの本を見て，諸君はどんな内容をイメージするだろうか。しかも書いているのが予備校の講師である。これは結構笑える組み合わせかもしれない。単純に考えれば，予備校講師が書く演習書なんて，頻出問題の解法を反復練習させて暗記させる問題集なんじゃないの？というところなのだろうが（いや，実際それもまた大事だったりするのだが），読んでもらえればわかる通り，そういう風には仕上げなかった。なぜなら，「それじゃおもしろくない」からである。

　意味もわからずに，とりあえず使い方だけ丸暗記しようったって，そんなのつまらないに決まっている。つまらなけりゃやる気だってでない。逆にわかれば絶対おもしろいし，おもしろけりゃやる気だってでるし，やる気を出して勉強すりゃあ結果だって暗に明についてくるってもんだ。ましてや線形代数学ときたら，微分積分学と並んで現代人の教養として必修の基礎知識である。多少の理論的枠組みくらい理解できなくてどうする，ということもある。

　本書の読者のほとんどは数学を道具として使う人々だと思う。道具は道具の使い方さえわかればそれでいいじゃないかという意見もあるだろうが，どんな道具でも本当に使いこなすには，ある程度道具そのものを知っていなければならないというのが私の持論である。また，将来理系のプロフェッショナルとしてやっていってもらいたいからこそ，付け焼き刃な学習もどきで終わってほしくないという一念で，私なりの線形代数の理念の解釈を，各項目で深入りしすぎない程度に触れておいた。だからなるべく「読んで納得」できるように，説明のわかりやすさにはそれなりの工夫をしてみたつもりだ。

　私は予備校の教壇に立たせてもらえるようになって，もうかれこれ15年以上になる。扱うのは確かにほとんどが大学入試問題ではあるけれど，それらを通じて数学を，大学を，そして日本の高等教育のこれからの有り様を見つめ続けてきた。「受験がすべての元凶」であり，「入試問題なんか意味がない」という言説は，はっきりいってステレオタイプで平板なものの見方でしかない。受験数学なんていう特別な技術などはなく，そこにあるのはただの数学の問題であり，その背景にある数学に違いは少しもない。違うのは教え

る側の心構えであり，学ぶ者の意識のもちようなのだ。そして私自身，教壇の上から学生諸君が修得するべき種々の数学的能力について考え，話し続けてきたつもりである。

　受験生に最も近い立場の人間として，せっかく頑張って受験勉強してきたものをそのままうまく大学での学習にシフトできるよう，何が足りなくて何を補わなければならないかを考え，そして単なる試験対策演習書で終わらせないよう十分に気を配ってきちんと解説を書いた。とはいえ，諸君が講義で指定される教科書と変わらないのでは意味がない。難解で杓子定規な定義や定理の証明など，省くべきと思ったところは思い切って省いてある。こういうことができるのも，肩書きも履歴も，学会もつきあいも関係ない，中身だけで勝負ができる予備校講師の特権かもしれない。

　学習参考書や受験参考書をこれまでにも様々に手がけてきたが，大学生向けの演習書となると今回がはじめてである。果たしてすべての迷える大学1年生諸君の福音となり得るかどうか，若干心配な面もなきにしもあらずだが，すべての人を満足させるようなものなどこの世に存在しないということも，予備校の授業アンケートでさんざん経験し理解している。本書を通じての読者諸君と私との巡り会いがハズレでないことを切に祈るのみである。ただ，当方としては最善を尽くし，現時点ではそれなりに高水準のものができたのではないかと自負している。

齋藤寛靖

単位が取れる線形代数ノート 改訂第2版
CONTENTS

ブックデザイン――安田あたる

　今回の改訂では，大幅に練習問題を追加し，「ジョルダン標準形」の章を書き足した。おかげさまでこの「単位が取れる線形代数ノート」も，初版を顧みればなんと５万部近くまで求められたというだけあり，手前味噌ながらよく書けている部類ではあったと思うが，やや練習問題が少なかったのと「ジョルダン標準形」がないのが残念なところでもあった。しかし今回いずれもきっちり書き切れたことで，線形代数学の入門書としてはそこそこバランスが取れたものとなったと自負している。

　これもひとえに旧版を手に取っていただいた読者諸氏のおかげである。本当に感謝に堪えない。なにしろはじめに講談社の方が企画をお持ちになったときは，予備校の講師が大学生向けの書をかくなどという越境行為のようなことをやっても良いのかと驚いたものだったが，頑張った甲斐があったのか，フタを開けてみれば，発売時には，東京大学駒場生協７月期数学部門売り上げ１位という恐るべき結果に度肝を抜かれてしまったのだった（なお，物理学部門の１位はかの山本義隆師の「重力の発見」であった。この格調の差は何？（笑））。おかげさまで冥土への良い土産話となりそうである。

　ともかく，改訂を経て本書もより一層完成度の高いものとなったハズである。是非とも本書を活用して，「単位」のみならず，その後のキャリアの礎となるちからを身につけてもらいたい。タイトルの割には真面目に書いてるからさ，いやホント，よろしくお願いしますね。

LECTURE

講義

① Introduction

　高校で学んだベクトルは，あくまで平面上や空間内の「矢印」ベクトルであって，実際に目に見える動きを表すものだった。ちょっとでも物理を勉強した人だったら，この世のあらゆる物体に働く様々な**作用**が，**方向と大きさをもつ量**として，**ベクトル**を通じて語られていくことを知っていると思う。だから，高校でいう平面ベクトルや空間ベクトルについて学ぶことは，それなりに重要だということはすぐに納得できるだろう。ところが，大学で学ぶ線形代数になると，いきなり「n 次元」とくる。しかもでてくる行列も $m \times n$ だ。やたらと複雑な上，なんに使われるのかもさっぱりわからない。行列ってなんだろう。線形代数ってどんなことに役に立つんだろう。その問いに簡単に答えることはそう楽なことではないけれど，講義をはじめるにあたって，それなりのことをお話ししておこうと思う。少々難しい内容になるかもしれないが，つきあってほしい。

集合の中に「構造」をいれる──ベクトル空間という考え方

　まず最初に考えなくてはならないことは，**ベクトルというのは何も「矢印」だけを指すのではない**ということである。だから，$\vec{x}$ や $\vec{y}$ をあえて矢印つきで表さず，$\boldsymbol{x}, \boldsymbol{y}$ と太い文字で表してみよう。こうすれば，ベクトルを平面や空間の中の移動などに限定しない活用が見えてくるのだ。

　たとえば 3 次元空間の中の任意の点 P について，

$$\vec{p} = a\vec{x} + b\vec{y} + c\vec{z}$$

と書かれているところを

$$\boldsymbol{p} = a\boldsymbol{x} + b\boldsymbol{y} + c\boldsymbol{z}$$

と表してみよう。

　高校でも学んだことと思うが，$\boldsymbol{x}, \boldsymbol{y}, \boldsymbol{z}$ が 1 次独立なら，空間内の $\boldsymbol{p}$ で表され

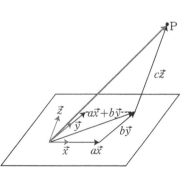

る点 P の位置は，この式の中の (a, b, c) **の組み合わせをいろいろと換えることで表す**ことができるわけだ。では，こういう形をしているものは他にないだろうか。実は結構たくさんある。たとえば，**2 次以下の多項式**なんていうのもそうだ。

2 次以下のどんな多項式

$$p(x) = ax^2 + bx + c$$

も，(a, b, c) を様々に組み合わせることでいろいろ作り出せる。だから，お互いに独立した存在である $x^2, x, 1$ を，それぞれ

$$e_1(x) = x^2, \quad e_2(x) = x, \quad e_3(x) = 1$$

と表すことにすれば，

$$p(x) = ae_1(x) + be_2(x) + ce_3(x)$$

ということになる。これは先ほどの

$$\boldsymbol{p} = a\boldsymbol{x} + b\boldsymbol{y} + c\boldsymbol{z}$$

と全く**同じ形**になるではないか。だから，この $p(x)$ を $\boldsymbol{p}$ と結びつけて，$e_1(x)$, $e_2(x)$, $e_3(x)$ を $\boldsymbol{x}, \boldsymbol{y}, \boldsymbol{z}$ と対応づけることにすれば，あらゆる 2 次以下の多項式 $p(x) = ax^2 + bx + c$ は，$\boldsymbol{p} = a\boldsymbol{x} + b\boldsymbol{y} + c\boldsymbol{z}$ と対応づけられる。つまり，3 次元空間のベクトル 1 つ 1 つと座標 (a, b, c) を仲立ちとしてつながりあうのである。このことから**2 次以下の多項式全体の集合は，$x^2, x, 1$ を座標軸として 3 次元ベクトル空間の構造をもっている**といえてしまうのである。

　すなわち，ただの集合としか考えていなかった 2 次以下の多項式全体の中に，3 次元空間としての座標軸 $e_1(x)$, $e_2(x)$, $e_3(x)$ が取れ，そこに含まれる 1 つ 1 つの多項式 $p(x) = ax^2 + bx + c$ は，この座標軸にしたがって，1 つの点 (a, b, c) として認識することができるのだ。さらに，この集合から 2 つの要素 $f(x)$, $g(x)$ を取り出して

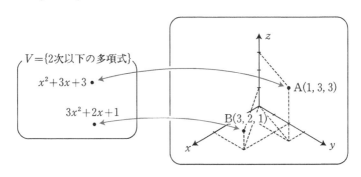

$$\langle f(x) \mid g(x)\rangle = \int_0^1 f(x)g(x)\,\mathrm{d}x$$

と定めてやれば，「内積の公理」（177 ページ）をみたしてしまうので，これを内積だ，と考えることもできてしまうのである。

　このようにして，種々の抽象的な集合も，**ベクトルという構造があること**がわかれば，そこに我々にとって**直観的に理解しやすい幾何的な性質を見出すことができるので，それを様々な問題の解決に応用できる**のである。また，ここでは 2 次以下の多項式を例に話をしたが，その次数を 3 次以下，4 次以下と上げていくにしたがって，ベクトル空間の次元も 4 次元，5 次元と上げていけばよいわけで，ベクトル空間の構造を平面や 3 次元空間に限らず 4 次元，5 次元と拡張していけば，このような多項式の集合や，さらにはより広範な種々の集合への応用が期待できる。

行列による写像とその利用

　そのようなベクトル空間で，**最も単純な写像**はなんだろうということになれば，それは**行列による**線形変換である。我々がいちばんはじめに学ぶ関数はなんだったろうかと考えると，それは**正比例関係** $y=ax$ だったはずだ。n 次元空間上では，この正比例に相当するのが行列 A を用いた $y=Ax$ ということになるわけなのだ。実際，たとえば xy 平面上の点 (x, y) を他の xy 平面上の点 (X, Y) へ写す最も簡単な写像としては，$\begin{cases} X=ax+by \\ Y=cx+dy \end{cases}$ という 1 次式を考えることができる。この写像自体の特性を調べるならば，それを規定している 4 つの数 a, b, c, d の組み合わせ関係が標的となることがわかるだろう。

　そこで，この 4 つの数の組み合わせ関係を $\begin{pmatrix} a & b \\ c & d \end{pmatrix}$ と抜き書きしてやることにするのである。これこそが行列の考え方の第一歩となるのだ。

$$\begin{cases} X=ax+by \\ Y=cx+dy \end{cases} \iff \begin{pmatrix} X \\ Y \end{pmatrix}=\begin{pmatrix} a & b \\ c & d \end{pmatrix}\begin{pmatrix} x \\ y \end{pmatrix}$$

　このいわば n 次元空間の 1 次関数とでもいうべき線形変換は，とても応用範囲が広い。

　ちょっと想像してもらえればわかると思うが，たとえば**微分 1 つ取ってみても，1 次関数への近似**という側面がある。だから n 次元空間上の写像

の微分も「1次関数＝線形変換への近似」という側面があるのだ。ゆえに解析学にだって**行列**が密接に関わってくる。n 変数関数の重積分での変数変換では，**ヤコビアン**なんていう行列式を使っている。行列の基礎的な計算のテクニックはもちろんだけど，線形変換の基礎理論だって多少は知っておく必要があるのだ。

　こんな応用方法もある。たとえば，

$$13x^2 + 6\sqrt{3}\,xy + 7y^2 = 16 \quad \cdots\cdots ①$$

で表される曲線がなんなのかを考えてみよう。はっきりいってこのままじゃちんぷんかんぷんだ。そこで，この曲線を乗せている xy 平面全体に，

$$\begin{pmatrix} X \\ Y \end{pmatrix} = \frac{1}{2}\begin{pmatrix} 1 & -\sqrt{3} \\ \sqrt{3} & 1 \end{pmatrix}\begin{pmatrix} x \\ y \end{pmatrix} \quad \cdots\cdots ※$$

なんていう線形変換をかけてすっ飛ばしてみよう。そうすると……。

　あとで述べる逆行列の知識を借りれば，この変換の逆変換は，

$$\begin{pmatrix} x \\ y \end{pmatrix} = \frac{1}{2}\begin{pmatrix} 1 & \sqrt{3} \\ -\sqrt{3} & 1 \end{pmatrix}\begin{pmatrix} X \\ Y \end{pmatrix} = \frac{1}{2}\begin{pmatrix} X+\sqrt{3}\,Y \\ -\sqrt{3}\,X+Y \end{pmatrix}$$

となるから，これを①へ代入して，

$$13\left(\frac{X+\sqrt{3}\,Y}{2}\right)^2 + 6\sqrt{3}\left(\frac{X+\sqrt{3}\,Y}{2}\right)\left(\frac{-\sqrt{3}\,X+Y}{2}\right)$$

$$+ 7\left(\frac{-\sqrt{3}\,X+Y}{2}\right)^2 = 16$$

$$\Longleftrightarrow \frac{X^2}{4} + Y^2 = 1 \quad \cdots\cdots ②$$

を得る。これならよくわかる図形だろう。そう，**だ円**なのだ。

　実は線形変換※は「$\frac{\pi}{3}$ の回転変換」であって，なんと図形①は $\frac{\pi}{3}$ 回転するとただのだ円②となってしまうのだ（159 及び 222 ページ参照）。

　もちろん，だ円は回転したってだ円だから，**図形①自体がはじめからだ円だった**ということがわかる。

　だから，もし①に関わる図形的な性質（接線だとか最大，最小に関わる問題など）を調べたいと思ったら，まずは回転変換※を用いてわかりやすい②で考えて，そのあと※の逆変換を施して，もとのフィールドで①の性質として語り直せばよい。

　このような発想はよく用いられる。この考え方は**2次形式における対称**

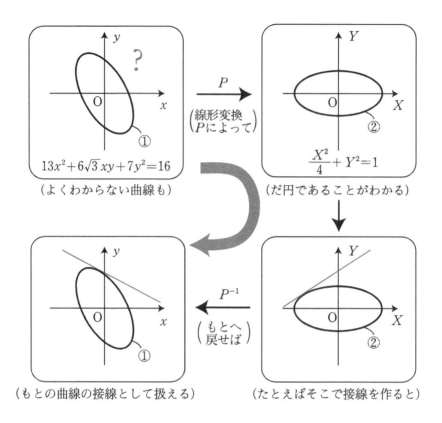

（よくわからない曲線も）

（だ円であることがわかる）

（もとの曲線の接線として扱える）

（たとえばそこで接線を作ると）

行列の対角化と呼ばれる手法だ（**講義 11** で扱う）。またこれは 2 変数関数の極大値や極小値を吟味するときに登場するヘッシアンという行列式の考え方のもとになる話でもある。そしてふつうの対角化を考える（**講義 11** で扱う）なら，**線形連立微分方程式などにも応用され**ていったりする。いずれも理工系学生なら必修の理論なのだ。

それではいよいよ本題に入りましょうか

　とまあそんなわけで，ほんの数例のみを取り上げてみたが，線形代数学という分野は本当に様々な場面に登場してくるので，今後各自各方面へと勉強を進めていくにつれて驚かされることが多くなっていくことだろう。

　そりゃまあ先にも述べた通り，線形変換は n 次元空間内の 1 次関数なんだから，様々を現象を考察する上でいちばん最初にくる考え方として当然なわけだ。

　特にコンピュータシミュレーションが発達してきた現代では，「何万ものステップに細切れにしてチクチクずらして積み重ねる」なんでいう計算も日常的だから，微分・積分とミックスして行列による線形変換の思想はますます重要視されてきているといっても過言ではない。

　行列やベクトルの計算は最初のうちは意味もなかなか理解できず，退屈で苦しいものかもしれない。だけどここでの苦労が後々いろいろ効いてくるはずだから，将来を信じて踏ん張ってほしい。張り切って講義 1 からの本文へと取りかかっていってもらいたい。

　それではいよいよ本論へと入っていくことにしよう。

行列の計算

m 行 n 列の行列を考える

まずはこれから学ぶ行列の基本的な性質について少し考えてみることにしよう。ここを読めば「行列ってなんだ?」っていうことがわかってくると思う。

講義 0 で述べたように，連立方程式

$$\begin{cases} ax + by = p \\ cx + dy = q \end{cases} \quad \cdots\cdots \circledast$$

の性質を決定づける要素として 4 つの係数を取り出したモノ

$$\begin{pmatrix} a & b \\ c & d \end{pmatrix}$$

について考えるとしよう。連立方程式は他にもいろいろ考えることができて，

$$\begin{cases} ax + by + cz = p \\ dx + ey + fz = q \end{cases} \quad \text{から} \quad \begin{pmatrix} a & b & c \\ d & e & f \end{pmatrix}$$

$$\begin{cases} p_1x + q_1y = r_1 \\ p_2x + q_2y = r_2 \\ p_3x + q_3y = r_3 \end{cases} \quad \text{から} \quad \begin{pmatrix} p_1 & q_1 \\ p_2 & q_2 \\ p_3 & q_3 \end{pmatrix}$$

$$\begin{cases} 2x + 3y \quad\ = 1 \\ \quad -2y + z = 2 \\ 5x + \ y - z = 3 \end{cases} \quad \text{から} \quad \begin{pmatrix} 2 & 3 & 0 \\ 0 & -2 & 1 \\ 5 & 1 & -1 \end{pmatrix}$$

などというように，タテ・ヨコに数を並べたモノを取り出すことができる。このようにして行列を次のように定める。

ヨコ並びの数を m 行，タテ並びの数を n 列並べたモノ

$$A = \begin{pmatrix} a_{11} & a_{12} & a_{13} & \cdots & a_{1n} \\ a_{21} & a_{22} & a_{23} & \cdots & a_{2n} \\ a_{31} & a_{32} & a_{33} & \cdots & a_{3n} \\ \vdots & \vdots & \vdots & \ddots & \vdots \\ a_{m1} & a_{m2} & a_{m3} & \cdots & a_{mn} \end{pmatrix} \Big\} m \text{行}$$

を $m \times n$ **行列**と呼ぶ。

第 i 行と第 j 列

ここでヨコ並びの 1 行目を取り出すと，

$$a_{11} \quad a_{12} \quad a_{13} \quad \cdots \quad a_{1n}$$

となる。このように上から i 行目の成分を取り出した

$$a_{i1} \quad a_{i2} \quad a_{i3} \quad \cdots \quad a_{in}$$

を文字通り 第 i 行 ，また，タテ並びの j 列目を取り出した

$$\begin{matrix} a_{1j} \\ a_{2j} \\ a_{3j} \\ \vdots \\ a_{mj} \end{matrix}$$

を 第 j 列 と呼ぶ。

$$\begin{pmatrix} a_{11} & a_{12} & \cdots & a_{1j} & \cdots & a_{1n} \\ a_{21} & a_{22} & \cdots & a_{2j} & \cdots & a_{2n} \\ \vdots & \vdots & \ddots & \vdots & \ddots & \vdots \\ a_{i1} & a_{i2} & \cdots & a_{ij} & \cdots & a_{in} \\ \vdots & \vdots & \ddots & \vdots & \ddots & \vdots \\ a_{m1} & a_{m2} & \cdots & a_{mj} & \cdots & a_{mn} \end{pmatrix} \leftarrow \text{第 } i \text{ 行}$$

$\uparrow$ 第 j 列

そして，第 i 行第 j 列の a_{ij} は (i, j) 成分と呼ぶのである。

行列

と覚えれば，どっちが行でどっちが列かはっきりするだろう。

ベクトルみたいに計算できる

たとえば 2×3 行列を 1 つ取ってみれば

$$A = \begin{pmatrix} 1 & 2 & 3 \\ 4 & 5 & 6 \end{pmatrix}$$

となる。これは高校の数学 B で学んだベクトル

$$\vec{x} = (1,\ 2,\ 3)$$

によく似ており，実際ベクトルのように計算することができる。

例

$$a \begin{pmatrix} 1 & 2 & 3 \\ 4 & 5 & 6 \end{pmatrix} + b \begin{pmatrix} 0 & -1 & 2 \\ -3 & 1 & 5 \end{pmatrix}$$

$$= \begin{pmatrix} a & 2a-b & 3a+2b \\ 4a-3b & 5a+b & 6a+5b \end{pmatrix}$$

これを

$$A = \begin{pmatrix} 1 & 2 & 3 \\ 4 & 5 & 6 \end{pmatrix},\ \ B = \begin{pmatrix} 0 & -1 & 2 \\ -3 & 1 & 5 \end{pmatrix},$$

$$C = \begin{pmatrix} a & 2a-b & 3a+2b \\ 4a-3b & 5a+b & 6a+5b \end{pmatrix}$$

と書き換えれば，

$$aA + bB = C$$

となり，とてもなじみのある計算となる。

こうすれば，行列の世界にもベクトルのときと同じように**定数倍と和，差**をもちこむことができるのだ。

次の方程式をみたす 2×2 行列 X, Y を求めよ。

例題
1-1

$$\begin{cases} X+2Y=\begin{pmatrix} -1 & 5 \\ 3 & 4 \end{pmatrix} & \cdots\cdots① \\[2mm] 2X-Y=\begin{pmatrix} -2 & 0 \\ 1 & 3 \end{pmatrix} & \cdots\cdots② \end{cases}$$

【解答＆解説】 ①＋②×2 より

$$5X=\begin{pmatrix} -1 & 5 \\ 3 & 4 \end{pmatrix}+\begin{pmatrix} -4 & 0 \\ 2 & 6 \end{pmatrix}=\begin{pmatrix} -5 & 5 \\ 5 & 10 \end{pmatrix}$$

$$\therefore\quad X=\begin{pmatrix} -1 & 1 \\ 1 & 2 \end{pmatrix}$$

②から

$$Y=2\begin{pmatrix} -1 & 1 \\ 1 & 2 \end{pmatrix}-\begin{pmatrix} -2 & 0 \\ 1 & 3 \end{pmatrix}=\begin{pmatrix} 0 & 2 \\ 1 & 1 \end{pmatrix}$$

$$X=\begin{pmatrix} -1 & 1 \\ 1 & 2 \end{pmatrix},\ Y=\begin{pmatrix} 0 & 2 \\ 1 & 1 \end{pmatrix}\quad\cdots\cdots(答)$$

行列のかけ算

さて，足し算・引き算が考えられたのだから，次はかけ算を考えてみよう。はじめ行列について

$$\begin{cases} ax+by=p \\ cx+dy=q \end{cases}\ を\quad \begin{pmatrix} a & b \\ c & d \end{pmatrix}\begin{pmatrix} x \\ y \end{pmatrix}=\begin{pmatrix} p \\ q \end{pmatrix}$$

と表すことにしたのだから，ここで

$$ax+by$$

にあたるのは何かと考えると $(a\ \ b)$ と $\begin{pmatrix} x \\ y \end{pmatrix}$ がくっつくことで

$(ax+by)$ になるのだと解釈することで

$$(a \quad b)\begin{pmatrix} x \\ y \end{pmatrix} = ax + by$$

を考え出すことができる。よって,

$$(a \quad b)\begin{pmatrix} x \\ y \end{pmatrix} = ax + by$$

$$(c \quad d)\begin{pmatrix} x \\ y \end{pmatrix} = cx + dy$$

$$\begin{pmatrix} a & b \\ c & d \end{pmatrix}\begin{pmatrix} x \\ y \end{pmatrix} = \begin{pmatrix} ax + by \\ cx + dy \end{pmatrix}$$

であるとか

$$(a \quad b)\begin{pmatrix} x \\ y \end{pmatrix} = ax + by \qquad (a \quad b)\begin{pmatrix} u \\ v \end{pmatrix} = au + bv$$

$$(a \quad b)\begin{pmatrix} x & u \\ y & v \end{pmatrix} = (ax + by \quad au + bv)$$

といった張り合わせを考えるのは自然だろう。つまり,

$$\begin{pmatrix} a & b & c \\ d & e & f \\ ア & イ & ウ \end{pmatrix}\begin{pmatrix} x & い \\ y & ろ \\ z & は \end{pmatrix} = \begin{pmatrix} ax + by + cz & aい + bろ + cは \\ dx + ey + fz & dい + eろ + fは \\ アx + イy + ウz & アい + イろ + ウは \end{pmatrix}$$

のように,左辺の左側の行列はよこベクトル積み上げ,右側の行列はたてベクトル並べ立てをしてかけ算されると覚えておこう。

例題
1-2

次の各計算を実行せよ。

(1) $(1 \quad 2)\begin{pmatrix} 3 \\ 4 \end{pmatrix}$　(2) $\begin{pmatrix} 1 & 2 \\ -1 & -2 \end{pmatrix}\begin{pmatrix} 3 \\ 4 \end{pmatrix}$　(3) $\begin{pmatrix} 1 & 2 \\ -1 & -2 \\ 0 & 0 \end{pmatrix}\begin{pmatrix} 3 \\ 4 \end{pmatrix}$

(4) $(a \quad b)\begin{pmatrix} p \\ q \end{pmatrix}$　(5) $(a \quad b)\begin{pmatrix} p & p' \\ q & q' \end{pmatrix}$

(6) $(a \quad b)\begin{pmatrix} p & p' & p'' \\ q & q' & q'' \end{pmatrix}$　(7) $\begin{pmatrix} 1 & 2 \\ a & b \end{pmatrix}\begin{pmatrix} 3 \\ 4 \end{pmatrix}$

(8) $\begin{pmatrix} 1 & 2 \\ a & b \end{pmatrix}\begin{pmatrix} 3 & p \\ 4 & q \end{pmatrix}$　(9) $\begin{pmatrix} 1 & 2 & 3 \\ a & b & c \end{pmatrix}\begin{pmatrix} p & p' & p'' \\ q & q' & q'' \\ r & r' & r'' \end{pmatrix}$

【解答＆解説】

(1) $1 \times 3 + 2 \times 4 = 11$

(2) $\begin{pmatrix} 1 \times 3 + 2 \times 4 \\ -1 \times 3 + (-2) \times 4 \end{pmatrix} = \begin{pmatrix} 11 \\ -11 \end{pmatrix}$

(3) $\begin{pmatrix} 1 \times 3 + 2 \times 4 \\ -1 \times 3 - 2 \times 4 \\ 0 \times 3 + 0 \times 4 \end{pmatrix} = \begin{pmatrix} 11 \\ -11 \\ 0 \end{pmatrix}$

(4) $ap + bq$

(5) $(ap + bq \quad ap' + bq')$

(6) $(ap + bq \quad ap' + bq' \quad ap'' + bq'')$

(7) $\begin{pmatrix} 1 \times 3 + 2 \times 4 \\ a \times 3 + b \times 4 \end{pmatrix} = \begin{pmatrix} 11 \\ 3a + 4b \end{pmatrix}$

(8) $\begin{pmatrix} 1 \times 3 + 2 \times 4 & 1 \times p + 2 \times q \\ a \times 3 + b \times 4 & a \times p + b \times q \end{pmatrix} = \begin{pmatrix} 11 & p + 2q \\ 3a + 4b & ap + bq \end{pmatrix}$

(9) $\begin{pmatrix} p + 2q + 3r & p' + 2q' + 3r' & p'' + 2q'' + 3r'' \\ ap + bq + cr & ap' + bq' + cr' & ap'' + bq'' + cr'' \end{pmatrix}$

これでわかるように，行列の計算の積の計算規則は次のようになる。

$$(\longrightarrow)\begin{pmatrix}|\\\downarrow\end{pmatrix}=(\text{スカラー})$$

$$\begin{pmatrix}\longrightarrow\\\longrightarrow\end{pmatrix}\begin{pmatrix}|\\\downarrow\end{pmatrix}=\begin{pmatrix}\longrightarrow\\\longrightarrow\end{pmatrix}$$

$$\begin{pmatrix}\longrightarrow\\\longrightarrow\\\longrightarrow\end{pmatrix}\begin{pmatrix}|\\\downarrow\end{pmatrix}=\begin{pmatrix}\longrightarrow\\\longrightarrow\\\longrightarrow\end{pmatrix}$$

$$(\longrightarrow)\begin{pmatrix}|&|\\\downarrow&\downarrow\end{pmatrix}=(\longrightarrow\quad\longrightarrow)$$

$$(\longrightarrow)\begin{pmatrix}|&|&|\\\downarrow&\downarrow&\downarrow\end{pmatrix}=(\longrightarrow\quad\longrightarrow\quad\longrightarrow)$$

$$\begin{pmatrix}\longrightarrow\\\longrightarrow\end{pmatrix}\begin{pmatrix}|&|&|\\\downarrow&\downarrow&\downarrow\end{pmatrix}=\begin{pmatrix}\longrightarrow&\longrightarrow&\longrightarrow\\\longrightarrow&\longrightarrow&\longrightarrow\end{pmatrix}$$

$$\begin{pmatrix}\longrightarrow\\\longrightarrow\end{pmatrix}\begin{pmatrix}|&|\\\downarrow&\downarrow\end{pmatrix}=\begin{pmatrix}\longrightarrow&\longrightarrow\\\longrightarrow&\longrightarrow\end{pmatrix}$$

$$\begin{pmatrix}\longrightarrow\\\longrightarrow\end{pmatrix}\begin{pmatrix}|&|&|\\\downarrow&\downarrow&\downarrow\end{pmatrix}=\begin{pmatrix}\longrightarrow&\longrightarrow&\longrightarrow\\\longrightarrow&\longrightarrow&\longrightarrow\end{pmatrix}$$

とにかく，まずたくさん計算練習して慣れてしまうことだ。

$n \times n$ 正方行列

ここまで行列の積を考えてきて，中に特徴のあるタイプを見出せたかもしれない。たとえば，

$$\begin{pmatrix} 1 & 2 \\ 3 & 4 \end{pmatrix} \begin{pmatrix} -2 & 1 \\ 3 & -2 \end{pmatrix} = \begin{pmatrix} 4 & -3 \\ 6 & -5 \end{pmatrix}$$

のように

$$\begin{pmatrix} \square & \square \\ \square & \square \end{pmatrix} \times \begin{pmatrix} \square & \square \\ \square & \square \end{pmatrix} = \begin{pmatrix} \square & \square \\ \square & \square \end{pmatrix}$$

となって，2×2 行列同士の積は形を変えないことがわかるのだ。これは

$$(整数) \times (整数) = (整数)$$

とか

$$(有理数) \times (有理数) = (有理数)$$

あるいは高校のときの数学を思い出せば

$$(整式) \times (整式) = (整式)$$

と同じことになっている。このような場合を 2×2 の行列の世界は積に関して**閉じている**という。

このように，行と列の数が同じ $n \times n$ の行列は，いろいろな有利な計算ができることがある。これを n 次正方行列と呼ぶ。

例題 1-3

$$A = \begin{pmatrix} 1 & 2 \\ 3 & 4 \end{pmatrix}, \ B = \begin{pmatrix} 3 & 0 \\ -1 & 2 \end{pmatrix}, \ C = \begin{pmatrix} 4 & -2 \\ -3 & 1 \end{pmatrix},$$

$$D = \begin{pmatrix} 0 & 0 \\ 0 & 0 \end{pmatrix}, \ E = \begin{pmatrix} 1 & 0 \\ 0 & 1 \end{pmatrix} \quad とする。$$

次を計算せよ。

(1) AB　　(2) BA　　(3) AC　　(4) CA

(5) AD　　(6) DA　　(7) AE　　(8) EA

【解答＆解説】 ここはトバさないように！　ちゃんと計算すること。

(1) $\begin{pmatrix} 1 & 4 \\ 5 & 8 \end{pmatrix}$　　(2) $\begin{pmatrix} 3 & 6 \\ 5 & 6 \end{pmatrix}$　　(3) $\begin{pmatrix} -2 & 0 \\ 0 & -2 \end{pmatrix}$

(4) $\begin{pmatrix} -2 & 0 \\ 0 & -2 \end{pmatrix}$　　(5) $\begin{pmatrix} 0 & 0 \\ 0 & 0 \end{pmatrix}$　　(6) $\begin{pmatrix} 0 & 0 \\ 0 & 0 \end{pmatrix}$

$$(7) \quad \begin{pmatrix} 1 & 2 \\ 3 & 4 \end{pmatrix} \qquad (8) \quad \begin{pmatrix} 1 & 2 \\ 3 & 4 \end{pmatrix}$$

交換法則は成り立つか？

さて，たくさん計算をしてもらったが，無論意味あってのことである。たとえば(1)と(2)，(3)と(4)から

$$AB \neq BA, \quad AC = CA$$

ということがわかる。すなわち行列の積においては，

交換法則 $XY = YX$ は成り立たないこともある

ということがわかる。また，$\begin{pmatrix} 0 & 0 \\ 0 & 0 \end{pmatrix}$ はすべての成分を 0 にしてしまうし，$\begin{pmatrix} 1 & 0 \\ 0 & 1 \end{pmatrix}$ は成分を何も変えないこともわかる。

これらは数の世界における「0」や「1」にあたると考えられる。そこで

$$O = \begin{pmatrix} 0 & 0 \\ 0 & 0 \end{pmatrix}, \quad E = \begin{pmatrix} 1 & 0 \\ 0 & 1 \end{pmatrix}$$

と表し，それぞれゼロ行列，単位行列と呼ぶことにしよう。

単位行列 E は I と書くこともあるから，各自大学の先生が使う記号にしたがうこと。

例題 1-4

$A = \begin{pmatrix} 1 & 2 \\ 3 & 4 \end{pmatrix}$, $B = \begin{pmatrix} 3 & 0 \\ -1 & 2 \end{pmatrix}$ のとき，次を計算せよ。

(1) $(A+B)(A-B)$　(2) $A^2 - B^2$

【解答＆解説】　この問題のもつ「意味」も考えよう。

(1) $(A+B)(A-B) = \begin{pmatrix} 4 & 2 \\ 2 & 6 \end{pmatrix} \begin{pmatrix} -2 & 2 \\ 4 & 2 \end{pmatrix}$

$= \begin{pmatrix} 0 & 12 \\ 20 & 16 \end{pmatrix}$ ……(答)

(2) ~~$A^2 - B^2 = (A+B)(A-B) = \begin{pmatrix} 0 & 12 \\ 20 & 16 \end{pmatrix}$~~ ← これは間違い！

A^2 と B^2 を直接計算すれば，

$$A^2 = \begin{pmatrix} 7 & 10 \\ 15 & 22 \end{pmatrix}, \ B^2 = \begin{pmatrix} 9 & 0 \\ -5 & 4 \end{pmatrix}$$

である。よって，

$$A^2 - B^2 = \begin{pmatrix} -2 & 10 \\ 20 & 18 \end{pmatrix} \ \ \cdots\cdots (答)$$

　まああからさまな設問なので，すぐに気づいたと思うが，ここでいいたかったことは，かならずしも

$$(A+B)(A-B) = A^2 - B^2$$

ではないということなのだ。

これが成り立つのは，式をきちんと計算すると

$$(A+B)(A-B) = A^2 - AB + BA - B^2 \ \cdots (*)$$

となるので，

$$(*) = -AB + BA = O$$

のとき，つまり交換法則が成り立つときに限る。すなわち，

$$AB = BA \Longleftrightarrow (A+B)(A-B) = A^2 - B^2$$

ということになる。

演習問題 1-1

(1)　どんな 2 次の正方行列 A に対しても
$$AX = XA$$
をみたす 2 次の正方行列 X はどんな行列か。

(2)　$A = \begin{pmatrix} 2 & 1 \\ x & y \end{pmatrix}$ とする。$A^2 = A$ となるように x, y を定めよ。

ヒント!

(1)　どんな行列についても成り立つのだから，特殊な行列でも成り立つハズだ。

(2)　「$A^2 - A = A(A - E) = O$ だから $A = O, E$」などとはしないこと‼　O でなくてもかけて O となる行列はいろいろ作れるのだ。

【解答＆解説】

(1)　$X = \begin{pmatrix} x & y \\ u & v \end{pmatrix}$ とする。$A_1 = \begin{pmatrix} 1 & 0 \\ 0 & 0 \end{pmatrix}$ のとき，

$$A_1 X = \begin{pmatrix} 1 & 0 \\ 0 & 0 \end{pmatrix}\begin{pmatrix} x & y \\ u & v \end{pmatrix} = \begin{pmatrix} x & y \\ 0 & 0 \end{pmatrix}$$

$$X A_1 = \begin{pmatrix} x & y \\ u & v \end{pmatrix}\begin{pmatrix} 1 & 0 \\ 0 & 0 \end{pmatrix} = \begin{pmatrix} x & 0 \\ u & 0 \end{pmatrix}$$

よって条件 $A_1 X = X A_1$ から $u = y = 0$ でなくてはならない。

$A_2 = \begin{pmatrix} 0 & 1 \\ 0 & 0 \end{pmatrix}$ として，同様に

$$A_2 X = \begin{pmatrix} 0 & 1 \\ 0 & 0 \end{pmatrix}\begin{pmatrix} x & 0 \\ 0 & v \end{pmatrix} = \begin{pmatrix} 0 & v \\ 0 & 0 \end{pmatrix}$$

$$X A_2 = \begin{pmatrix} x & 0 \\ 0 & v \end{pmatrix}\begin{pmatrix} 0 & 1 \\ 0 & 0 \end{pmatrix} = \begin{pmatrix} 0 & x \\ 0 & 0 \end{pmatrix}$$

よって条件 $A_2 X = X A_2$ から $x = v$ でなくてはならない。

そこで逆に $X = \begin{pmatrix} x & 0 \\ 0 & x \end{pmatrix}$ とおくと，任意の行列 $A = \begin{pmatrix} a & b \\ c & d \end{pmatrix}$ に対して

$$AX = \begin{pmatrix} a & b \\ c & d \end{pmatrix}\begin{pmatrix} x & 0 \\ 0 & x \end{pmatrix} = \begin{pmatrix} xa & xb \\ xc & xd \end{pmatrix}$$

$$XA = \begin{pmatrix} x & 0 \\ 0 & x \end{pmatrix}\begin{pmatrix} a & b \\ c & d \end{pmatrix} = \begin{pmatrix} xa & xb \\ xc & xd \end{pmatrix}$$

となるので $AX = XA$ が成り立つ。

ゆえに求める行列は，x を任意の実数として

$$X = \begin{pmatrix} x & 0 \\ 0 & x \end{pmatrix} \quad \cdots\cdots (答)$$

(2)　$A = \begin{pmatrix} 2 & 1 \\ x & y \end{pmatrix}$　より

$$A^2 - A = A(A-E) = \begin{pmatrix} 2 & 1 \\ x & y \end{pmatrix}\begin{pmatrix} 1 & 1 \\ x & y-1 \end{pmatrix}$$

$$= \begin{pmatrix} 2+x & 1+y \\ x+xy & x+y^2-y \end{pmatrix} = \begin{pmatrix} 0 & 0 \\ 0 & 0 \end{pmatrix}$$

$$\therefore \quad x = -2, \ y = -1 \quad \cdots\cdots (答)$$

(2)を振り返ると

$$\begin{pmatrix} 2 & 1 \\ -2 & -1 \end{pmatrix}\begin{pmatrix} 1 & 1 \\ -2 & -2 \end{pmatrix} = \begin{pmatrix} 0 & 0 \\ 0 & 0 \end{pmatrix}$$

であったり，

$$\begin{pmatrix} 2 & 1 \\ -2 & -1 \end{pmatrix}^2 = \begin{pmatrix} 2 & 1 \\ -2 & -1 \end{pmatrix}$$

であったりすることがわかる。ゼロ行列でない行列同士のかけ算がゼロ行列になったり，単位行列でない行列の 2 乗でも，もとの行列と同じになったりするのである。行列は実数のように計算できることも多いが，実数のようにはいかないことも多いのだ。

実習問題
1-1

$A = \begin{pmatrix} 1 & 2 & 0 \\ 0 & 1 & 3 \\ 0 & 0 & 1 \end{pmatrix}$ に対して次の問いに答えよ。

(1) $N = A - E$ とする。N^2, N^3 を求めよ。

(2) A^{10} を求めよ。

ヒント！ (2)では(1)の結果がうまく使える。$A = N + E$ と考えれば $NE = EN$ $= N$ が成立する（つまり交換法則が成立する）から，なんと二項定理（次ページに解説がある）が成り立つのだ!!

【解答 & 解説】

(1) $N = A - E = \begin{pmatrix} 1 & 2 & 0 \\ 0 & 1 & 3 \\ 0 & 0 & 1 \end{pmatrix} - \begin{pmatrix} 1 & 0 & 0 \\ 0 & 1 & 0 \\ 0 & 0 & 1 \end{pmatrix} = \begin{pmatrix} 0 & 2 & 0 \\ 0 & 0 & 3 \\ 0 & 0 & 0 \end{pmatrix}$

$N^2 = \begin{pmatrix} 0 & 2 & 0 \\ 0 & 0 & 3 \\ 0 & 0 & 0 \end{pmatrix} \begin{pmatrix} 0 & 2 & 0 \\ 0 & 0 & 3 \\ 0 & 0 & 0 \end{pmatrix} = \begin{pmatrix} 0 & 0 & 6 \\ 0 & 0 & 0 \\ 0 & 0 & 0 \end{pmatrix}$ ……(答)

$N^3 = \begin{pmatrix} 0 & 0 & 6 \\ 0 & 0 & 0 \\ 0 & 0 & 0 \end{pmatrix} \begin{pmatrix} 0 & 2 & 0 \\ 0 & 0 & 3 \\ 0 & 0 & 0 \end{pmatrix} = $ (a) ……(答)

(2) (1)の N を用いると，$A = N + E$ である。$NE = EN = N$ より二項定理が成り立ち，$N_0 = E$ とすれば，

$A^{10} = (N + E)^{10} = \sum_{r=0}^{10} {}_{10}C_r N^r$

(1)より O になる。

$= {}_{10}C_0 E + {}_{10}C_1 N + {}_{10}C_2 N^2 \boxed{+ {}_{10}C_3 N^3 + \cdots + {}_{10}C_{10} N^{10}}$

$= \begin{pmatrix} 1 & 0 & 0 \\ 0 & 1 & 0 \\ 0 & 0 & 1 \end{pmatrix} + 10 \begin{pmatrix} 0 & 2 & 0 \\ 0 & 0 & 3 \\ 0 & 0 & 0 \end{pmatrix} + 45 \begin{pmatrix} 0 & 0 & 6 \\ 0 & 0 & 0 \\ 0 & 0 & 0 \end{pmatrix}$

$= $ (b) ……(答)

注 ここで二項定理のおさらいをしておこう。$(a+b)^n$ を分配法則で計算する場合，たとえば

$$(a+b)^3 = (a+b)(a+b)(a+b)$$
$$= aaa + aab + aba + abb + baa + bab + bba + bbb$$
$$= a^3 + 3a^2b + 3ab^2 + b^3$$

のように，3つある $(a+b)$ から1つずつ a か b かを取り出して積を作り，総和を取った。同様に $(a+b)^n$ は，n 個ある $(a+b)$ から a か b かを取り出した n 個の数の積の総和であり，その項は $a^r b^{n-r}$ と表せる。ところでこの項の数は

n 個ある $(a+b)$ から r 個の a を取り，残る $n-r$ 個から b を取り出すので，${}_nC_r$ 通り分で	てくる

のだから，係数は ${}_nC_r$ となるのである。ゆえに

$$(a+b)^n = \sum_{r=0}^{n} {}_nC_r a^r b^{n-r}$$

となるのだった。思い出したかな？

$$
(a)\quad
\begin{pmatrix}
0 & 0 & 0 \\
0 & 0 & 0 \\
0 & 0 & 0
\end{pmatrix}
\qquad
(b)\quad
\begin{pmatrix}
1 & 20 & 270 \\
0 & 1 & 30 \\
0 & 0 & 1
\end{pmatrix}
$$

復習問題
1-1

次の各式を計算せよ。

(1) $(1 \quad 2)\begin{pmatrix} -4 \\ 3 \end{pmatrix}$ (2) $(1 \quad -2 \quad 3)\begin{pmatrix} 4 \\ 3 \\ 2 \end{pmatrix}$ (3) $\begin{pmatrix} 1 \\ 2 \end{pmatrix}(4 \quad -3)$

(4) $\begin{pmatrix} 1 & 3 & -5 \\ 6 & -4 & 2 \end{pmatrix}\begin{pmatrix} 7 & 1 \\ 3 & 3 \\ 3 & 5 \end{pmatrix}$ (5) $\begin{pmatrix} 0 & 1 \\ 0 & 0 \end{pmatrix}^n$ (n は自然数)

【解答 & 解説】

(1) $(1 \quad 2)\begin{pmatrix} -4 \\ 3 \end{pmatrix} = 1 \cdot (-4) + 2 \cdot 3 = 2$ ……(答)

(2) $(1 \quad -2 \quad 3)\begin{pmatrix} 4 \\ 3 \\ 2 \end{pmatrix} = 1 \cdot 4 - 2 \cdot 3 + 3 \cdot 2 = 4$ ……(答)

(3) $\begin{pmatrix} 1 \\ 2 \end{pmatrix}(4 \quad -3) = \begin{pmatrix} 1 \cdot 4 & 1 \cdot (-3) \\ 2 \cdot 4 & 2 \cdot (-3) \end{pmatrix} = \begin{pmatrix} 4 & -3 \\ 8 & -6 \end{pmatrix}$ ……(答)

(4) $\begin{pmatrix} 1 & 3 & -5 \\ 6 & -4 & 2 \end{pmatrix}\begin{pmatrix} 7 & 1 \\ 3 & 3 \\ 3 & 5 \end{pmatrix} = \begin{pmatrix} 1 \cdot 7 + 3 \cdot 3 - 5 \cdot 3 & 1 \cdot 1 + 3 \cdot 3 - 5 \cdot 5 \\ 6 \cdot 7 - 4 \cdot 3 + 2 \cdot 3 & 6 \cdot 1 - 4 \cdot 3 + 2 \cdot 5 \end{pmatrix}$

$= \begin{pmatrix} 1 & -15 \\ 36 & 4 \end{pmatrix}$ ……(答)

(5) $\begin{pmatrix} 0 & 1 \\ 0 & 0 \end{pmatrix}^2 = \begin{pmatrix} 0 & 1 \\ 0 & 0 \end{pmatrix}\begin{pmatrix} 0 & 1 \\ 0 & 0 \end{pmatrix} = \begin{pmatrix} 0 & 0 \\ 0 & 0 \end{pmatrix}$

よって，$\begin{pmatrix} 0 & 1 \\ 0 & 0 \end{pmatrix}^n = \begin{cases} \begin{pmatrix} 0 & 1 \\ 0 & 0 \end{pmatrix} & (n=1) \\ \begin{pmatrix} 0 & 0 \\ 0 & 0 \end{pmatrix} & (n \geqq 2) \end{cases}$ ……(答)

次の式が成り立つことを示せ。

$$\begin{pmatrix} \cos\alpha & -\sin\alpha \\ \sin\alpha & \cos\alpha \end{pmatrix}\begin{pmatrix} \cos\beta & -\sin\beta \\ \sin\beta & \cos\beta \end{pmatrix}$$
$$=\begin{pmatrix} \cos(\alpha+\beta) & -\sin(\alpha+\beta) \\ \sin(\alpha+\beta) & \cos(\alpha+\beta) \end{pmatrix}$$

【解答＆解説】

$$\begin{pmatrix} \cos\alpha & -\sin\alpha \\ \sin\alpha & \cos\alpha \end{pmatrix}\begin{pmatrix} \cos\beta & -\sin\beta \\ \sin\beta & \cos\beta \end{pmatrix}$$
$$=\begin{pmatrix} \cos\alpha\cos\beta-\sin\alpha\sin\beta & -\sin\alpha\cos\beta-\sin\alpha\sin\beta \\ \sin\alpha\cos\beta+\cos\alpha\sin\beta & \cos\alpha\cos\beta-\sin\alpha\sin\beta \end{pmatrix}$$
$$=\begin{pmatrix} \cos(\alpha+\beta) & -\sin(\alpha+\beta) \\ \sin(\alpha+\beta) & \cos(\alpha+\beta) \end{pmatrix} \quad (\because \quad \text{加法定理により})$$
$$\cdots\cdots(\text{証明終わり})$$

注　三角関数の「**加法定理**」は大丈夫かな。復習しておこう。

（公式）
$$\begin{cases} \cos(\alpha+\beta)=\cos\alpha\cos\beta-\sin\alpha\sin\beta \\ \cos(\alpha-\beta)=\cos\alpha\cos\beta+\sin\alpha\sin\beta \\ \sin(\alpha+\beta)=\sin\alpha\cos\beta+\cos\alpha\sin\beta \\ \sin(\alpha-\beta)=\sin\alpha\cos\beta-\cos\alpha\sin\beta \end{cases}$$

ここではコレを逆方向から用いたというわけだ。

（公式）
$$\begin{cases} \cos\alpha\cos\beta-\sin\alpha\sin\beta=\cos(\alpha+\beta) \\ \cos\alpha\cos\beta+\sin\alpha\sin\beta=\cos(\alpha-\beta) \\ \sin\alpha\cos\beta+\cos\alpha\sin\beta=\sin(\alpha+\beta) \\ \sin\alpha\cos\beta-\cos\alpha\sin\beta=\sin(\alpha-\beta) \end{cases}$$

いわゆる「**三角関数の合成**」にあたるのだが……。

復習問題 1-3

a, b, x, y および X, Y を実数，$i=\sqrt{-1}$ とする。

$\alpha=a+bi$, $z=x+yi$, $Z=X+Yi$ に対して，

$$Z=\alpha z$$

が成り立つとき，これを行列とベクトルで表すことができる。すなわち，

$$\begin{pmatrix} X \\ Y \end{pmatrix} = A \begin{pmatrix} x \\ y \end{pmatrix}$$

の形に書ける。このとき複素数 α に対応する行列 A を a, b で表せ。

【解答＆解説】

$Z=\alpha z$ により，

$$X+Yi=(a+bi)(x+yi)=ax-by+(bx+ay)i$$

なので，

$$\begin{cases} X=ax-by \\ Y=bx+ay \end{cases}$$

よってこれは，

$$\begin{pmatrix} X \\ Y \end{pmatrix} = \begin{pmatrix} ax-by \\ bx+ay \end{pmatrix} = \begin{pmatrix} a & -b \\ b & a \end{pmatrix}\begin{pmatrix} X \\ Y \end{pmatrix}$$

と書けるので，複素数 α に対応する行列 A は，

$$A=\begin{pmatrix} a & -b \\ b & a \end{pmatrix} \quad \cdots\cdots（答）$$

注 複素数 $\alpha=a+bi$ は，$r=\sqrt{a^2+b^2}$ として，$\begin{cases} a=r\cos\theta \\ b=r\sin\theta \end{cases}$ と書き直せば，

$a+bi=r(\cos\theta+i\sin\theta)$ と書け，$A=\begin{pmatrix} a & -b \\ b & a \end{pmatrix}=r\begin{pmatrix} \cos\theta & -\sin\theta \\ \sin\theta & \cos\theta \end{pmatrix}$ と書き直せる。

なので，$\begin{pmatrix} \cos\theta & -\sin\theta \\ \sin\theta & \cos\theta \end{pmatrix}$ が θ 回転を意味するといえる（159 ページ）。

講義 2 ｜ 3×3 連立1次方程式

　この講義では連立1次方程式の解法を考えていくことにしよう。実は連立1次方程式には3つのタイプがあって，

　❶解がただ1組にキレイに解ける。

　❷解けるけど解は無数にある。

　❸その方程式をみたす解は存在しない。つまり，解けない。

と分けて考えることができる。

　経験上なんとなし「文字2つに式2つ」や「文字3つに式3つ」の連立方程式はキレイに解けることがイメージできるだろう。そこで本講では手はじめとして

$$\begin{cases} ax+by+cz=p \\ dx+ey+fz=q \quad \cdots\cdots ⊛ \\ gx+hy+iz=r \end{cases}$$

の形で，しかも「❶解がただ1組にキレイに解ける」タイプのみ考える。

係数行列と拡大係数行列

　⊛の左辺から係数だけを抜き出して作る行列

$$A=\begin{pmatrix} a & b & c \\ d & e & f \\ g & h & i \end{pmatrix}$$

を係数行列と呼ぶ。ベクトル x, b を $x=\begin{pmatrix} x \\ y \\ z \end{pmatrix}$, $b=\begin{pmatrix} p \\ q \\ r \end{pmatrix}$ とおけば，⊛は

$Ax=b$ と表せる。このとき A と b をくっつけて作る行列

$$(A \mid \boldsymbol{b}) = \begin{pmatrix} a & b & c & p \\ d & e & f & q \\ g & h & i & r \end{pmatrix}$$

を拡大係数行列と呼ぶ。

消去法とはきだし法

次の連立方程式を解きながら，連立方程式を解くとはどういうことか考えてみよう。

例
$$\begin{cases} -2y-3z=-1 \\ 3x+\ y+\ z=\ \ 0 \\ x+2y+3z=\ \ 2 \end{cases}$$

中学校以降慣れ親しんできた**消去法**は，これら**3つの式を定数倍して足したり引いたりして文字を消去**する方法だった。右にそのプロセスを書き出したので見てほしい。

こうして見直すと，連立方程式を解くという行為は次の**3つの操作**によって成立していることがわかる。

(A) 1つの方程式にある数をかけ，それを他の式に加える。

(B) 2つの方程式を入れ換える。

(C) 1つの方程式に 0 でない数をかける。

では次に行列を用いた解法を見てみよう。**はきだし法**という手法だ。

①消去法で解を求める
スタート

$$\begin{cases} \quad\ -2y-3z=-1 & \cdots\cdots① \\ 3x+\ y+\ z=\ \ 0 & \cdots\cdots② \\ x+2y+3z=\ \ 2 & \cdots\cdots③ \end{cases}$$

(1) ③に①を加える。(A)
$$\begin{cases} \quad\ -2y-3z=-1 & \cdots\cdots① \\ 3x+\ y+\ z=\ \ 0 & \cdots\cdots② \\ x \qquad\qquad =\ \ 1 & \cdots\cdots③ \end{cases}$$

(2) ②に③×(-3)を加える。(A)
$$\begin{cases} \quad\ -2y-3z=-1 & \cdots\cdots① \\ \qquad\ y+\ z=-3 & \cdots\cdots② \\ x \qquad\qquad =\ \ 1 & \cdots\cdots③ \end{cases}$$

(3) ①に②×2 を加える。(A)
$$\begin{cases} \qquad\quad -z=-7 & \cdots\cdots① \\ \qquad\ y+\ z=-3 & \cdots\cdots② \\ x \qquad\qquad =\ \ 1 & \cdots\cdots③ \end{cases}$$

(4) ②に①を加える。(A)
$$\begin{cases} \qquad\quad -z=-\ 7 & \cdots\cdots① \\ \qquad\ y \qquad =-10 & \cdots\cdots② \\ x \qquad\qquad =\ \ 1 & \cdots\cdots③ \end{cases}$$

(5) ①と②を入れ換える。(B)
$$\begin{cases} x \qquad\qquad =\ \ 1 & \cdots\cdots① \\ \qquad\ y \qquad =-10 & \cdots\cdots② \\ \qquad\quad -z=-\ 7 & \cdots\cdots③ \end{cases}$$

(6) ③に-1をかける。(C)
$$\begin{cases} x \qquad\qquad =\ \ 1 & \\ \qquad\ y \qquad =-10 & \cdots\cdots(答) \\ \qquad\qquad z=\ \ 7 & \end{cases}$$

②はきだし法で解を求める

スタート

$$\begin{pmatrix} 0 & -2 & -3 & | & -1 \\ 3 & 1 & 1 & | & 0 \\ 1 & 2 & 3 & | & 2 \end{pmatrix} \begin{matrix} \cdots① \\ \cdots② \\ \cdots③ \end{matrix}$$

(1) ③に①を加える。(A′)

$$\begin{pmatrix} 0 & -2 & -3 & | & -1 \\ 3 & 1 & 1 & | & 0 \\ 1 & 0 & 0 & | & 1 \end{pmatrix} \begin{matrix} \cdots① \\ \cdots② \\ \cdots③ \end{matrix}$$

(2) ②に③×(−3)を加える。(A′)

$$\begin{pmatrix} 0 & -2 & -3 & | & -1 \\ 0 & 1 & 1 & | & -3 \\ 1 & 0 & 0 & | & 1 \end{pmatrix} \begin{matrix} \cdots① \\ \cdots② \\ \cdots③ \end{matrix}$$

(3) ①に②×2を加える。(A′)

$$\begin{pmatrix} 0 & 0 & -1 & | & -7 \\ 0 & 1 & 1 & | & -3 \\ 1 & 0 & 0 & | & 1 \end{pmatrix} \begin{matrix} \cdots① \\ \cdots② \\ \cdots③ \end{matrix}$$

(4) ②に①を加える。(A′)

$$\begin{pmatrix} 0 & 0 & -1 & | & -7 \\ 0 & 1 & 0 & | & -10 \\ 1 & 0 & 0 & | & 1 \end{pmatrix} \begin{matrix} \cdots① \\ \cdots② \\ \cdots③ \end{matrix}$$

(5) ①と③を入れ換える。(B′)

$$\begin{pmatrix} 1 & 0 & 0 & | & 1 \\ 0 & 1 & 0 & | & -10 \\ 0 & 0 & -1 & | & -7 \end{pmatrix} \begin{matrix} \cdots① \\ \cdots② \\ \cdots③ \end{matrix}$$

(6) ③に−1をかける。(C′)

$$\begin{pmatrix} 1 & 0 & 0 & | & 1 \\ 0 & 1 & 0 & | & -10 \\ 0 & 0 & 1 & | & 7 \end{pmatrix} \cdots\cdots\text{完成！}$$

（33ページの変形とよく見くらべてみよう!!）

左の②は前ページの①を行列を用いて表したものである。

$\overleftarrow{\qquad\ll}$

$$\begin{cases} -2y-3z=-1 \\ 3x+y+z=\ 0 \quad \cdots\cdots ⑦ \\ x+2y+3z=\ 2 \end{cases}$$

を

$$\begin{pmatrix} 0 & -2 & -3 & | & -1 \\ 3 & 1 & 1 & | & 0 \\ 1 & 2 & 3 & | & 2 \end{pmatrix} \quad \cdots\cdots ⑦'$$

と書き表したのはわかるだろう。

　この⑦′を**拡大係数行列**といった。①と②はその1つ1つの変形操作を完全に対応させて書いてある。①で行われた3つの操作 (A)，(B)，(C) はここでは次のように言い換えられる。

(A′) 1つの行にある数をかけ，それを他の行に加える。

(B′) 2つの行を入れ換える。

(C′) 1つの行に 0 でない数をかける。

　この3つの操作を**行基本操作**という。一連の流れを見ていると，消去法によって連立方程式を解くという作業は，はじめの連立方程式⑦から x, y, z を消去していくというよりも，$ax+by+cz=d$ の形を様々に足したり引いたりして，

$$\begin{cases} 1\cdot x+0\cdot y+0\cdot z=\alpha \\ 0\cdot x+1\cdot y+0\cdot z=\beta \\ 0\cdot x+0\cdot y+1\cdot z=\gamma \end{cases}$$

の形に係数をそろえることだといえる。つ

まり, $A=\begin{pmatrix} 0 & -2 & -3 \\ 3 & 1 & 1 \\ 1 & 2 & 3 \end{pmatrix}$ を (A′), (B′), (C′) の 3 つの行基本操作で

$E=\begin{pmatrix} 1 & 0 & 0 \\ 0 & 1 & 0 \\ 0 & 0 & 1 \end{pmatrix}$ にすることだといえるのである。

連 立 1 次 方 程 式 の 解 法 (そ の 1)

$\begin{cases} ax+by+cz=p \\ dx+ey+fz=q \quad \text{を解くには,} \\ gx+hy+iz=r \end{cases}$

$\left.\begin{pmatrix} a & b & c & | & p & \cdots① \\ d & e & f & | & q & \cdots② \\ g & h & i & | & r & \cdots③ \end{pmatrix}\right\} \quad \cdots\cdots ⊛$

の各行①, ②, ③に対して,

(A′) 1 つの行にある数をかけ, それを他の行に加える。

(B′) 2 つの行を入れ換える。

(C′) 1 つの行に 0 でない数をかける。

という **3 つの行基本操作**を組み合わせて施し,

$\begin{pmatrix} 1 & 0 & 0 & | & \alpha \\ 0 & 1 & 0 & | & \beta \\ 0 & 0 & 1 & | & \gamma \end{pmatrix} \quad \cdots\cdots ⊛′$

の形へ変形すればよい (できないこともある !!)。

　このとき, ⊛′の第 4 列に現れた, α, β, γ が求める解

$$x=\alpha, \quad y=\beta, \quad z=\gamma$$

を表している。

演習問題 2-1

次の連立1次方程式をはきだし法によって解け。

(1) $\begin{cases} 3x+2y-3z=1 \\ 2x\quad\ \ +z=2 \\ 3x+\ y-\ z=1 \end{cases}$　(2) $\begin{cases} x\quad\ +z=-1 \\ x+\ y+z=\ \ 0 \\ 2x+5y+z=\ \ 3 \end{cases}$

【解答＆解説】

(1)

$\begin{pmatrix} 3 & 2 & -3 & | & 1 \\ 2 & 0 & 1 & | & 2 \\ 3 & 1 & -1 & | & 1 \end{pmatrix} \begin{matrix} \cdots① \\ \cdots② \\ \cdots③ \end{matrix}$

①−③×2

$\begin{pmatrix} -3 & 0 & -1 & | & -1 \\ 2 & 0 & 1 & | & 2 \\ 3 & 1 & -1 & | & 1 \end{pmatrix} \begin{matrix} \cdots① \\ \cdots② \\ \cdots③ \end{matrix}$

①＋②

$\begin{pmatrix} -1 & 0 & 0 & | & 1 \\ 2 & 0 & 1 & | & 2 \\ 3 & 1 & -1 & | & 1 \end{pmatrix} \begin{matrix} \cdots① \\ \cdots② \\ \cdots③ \end{matrix}$

②＋①×2, ①×(−1)

$\begin{pmatrix} 1 & 0 & 0 & | & -1 \\ 0 & 0 & 1 & | & 4 \\ 3 & 1 & -1 & | & 1 \end{pmatrix} \begin{matrix} \cdots① \\ \cdots② \\ \cdots③ \end{matrix}$

③−①×3

$\begin{pmatrix} 1 & 0 & 0 & | & -1 \\ 0 & 0 & 1 & | & 4 \\ 0 & 1 & -1 & | & 4 \end{pmatrix} \begin{matrix} \cdots① \\ \cdots② \\ \cdots③ \end{matrix}$

③＋②

$\begin{pmatrix} 1 & 0 & 0 & | & -1 \\ 0 & 0 & 1 & | & 4 \\ 0 & 1 & 0 & | & 8 \end{pmatrix} \begin{matrix} \cdots① \\ \cdots② \\ \cdots③ \end{matrix}$

②と③の順序を入れ換えて

$\begin{pmatrix} 1 & 0 & 0 & | & -1 \\ 0 & 1 & 0 & | & 8 \\ 0 & 0 & 1 & | & 4 \end{pmatrix}$

$x=-1,\ y=8,\ z=4$　……(答)

(2)

$\begin{pmatrix} 1 & 0 & 1 & | & -1 \\ 1 & 1 & 1 & | & 0 \\ 2 & 5 & 1 & | & 3 \end{pmatrix} \begin{matrix} \cdots① \\ \cdots② \\ \cdots③ \end{matrix}$

③−②×5

$\begin{pmatrix} 1 & 0 & 1 & | & -1 \\ 1 & 1 & 1 & | & 0 \\ -3 & 0 & -4 & | & 3 \end{pmatrix} \begin{matrix} \cdots① \\ \cdots② \\ \cdots③ \end{matrix}$

③＋①×3

$\begin{pmatrix} 1 & 0 & 1 & | & -1 \\ 1 & 1 & 1 & | & 0 \\ 0 & 0 & -1 & | & 0 \end{pmatrix} \begin{matrix} \cdots① \\ \cdots② \\ \cdots③ \end{matrix}$

①＋③, ②＋③, ③×(−1)

$\begin{pmatrix} 1 & 0 & 0 & | & -1 \\ 1 & 1 & 0 & | & 0 \\ 0 & 0 & 1 & | & 0 \end{pmatrix} \begin{matrix} \cdots① \\ \cdots② \\ \cdots③ \end{matrix}$

②−①

$\begin{pmatrix} 1 & 0 & 0 & | & -1 \\ 0 & 1 & 0 & | & 1 \\ 0 & 0 & 1 & | & 0 \end{pmatrix}$

$x=-1,\ y=1,\ z=0$　……(答)

逆行列

次に連立方程式

$$\begin{cases} -2y-3z=-1 \\ 3x+\ y+\ z=\ \ 0 \\ x+2y+3z=\ \ 2 \end{cases} \iff \begin{pmatrix} 0 & -2 & -3 \\ 3 & 1 & 1 \\ 1 & 2 & 3 \end{pmatrix}\begin{pmatrix} x \\ y \\ z \end{pmatrix}=\begin{pmatrix} -1 \\ 0 \\ 2 \end{pmatrix} \quad \cdots\cdots ☆$$

の係数行列

$$A=\begin{pmatrix} 0 & -2 & -3 \\ 3 & 1 & 1 \\ 1 & 2 & 3 \end{pmatrix}$$

に対して，新たに次の行列を考える。

$$X=\begin{pmatrix} 1 & 0 & 1 \\ -8 & 3 & -9 \\ 5 & -2 & 6 \end{pmatrix}$$

まずはこれらをかけあわせてみよう！

> 実際に計算
> してみよう

$$AX=\begin{pmatrix} 0 & -2 & -3 \\ 3 & 1 & 1 \\ 1 & 2 & 3 \end{pmatrix}\begin{pmatrix} 1 & 0 & 1 \\ -8 & 3 & -9 \\ 5 & -2 & 6 \end{pmatrix}=\begin{pmatrix} & & \\ & & \\ & & \end{pmatrix}$$

$$XA=\begin{pmatrix} 1 & 0 & 1 \\ -8 & 3 & -9 \\ 5 & -2 & 6 \end{pmatrix}\begin{pmatrix} 0 & -2 & -3 \\ 3 & 1 & 1 \\ 1 & 2 & 3 \end{pmatrix}=\begin{pmatrix} & & \\ & & \\ & & \end{pmatrix}$$

そう，どちらも $E=\begin{pmatrix} 1 & 0 & 0 \\ 0 & 1 & 0 \\ 0 & 0 & 1 \end{pmatrix}$ になるハズだ！

この行列 X は上の連立方程式☆を解く過程で必要な行列の変形

$$A=\begin{pmatrix} 0 & -2 & -3 \\ 3 & 1 & 1 \\ 1 & 2 & 3 \end{pmatrix} \rightarrow \cdots \rightarrow E=\begin{pmatrix} 1 & 0 & 0 \\ 0 & 1 & 0 \\ 0 & 0 & 1 \end{pmatrix}$$

を一気に成しとげてしまう力をもっている。このような X を

逆行列 A^{-1}

と呼ぶ。またこのように逆行列が存在する場合を**正則**といい，A を**正則行列**

という。単位行列は正方行列なので，逆行列も正方行列である。

ところで行列の変形

$$A=\begin{pmatrix} 0 & -2 & -3 \\ 3 & 1 & 1 \\ 1 & 2 & 3 \end{pmatrix} \rightarrow \cdots \rightarrow E=\begin{pmatrix} 1 & 0 & 0 \\ 0 & 1 & 0 \\ 0 & 0 & 1 \end{pmatrix}$$

は，行基本操作によってコツコツ成しとげられたんだった。それがたった1つの行列

$$A^{-1}=\begin{pmatrix} 1 & 0 & 1 \\ -8 & 3 & -9 \\ 5 & -2 & 6 \end{pmatrix}$$

をバスンと1回かけるだけで済ませられるのはなぜなんだろうか？

行基本操作は行列の積で表せる

実際に計算
してみよう

まずはだまって次の計算につきあってほしい。

$$(A'') \quad \begin{pmatrix} 1 & 0 & 0 \\ 0 & 1 & k \\ 0 & 0 & 1 \end{pmatrix}\begin{pmatrix} a_1 & b_1 & c_1 \\ a_2 & b_2 & c_2 \\ a_3 & b_3 & c_3 \end{pmatrix}=\begin{pmatrix} & & \\ & & \\ & & \end{pmatrix}$$

$$(B'') \quad \begin{pmatrix} 0 & 1 & 0 \\ 1 & 0 & 0 \\ 0 & 0 & 1 \end{pmatrix}\begin{pmatrix} a_1 & b_1 & c_1 \\ a_2 & b_2 & c_2 \\ a_3 & b_3 & c_3 \end{pmatrix}=\begin{pmatrix} & & \\ & & \\ & & \end{pmatrix}$$

$$(C'') \quad \begin{pmatrix} 1 & 0 & 0 \\ 0 & k & 0 \\ 0 & 0 & 1 \end{pmatrix}\begin{pmatrix} a_1 & b_1 & c_1 \\ a_2 & b_2 & c_2 \\ a_3 & b_3 & c_3 \end{pmatrix}=\begin{pmatrix} & & \\ & & \\ & & \end{pmatrix}$$

どうだろう，わかってもらえるだろうか。

そうなのだ，これらは34ページの行基本操作（A'），（B'），（B'）に対応しているのだ。だから，はきだし法によって A から E へチクチク変形していく1つ1つの作業 というのは，実は A に1つ1つある種の行列をかけていく ことに置き換えられるのである。

ではちょっと大変だが，繰り返し考えてきた先ほどの連立方程式を解く過程を再現してみよう。

スタート！

$$\begin{cases} -2y-3z=-1 \\ 3x+\ y+\ z=\ 0 \\ x+2y+3z=\ 2 \end{cases} \quad \longrightarrow \quad \begin{pmatrix} 0 & -2 & -3 \\ 3 & 1 & 1 \\ 1 & 2 & 3 \end{pmatrix}$$

実際に計算
してみよう

P_1

$$\begin{pmatrix} 1 & 0 & 0 \\ 0 & 1 & 0 \\ 1 & 0 & 1 \end{pmatrix} \begin{pmatrix} 0 & -2 & -3 \\ 3 & 1 & 1 \\ 1 & 2 & 3 \end{pmatrix} = \left(\phantom{\begin{matrix} 0 & 0 & 0 \\ 0 & 0 & 0 \\ 0 & 0 & 0 \end{matrix}}\right)$$

第3行に第1行を
加える。

P_2

$$\begin{pmatrix} 1 & 0 & 0 \\ 0 & 1 & -3 \\ 0 & 0 & 1 \end{pmatrix} \begin{pmatrix} 0 & -2 & -3 \\ 3 & 1 & 1 \\ 1 & 0 & 0 \end{pmatrix} = \left(\phantom{\begin{matrix} 0 & 0 & 0 \\ 0 & 0 & 0 \\ 0 & 0 & 0 \end{matrix}}\right)$$

第2行に第3行の
-3倍を加える。

P_3

$$\begin{pmatrix} 1 & 2 & 0 \\ 0 & 1 & 0 \\ 0 & 0 & 1 \end{pmatrix} \begin{pmatrix} 0 & -2 & -3 \\ 0 & 1 & 1 \\ 1 & 0 & 0 \end{pmatrix} = \left(\phantom{\begin{matrix} 0 & 0 & 0 \\ 0 & 0 & 0 \\ 0 & 0 & 0 \end{matrix}}\right)$$

第1行に第2行の
2倍を加える。

P_4

$$\begin{pmatrix} 1 & 0 & 0 \\ 1 & 1 & 0 \\ 0 & 0 & 1 \end{pmatrix} \begin{pmatrix} 0 & 0 & -1 \\ 0 & 1 & 1 \\ 1 & 0 & 0 \end{pmatrix} = \left(\phantom{\begin{matrix} 0 & 0 & 0 \\ 0 & 0 & 0 \\ 0 & 0 & 0 \end{matrix}}\right)$$

第2行に第1行を
加える。

P_5

$$\begin{pmatrix} 0 & 0 & 1 \\ 0 & 1 & 0 \\ 1 & 0 & 0 \end{pmatrix} \begin{pmatrix} 0 & 0 & -1 \\ 0 & 1 & 0 \\ 1 & 0 & 0 \end{pmatrix} = \left(\phantom{\begin{matrix} 0 & 0 & 0 \\ 0 & 0 & 0 \\ 0 & 0 & 0 \end{matrix}}\right)$$

第1行と第3行を
入れ換える。

P_6

$$\begin{pmatrix} 1 & 0 & 0 \\ 0 & 1 & 0 \\ 0 & 0 & -1 \end{pmatrix} \begin{pmatrix} 1 & 0 & 0 \\ 0 & 1 & 0 \\ 0 & 0 & -1 \end{pmatrix} = \begin{pmatrix} 1 & 0 & 0 \\ 0 & 1 & 0 \\ 0 & 0 & 1 \end{pmatrix}$$

これらは結局，A に左側から順次 $P_1 \sim P_6$ をかけることを表している。つまり，

$$P_6 \times (P_5 \times (P_4 \times (P_3 \times (P_2 \times (P_1 \times A)))))$$
$$= P_6 P_5 P_4 P_3 P_2 P_1 A = E$$

というように，$A = \begin{pmatrix} 0 & -2 & -3 \\ 3 & 1 & 1 \\ 1 & 2 & 3 \end{pmatrix}$ を $E = \begin{pmatrix} 1 & 0 & 0 \\ 0 & 1 & 0 \\ 0 & 0 & 1 \end{pmatrix}$ に変えてしまうことを表しているのである。

だから，

$$A^{-1} = P_6 P_5 P_4 P_3 P_2 P_1$$

なのだ！　しかし，いくら逆行列を求めろといわれても，こんなものは誰も計算したくないよね（笑）。

逆行列をはきだし法で求めよう！

では A^{-1} を簡単に求めるにはどうしたらよいのだろうか，そんな便利な方法はないのだろうか……。もちろんある。いままでの話の要点を整理しよう。

$A = \begin{pmatrix} 0 & -2 & -3 \\ 3 & 1 & 1 \\ 1 & 2 & 3 \end{pmatrix}$ を $E = \begin{pmatrix} 1 & 0 & 0 \\ 0 & 1 & 0 \\ 0 & 0 & 1 \end{pmatrix}$ へと変形するのに，はきだし法を用いたのだった。

そして，それは行列 $P_6 P_5 P_4 P_3 P_2 P_1$ をかけることに相当した。

ところで E に左から $P_6 P_5 P_4 P_3 P_2 P_1$ をかけたら $P_6 P_5 P_4 P_3 P_2 P_1$ が得られるのだから，E にはきだし法を施すことは $P_6 P_5 P_4 P_3 P_2 P_1$ を作り出すことと結果として何も変わらないハズだ！

$$\left(\begin{array}{ccc|ccc} 0 & -2 & -3 & 1 & 0 & 0 \\ 3 & 1 & 1 & 0 & 1 & 0 \\ 1 & 2 & 3 & 0 & 0 & 1 \end{array}\right) \begin{array}{l} \cdots① \\ \cdots② \\ \cdots③ \end{array}$$

(1)　③に①を加える。(P_1)

$$\left(\begin{array}{ccc|ccc} 0 & -2 & -3 & 1 & 0 & 0 \\ 3 & 1 & 1 & 0 & 1 & 0 \\ 1 & 0 & 0 & 1 & 0 & 1 \end{array}\right) \begin{array}{l} \cdots① \\ \cdots② \\ \cdots③ \end{array}$$

(2)　②に③×(−3)を加える。(P_2)

$$\left(\begin{array}{ccc|ccc} 0 & -2 & -3 & 1 & 0 & 0 \\ 0 & 1 & 1 & -3 & 1 & -3 \\ 1 & 0 & 0 & 1 & 0 & 1 \end{array}\right) \begin{array}{l} \cdots① \\ \cdots② \\ \cdots③ \end{array}$$

(3)　①に②×2を加える。(P_3)

$$\left(\begin{array}{ccc|ccc} 0 & 0 & -1 & -5 & 2 & -6 \\ 0 & 1 & 1 & -3 & 1 & -3 \\ 1 & 0 & 0 & 1 & 0 & 1 \end{array}\right) \begin{array}{l} \cdots① \\ \cdots② \\ \cdots③ \end{array}$$

(4)　②に①を加える。(P_4)

$$\left(\begin{array}{ccc|ccc} 0 & 0 & -1 & -5 & 2 & -6 \\ 0 & 1 & 0 & -8 & 3 & -9 \\ 1 & 0 & 0 & 1 & 0 & 1 \end{array}\right) \begin{array}{l} \cdots① \\ \cdots② \\ \cdots③ \end{array}$$

(5)　①と③を入れ換える。(P_5)

$$\left(\begin{array}{ccc|ccc} 1 & 0 & 0 & 1 & 0 & 1 \\ 0 & 1 & 0 & -8 & 3 & -9 \\ 0 & 0 & -1 & -5 & 2 & -6 \end{array}\right) \begin{array}{l} \cdots① \\ \cdots② \\ \cdots③ \end{array}$$

(6)　③に(−1)をかける。(P_6)

$$\left(\begin{array}{ccc|ccc} 1 & 0 & 0 & 1 & 0 & 1 \\ 0 & 1 & 0 & -8 & 3 & -9 \\ 0 & 0 & 1 & 5 & -2 & 6 \end{array}\right)$$

…完成！

$$\left(\begin{array}{ccc} 0 & -2 & -3 \\ 3 & 1 & 1 \\ 1 & 2 & 3 \end{array}\right) \text{の逆行列を作る。}$$

(1)　E に P_1 を左からかける。

$P_1 \searrow$
$$\left(\begin{array}{ccc} 1 & 0 & 0 \\ 0 & 1 & 0 \\ 1 & 0 & 1 \end{array}\right)\left(\begin{array}{ccc} 1 & 0 & 0 \\ 0 & 1 & 0 \\ 0 & 0 & 1 \end{array}\right)=\left(\phantom{\begin{array}{ccc}0&0&0\\0&0&0\\0&0&0\end{array}}\right)$$

(2)　(1)の結果に P_2 を左からかける。

$P_2 \searrow$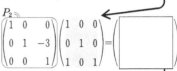
$$\left(\begin{array}{ccc} 1 & 0 & 0 \\ 0 & 1 & -3 \\ 0 & 0 & 1 \end{array}\right)\left(\begin{array}{ccc} 1 & 0 & 0 \\ 0 & 1 & 0 \\ 1 & 0 & 1 \end{array}\right)=\left(\phantom{\begin{array}{ccc}0&0&0\\0&0&0\\0&0&0\end{array}}\right)$$

(3)　(2)の結果に P_3 を左からかける。

$P_3 \searrow$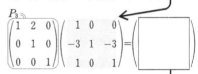
$$\left(\begin{array}{ccc} 1 & 2 & 0 \\ 0 & 1 & 0 \\ 0 & 0 & 1 \end{array}\right)\left(\begin{array}{ccc} 1 & 0 & 0 \\ -3 & 1 & -3 \\ 1 & 0 & 1 \end{array}\right)=\left(\phantom{\begin{array}{ccc}0&0&0\\0&0&0\\0&0&0\end{array}}\right)$$

(4)　(3)の結果に P_4 を左からかける。

$P_4 \searrow$
$$\left(\begin{array}{ccc} 1 & 0 & 0 \\ 1 & 1 & 0 \\ 0 & 0 & 1 \end{array}\right)\left(\begin{array}{ccc} -5 & 2 & -6 \\ -3 & 1 & -3 \\ 1 & 0 & 1 \end{array}\right)=\left(\phantom{\begin{array}{ccc}0&0&0\\0&0&0\\0&0&0\end{array}}\right)$$

(5)　(4)の結果に P_5 を左からかける。

$P_5 \searrow$
$$\left(\begin{array}{ccc} 0 & 0 & 1 \\ 0 & 1 & 0 \\ 1 & 0 & 0 \end{array}\right)\left(\begin{array}{ccc} -5 & 2 & -6 \\ -8 & 3 & -9 \\ 1 & 0 & 1 \end{array}\right)=\left(\phantom{\begin{array}{ccc}0&0&0\\0&0&0\\0&0&0\end{array}}\right)$$

(6)　(5)の結果に P_6 を左からかける。

$P_6 \searrow$
$$\left(\begin{array}{ccc} 1 & 0 & 0 \\ 0 & 1 & 0 \\ 0 & 0 & -1 \end{array}\right)\left(\begin{array}{ccc} 1 & 0 & 1 \\ -8 & 3 & -9 \\ -5 & 2 & -6 \end{array}\right)=\left(\phantom{\begin{array}{ccc}0&0&0\\0&0&0\\0&0&0\end{array}}\right)$$

…完成！

$\begin{pmatrix} a & b & c \\ d & e & f \\ g & h & i \end{pmatrix}^{-1}$ を作るには

$$\left.\begin{pmatrix} a & b & c & | & 1 & 0 & 0 \\ d & e & f & | & 0 & 1 & 0 \\ g & h & i & | & 0 & 0 & 1 \end{pmatrix}\begin{matrix} \cdots① \\ \cdots② \\ \cdots③ \end{matrix}\right\} \cdots\cdots ⊛$$

の各行①，②，③に対して，

(A′) 1 つの行にある数をかけ，他の行に加える。

(B′) 2 つの行を入れ換える。

(C′) 1 つの行に 0 でない数をかける。

という 3 つの行基本操作を組み合わせて施し，

$$\begin{pmatrix} 1 & 0 & 0 & | & a' & b' & c' \\ 0 & 1 & 0 & | & d' & e' & f' \\ 0 & 0 & 1 & | & g' & h' & i' \end{pmatrix} \cdots\cdots ⊛'$$

の形へ変形すればよい（できないこともある‼ → 51 ページ参照）

このとき，この行列の右半分に現れた $\begin{pmatrix} a' & b' & c' \\ d' & e' & f' \\ g' & h' & i' \end{pmatrix}$ がもとの行列の

逆行列である。

さらに

$$\begin{pmatrix} a & b & c \\ d & e & f \\ g & h & i \end{pmatrix}\begin{pmatrix} x \\ y \\ z \end{pmatrix} = \begin{pmatrix} p \\ q \\ r \end{pmatrix}$$

について，この方程式を解と同時に逆行列を求めるために，

$$\begin{pmatrix} a & b & c & | & p & | & 1 & 0 & 0 \\ d & e & f & | & q & | & 0 & 1 & 0 \\ g & h & i & | & r & | & 0 & 0 & 1 \end{pmatrix} を \begin{pmatrix} 1 & 0 & 0 & | & \alpha & | & a' & b' & c' \\ 0 & 1 & 0 & | & \beta & | & d' & e' & f' \\ 0 & 0 & 1 & | & \gamma & | & g' & h' & i' \end{pmatrix}$$

へと行基本操作で変形してしまうなんて手もある。

もちろん $\begin{pmatrix} \alpha \\ \beta \\ \gamma \end{pmatrix}$ が解で $\begin{pmatrix} a' & b' & c' \\ d' & e' & f' \\ g' & h' & i' \end{pmatrix}$ が逆行列である。

演習問題 2-2

次の行列の逆行列を求めよ。

(1) $\begin{pmatrix} -1 & 3 & 1 \\ 1 & 1 & 2 \\ 1 & 1 & 3 \end{pmatrix}$　(2) $\begin{pmatrix} 1 & x & y \\ 0 & 1 & z \\ 0 & 0 & 1 \end{pmatrix}$

【解答＆解説】

(1)

$\left(\begin{array}{ccc|ccc} -1 & 3 & 1 & 1 & 0 & 0 \\ 1 & 1 & 2 & 0 & 1 & 0 \\ 1 & 1 & 3 & 0 & 0 & 1 \end{array}\right) \begin{array}{l} \cdots① \\ \cdots② \\ \cdots③ \end{array}$

②＋①, ③＋①, ①×(−1)

$\left(\begin{array}{ccc|ccc} 1 & -3 & -1 & -1 & 0 & 0 \\ 0 & 4 & 3 & 1 & 1 & 0 \\ 0 & 4 & 4 & 1 & 0 & 1 \end{array}\right) \begin{array}{l} \cdots① \\ \cdots② \\ \cdots③ \end{array}$

③−②

$\left(\begin{array}{ccc|ccc} 1 & -3 & -1 & -1 & 0 & 0 \\ 0 & 4 & 3 & 1 & 1 & 0 \\ 0 & 0 & 1 & 0 & -1 & 1 \end{array}\right) \begin{array}{l} \cdots① \\ \cdots② \\ \cdots③ \end{array}$

②−③×3

$\left(\begin{array}{ccc|ccc} 1 & -3 & -1 & -1 & 0 & 0 \\ 0 & 4 & 0 & 1 & 4 & -3 \\ 0 & 0 & 1 & 0 & -1 & 1 \end{array}\right) \begin{array}{l} \cdots① \\ \cdots② \\ \cdots③ \end{array}$

①＋③, ②×$\frac{1}{4}$

$\left(\begin{array}{ccc|ccc} 1 & -3 & 0 & -1 & -1 & 1 \\ 0 & 1 & 0 & \frac{1}{4} & 1 & -\frac{3}{4} \\ 0 & 0 & 1 & 0 & -1 & 1 \end{array}\right) \begin{array}{l} \cdots① \\ \cdots② \\ \cdots③ \end{array}$

①＋②×3

$\left(\begin{array}{ccc|ccc} 1 & 0 & 0 & -\frac{1}{4} & 2 & -\frac{5}{4} \\ 0 & 1 & 0 & \frac{1}{4} & 1 & -\frac{3}{4} \\ 0 & 0 & 1 & 0 & -1 & 1 \end{array}\right) \begin{array}{l} \cdots① \\ \cdots② \\ \cdots③ \end{array}$

$\begin{pmatrix} -1 & 3 & 1 \\ 1 & 1 & 2 \\ 1 & 1 & 3 \end{pmatrix}^{-1} = \frac{1}{4} \begin{pmatrix} -1 & 8 & -5 \\ 1 & 4 & -3 \\ 0 & -4 & 4 \end{pmatrix}$

……(答)

(2)

$\left(\begin{array}{ccc|ccc} 1 & x & y & 1 & 0 & 0 \\ 0 & 1 & z & 0 & 1 & 0 \\ 0 & 0 & 1 & 0 & 0 & 1 \end{array}\right) \begin{array}{l} \cdots① \\ \cdots② \\ \cdots③ \end{array}$

①−②×x−③×(y−xz)

$\left(\begin{array}{ccc|ccc} 1 & 0 & 0 & 1 & -x & -y+xz \\ 0 & 1 & z & 0 & 1 & 0 \\ 0 & 0 & 1 & 0 & 0 & 1 \end{array}\right) \begin{array}{l} \cdots① \\ \cdots② \\ \cdots③ \end{array}$

②−③×z

$\left(\begin{array}{ccc|ccc} 1 & 0 & 0 & 1 & -x & -y+xz \\ 0 & 1 & 0 & 0 & 1 & -z \\ 0 & 0 & 1 & 0 & 0 & 1 \end{array}\right) \begin{array}{l} \cdots① \\ \cdots② \\ \cdots③ \end{array}$

$\begin{pmatrix} 1 & x & y \\ 0 & 1 & z \\ 0 & 0 & 1 \end{pmatrix}^{-1} = \begin{pmatrix} 1 & -x & -y+xz \\ 0 & 1 & -z \\ 0 & 0 & 1 \end{pmatrix}$

……(答)

実習問題
2-1

次の連立1次方程式を逆行列を用いて解け。

$$\begin{cases} x - y + 2z + 2w = a \\ 2x - y + 4z + 2w = b \\ -x + y - z - w = c \\ 2x - y + 2z + 2w = d \end{cases}$$

【解答＆解説】

$$A = \begin{pmatrix} 1 & -1 & 2 & 2 \\ 2 & -1 & 4 & 2 \\ -1 & 1 & -1 & -1 \\ 2 & -1 & 2 & 2 \end{pmatrix}, \quad x = \begin{pmatrix} x \\ y \\ z \\ w \end{pmatrix}, \quad b = \begin{pmatrix} a \\ b \\ c \\ d \end{pmatrix}$$

とおけば，

$$Ax = b \quad \cdots\cdots ㊙$$

A の逆行列をはきだし法で求める（4×4でもやり方は同じだ！）。

$$\left(\begin{array}{cccc|cccc} 1 & -1 & 2 & 2 & 1 & 0 & 0 & 0 \\ 2 & -1 & 4 & 2 & 0 & 1 & 0 & 0 \\ -1 & 1 & -1 & -1 & 0 & 0 & 1 & 0 \\ 2 & -1 & 2 & 2 & 0 & 0 & 0 & 1 \end{array}\right) \begin{array}{l} \cdots① \\ \cdots② \\ \cdots③ \\ \cdots④ \end{array}$$

②－④，③＋①，④－①×2

$$\left(\begin{array}{cccc|cccc} 1 & -1 & 2 & 2 & 1 & 0 & 0 & 0 \\ 0 & 0 & 2 & 0 & 0 & 1 & 0 & -1 \\ 0 & 0 & 1 & 1 & 1 & 0 & 1 & 0 \\ 0 & 1 & -2 & -2 & -2 & 0 & 0 & 1 \end{array}\right) \begin{array}{l} \cdots① \\ \cdots② \\ \cdots③ \\ \cdots④ \end{array}$$

①＋④，③－②×$\frac{1}{2}$，②×$\frac{1}{2}$，④＋③×2

$$\left(\begin{array}{cccc|cccc} 1 & 0 & 0 & 0 & -1 & 0 & 0 & 1 \\ 0 & 0 & 1 & 0 & 0 & \frac{1}{2} & 0 & -\frac{1}{2} \\ 0 & 0 & 0 & 1 & 1 & -\frac{1}{2} & 1 & \frac{1}{2} \\ 0 & 1 & 0 & 0 & 0 & 0 & 2 & 1 \end{array}\right) \begin{array}{l} \cdots① \\ \cdots② \\ \cdots③ \\ \cdots④ \end{array}$$

順序を入れ換えて

$$\left(\begin{array}{cccc|cccc} 1 & 0 & 0 & 0 & -1 & 0 & 0 & 1 \\ 0 & 1 & 0 & 0 & 0 & 0 & 2 & 1 \\ 0 & 0 & 1 & 0 & 0 & \frac{1}{2} & 0 & -\frac{1}{2} \\ 0 & 0 & 0 & 1 & 1 & -\frac{1}{2} & 1 & \frac{1}{2} \end{array}\right)$$

よって，$A^{-1}=$ (a) である。また※により

$$A^{-1}A\boldsymbol{x}=A^{-1}\boldsymbol{b} \Longleftrightarrow \boldsymbol{x}=A^{-1}\boldsymbol{b}$$

なので

$$\boldsymbol{x}=\left(\begin{array}{cccc} -1 & 0 & 0 & 1 \\ 0 & 0 & 2 & 1 \\ 0 & \frac{1}{2} & 0 & -\frac{1}{2} \\ 1 & -\frac{1}{2} & 1 & \frac{1}{2} \end{array}\right)\left(\begin{array}{c} a \\ b \\ c \\ d \end{array}\right)=\text{(b)}$$

ゆえに，

$$x=-a+d, \quad y=2c+d, \quad z=\frac{1}{2}b-\frac{1}{2}d, \quad w=\text{(c)}$$

……（答）

....

(a) $\left(\begin{array}{cccc} -1 & 0 & 0 & 1 \\ 0 & 0 & 2 & 1 \\ 0 & \frac{1}{2} & 0 & -\frac{1}{2} \\ 1 & -\frac{1}{2} & 1 & \frac{1}{2} \end{array}\right)$

(b) $\left(\begin{array}{cccc} -a & & + & d \\ & & 2c+ & d \\ & \frac{1}{2}b & & -\frac{1}{2}d \\ a & -\frac{1}{2}b+ & c+ & \frac{1}{2}d \end{array}\right)$

(c) $a-\frac{1}{2}b+c+\frac{1}{2}d$

復習問題
2-1

はきだし法によって，次の連立 1 次方程式を解け。

(1) $\begin{cases} x+\ y=1 \\ 2x+3y=2 \end{cases}$ (2) $\begin{cases} x+2y+3z=\ \ 2 \\ \ \ \ \ \ \ 2y+2z=-4 \\ 3x+2y+\ z=\ \ 2 \end{cases}$

(3) $\begin{cases} x+z+w=\ \ \ 1 \\ x-y-2z=\ \ \ 0 \\ \ \ \ \ \ \ \ x+z=-1 \\ x+2y+w=\ \ \ 2 \end{cases}$

【解答 & 解説】

(1)

$\begin{pmatrix} 1 & 1 & \bigm| & 1 \\ 2 & 3 & \bigm| & 2 \end{pmatrix} \cdots ① \\ \cdots ②$

②−①×2

$\begin{pmatrix} 1 & 1 & \bigm| & 1 \\ 0 & 1 & \bigm| & 0 \end{pmatrix} \cdots ① \\ \cdots ②$

①−②

$\begin{pmatrix} 1 & 0 & \bigm| & 1 \\ 0 & 1 & \bigm| & 0 \end{pmatrix} \cdots ① \\ \cdots ②$

$x=1,\ y=0$ ……(答)

(2)

$\begin{pmatrix} 1 & 2 & 3 & \bigm| & 2 \\ 0 & 2 & 2 & \bigm| & -4 \\ 3 & 2 & 1 & \bigm| & 2 \end{pmatrix} \cdots ① \\ \cdots ② \\ \cdots ③$

①−②，②×(1/2)

$\begin{pmatrix} 1 & 0 & 1 & \bigm| & 6 \\ 0 & 1 & 1 & \bigm| & -2 \\ 3 & 2 & 1 & \bigm| & 2 \end{pmatrix} \cdots ① \\ \cdots ② \\ \cdots ③$

③−①

$\begin{pmatrix} 1 & 0 & 1 & \bigm| & 6 \\ 0 & 1 & 1 & \bigm| & -2 \\ 2 & 2 & 0 & \bigm| & -4 \end{pmatrix} \cdots ① \\ \cdots ② \\ \cdots ③$

③×(1/2)−②

$\begin{pmatrix} 1 & 0 & 1 & \bigm| & 6 \\ 0 & 1 & 1 & \bigm| & -2 \\ 1 & 0 & -1 & \bigm| & 0 \end{pmatrix} \cdots ① \\ \cdots ② \\ \cdots ③$

③−①

$\begin{pmatrix} 1 & 0 & 1 & \bigm| & 6 \\ 0 & 1 & 1 & \bigm| & -2 \\ 0 & 0 & -2 & \bigm| & -6 \end{pmatrix} \cdots ① \\ \cdots ② \\ \cdots ③$

①+③×(1/2)，③×(−1/2)

$\begin{pmatrix} 1 & 0 & 0 & \bigm| & 3 \\ 0 & 1 & 1 & \bigm| & -2 \\ 0 & 0 & 1 & \bigm| & 3 \end{pmatrix} \cdots ① \\ \cdots ② \\ \cdots ③$

②−③

$\begin{pmatrix} 1 & 0 & 0 & \bigm| & 3 \\ 0 & 1 & 0 & \bigm| & -5 \\ 0 & 0 & 1 & \bigm| & 3 \end{pmatrix}$

$x=3,\ y=-5,\ z=3$ ……(答)

46

(3)

$$\left(\begin{array}{cccc|c} 1 & 0 & 1 & 1 & 1 \\ 1 & -1 & 2 & 0 & 0 \\ 1 & 0 & 1 & 0 & -1 \\ 1 & 2 & 0 & 1 & 2 \end{array}\right) \begin{array}{l} \cdots① \\ \cdots② \\ \cdots③ \\ \cdots④ \end{array}$$

①－③

$$\left(\begin{array}{cccc|c} 0 & 0 & 0 & 1 & 2 \\ 1 & -1 & 2 & 0 & 0 \\ 1 & 0 & 1 & 0 & -1 \\ 1 & 2 & 0 & 1 & 2 \end{array}\right) \begin{array}{l} \cdots① \\ \cdots② \\ \cdots③ \\ \cdots④ \end{array}$$

④－①

$$\left(\begin{array}{cccc|c} 0 & 0 & 0 & 1 & 2 \\ 1 & -1 & 2 & 0 & 0 \\ 1 & 0 & 1 & 0 & -1 \\ 1 & 2 & 0 & 0 & 0 \end{array}\right) \begin{array}{l} \cdots① \\ \cdots② \\ \cdots③ \\ \cdots④ \end{array}$$

④＋②×2

$$\left(\begin{array}{cccc|c} 0 & 0 & 0 & 1 & 2 \\ 1 & -1 & 2 & 0 & 0 \\ 1 & 0 & 1 & 0 & -1 \\ 3 & 0 & 4 & 0 & 0 \end{array}\right) \begin{array}{l} \cdots① \\ \cdots② \\ \cdots③ \\ \cdots④ \end{array}$$

④－③×3

$$\left(\begin{array}{cccc|c} 0 & 0 & 0 & 1 & 2 \\ 1 & -1 & 2 & 0 & 0 \\ 1 & 0 & 1 & 0 & -1 \\ 0 & 0 & 1 & 0 & 3 \end{array}\right) \begin{array}{l} \cdots① \\ \cdots② \\ \cdots③ \\ \cdots④ \end{array}$$

③－④

$$\left(\begin{array}{cccc|c} 0 & 0 & 0 & 1 & 2 \\ 1 & -1 & 2 & 0 & 0 \\ 1 & 0 & 0 & 0 & -4 \\ 0 & 0 & 1 & 0 & 3 \end{array}\right) \begin{array}{l} \cdots① \\ \cdots② \\ \cdots③ \\ \cdots④ \end{array}$$

②－③

$$\left(\begin{array}{cccc|c} 0 & 0 & 0 & 1 & 2 \\ 0 & -1 & 2 & 0 & 4 \\ 1 & 0 & 0 & 0 & -4 \\ 0 & 0 & 1 & 0 & 3 \end{array}\right) \begin{array}{l} \cdots① \\ \cdots② \\ \cdots③ \\ \cdots④ \end{array}$$

②－④×2

$$\left(\begin{array}{cccc|c} 0 & 0 & 0 & 1 & 2 \\ 0 & -1 & 0 & 0 & -2 \\ 1 & 0 & 0 & 0 & -4 \\ 0 & 0 & 1 & 0 & 3 \end{array}\right) \begin{array}{l} \cdots① \\ \cdots② \\ \cdots③ \\ \cdots④ \end{array}$$

②×(－1)＋③

$$\left(\begin{array}{cccc|c} 0 & 0 & 0 & 1 & 2 \\ 0 & 1 & 0 & 0 & 2 \\ 1 & 0 & 0 & 0 & -4 \\ 0 & 0 & 1 & 0 & 3 \end{array}\right)$$

各行入れ替えて,

$$\left(\begin{array}{cccc|c} 1 & 0 & 0 & 0 & -4 \\ 0 & 1 & 0 & 0 & 2 \\ 0 & 0 & 1 & 0 & 3 \\ 0 & 0 & 0 & 1 & 2 \end{array}\right)$$

$$x=-4, \quad y=2,$$
$$z=3, \quad w=2 \quad \cdots\cdots(答)$$

復習問題
2-2

はきだし法によって，次の行列の逆行列を求めよ。

(1) $\begin{pmatrix} 1 & 2 & 3 \\ 0 & 1 & 2 \\ 0 & 0 & 1 \end{pmatrix}$　(2) $\begin{pmatrix} 1 & 2 & 1 \\ 2 & 1 & 0 \\ 1 & 0 & 1 \end{pmatrix}$　(3) $\begin{pmatrix} 1 & 0 & 1 & 1 \\ 0 & 1 & 0 & -2 \\ 1 & 0 & 1 & 0 \\ 1 & -2 & 0 & 1 \end{pmatrix}$

【解答＆解説】

(1)

$\left(\begin{array}{ccc|ccc} 1 & 2 & 3 & 1 & 0 & 0 \\ 0 & 1 & 2 & 0 & 1 & 0 \\ 0 & 0 & 1 & 0 & 0 & 1 \end{array}\right)\begin{array}{l}\cdots①\\ \cdots②\\ \cdots③\end{array}$

①$-$③$\times 3$

$\left(\begin{array}{ccc|ccc} 1 & 2 & 0 & 1 & 0 & -3 \\ 0 & 1 & 2 & 0 & 1 & 0 \\ 0 & 0 & 1 & 0 & 0 & 1 \end{array}\right)\begin{array}{l}\cdots①\\ \cdots②\\ \cdots③\end{array}$

②$-$③$\times 2$

$\left(\begin{array}{ccc|ccc} 1 & 2 & 0 & 1 & 0 & -3 \\ 0 & 1 & 0 & 0 & 1 & -2 \\ 0 & 0 & 1 & 0 & 0 & 1 \end{array}\right)\begin{array}{l}\cdots①\\ \cdots②\\ \cdots③\end{array}$

①$-$②$\times 2$

$\left(\begin{array}{ccc|ccc} 1 & 0 & 0 & 1 & -2 & 1 \\ 0 & 1 & 0 & 0 & 1 & -2 \\ 0 & 0 & 1 & 0 & 0 & 1 \end{array}\right)\begin{array}{l}\cdots①\\ \cdots②\\ \cdots③\end{array}$

結果，

$\begin{pmatrix} 1 & 2 & 3 \\ 0 & 1 & 2 \\ 0 & 0 & 1 \end{pmatrix}^{-1} = \begin{pmatrix} 1 & -2 & 1 \\ 0 & 1 & -2 \\ 0 & 0 & 1 \end{pmatrix}$

……（答）

(2)

$\left(\begin{array}{ccc|ccc} 1 & 2 & 1 & 1 & 0 & 0 \\ 2 & 1 & 0 & 0 & 1 & 0 \\ 1 & 0 & 1 & 0 & 0 & 1 \end{array}\right)\begin{array}{l}\cdots①\\ \cdots②\\ \cdots③\end{array}$

①$-$③

$\left(\begin{array}{ccc|ccc} 0 & 2 & 0 & 1 & 0 & -1 \\ 2 & 1 & 0 & 0 & 1 & 0 \\ 1 & 0 & 1 & 0 & 0 & 1 \end{array}\right)\begin{array}{l}\cdots①\\ \cdots②\\ \cdots③\end{array}$

②$-$①$\times (1/2)$，①$\times (1/2)$

$\left(\begin{array}{ccc|ccc} 0 & 1 & 0 & 1/2 & 0 & -1/2 \\ 2 & 0 & 0 & -1/2 & 1 & 1/2 \\ 1 & 0 & 1 & 0 & 0 & 1 \end{array}\right)\begin{array}{l}\cdots①\\ \cdots②\\ \cdots③\end{array}$

③$-$②$\times (1/2)$，②$\times (1/2)$

$\left(\begin{array}{ccc|ccc} 0 & 1 & 0 & 1/2 & 0 & -1/2 \\ 1 & 0 & 0 & -1/4 & 1/2 & 1/4 \\ 0 & 0 & 1 & 1/4 & -1/2 & 3/4 \end{array}\right)\begin{array}{l}\cdots①\\ \cdots②\\ \cdots③\end{array}$

①行と②行を入れ替えて，

$\left(\begin{array}{ccc|ccc} 1 & 0 & 0 & -1/4 & 1/2 & 1/4 \\ 0 & 1 & 0 & 1/2 & 0 & -1/2 \\ 0 & 0 & 1 & 1/4 & -1/2 & 3/4 \end{array}\right)$

結果，

$\begin{pmatrix} 1 & 2 & 1 \\ 2 & 1 & 0 \\ 1 & 0 & 1 \end{pmatrix}^{-1} = \dfrac{1}{4}\begin{pmatrix} -1 & 2 & 1 \\ 2 & 0 & -2 \\ 1 & -2 & 3 \end{pmatrix}$

……（答）

(3)

$$\left(\begin{array}{cccc|cccc}
1 & 0 & 1 & 1 & 1 & 0 & 0 & 0 \\
0 & 1 & 0 & -2 & 0 & 1 & 0 & 0 \\
1 & 0 & 1 & 0 & 1 & 0 & 1 & 0 \\
1 & -2 & 0 & 1 & 0 & 0 & 0 & 1
\end{array}\right)\begin{array}{l}\cdots\text{①}\\\cdots\text{②}\\\cdots\text{③}\\\cdots\text{④}\end{array}$$

③−①

$$\left(\begin{array}{cccc|cccc}
1 & 0 & 1 & 1 & 1 & 0 & 0 & 0 \\
0 & 1 & 0 & -2 & 0 & 1 & 0 & 0 \\
0 & 0 & 0 & -1 & -1 & 0 & 1 & 0 \\
1 & -2 & 0 & 1 & 0 & 0 & 0 & 1
\end{array}\right)\begin{array}{l}\cdots\text{①}\\\cdots\text{②}\\\cdots\text{③}\\\cdots\text{④}\end{array}$$

②−③×2, ③×(−1)

$$\left(\begin{array}{cccc|cccc}
1 & 0 & 1 & 1 & 1 & 0 & 0 & 0 \\
0 & 1 & 0 & 0 & 2 & 1 & -2 & 0 \\
0 & 0 & 0 & 1 & 1 & 0 & -1 & 0 \\
1 & -2 & 0 & 1 & 0 & 0 & 0 & 1
\end{array}\right)\begin{array}{l}\cdots\text{①}\\\cdots\text{②}\\\cdots\text{③}\\\cdots\text{④}\end{array}$$

④−③

$$\left(\begin{array}{cccc|cccc}
1 & 0 & 1 & 1 & 1 & 0 & 0 & 0 \\
0 & 1 & 0 & 0 & 2 & 1 & -2 & 0 \\
0 & 0 & 0 & 1 & 1 & 0 & -1 & 0 \\
1 & -2 & 0 & 0 & -1 & 0 & 1 & 1
\end{array}\right)\begin{array}{l}\cdots\text{①}\\\cdots\text{②}\\\cdots\text{③}\\\cdots\text{④}\end{array}$$

④+②×2

$$\left(\begin{array}{cccc|cccc}
1 & 0 & 1 & 1 & 1 & 0 & 0 & 0 \\
0 & 1 & 0 & 0 & 2 & 1 & -2 & 0 \\
0 & 0 & 0 & 1 & 1 & 0 & -1 & 0 \\
1 & 0 & 0 & 0 & 3 & 2 & -3 & 1
\end{array}\right)\begin{array}{l}\cdots\text{①}\\\cdots\text{②}\\\cdots\text{③}\\\cdots\text{④}\end{array}$$

①−④

$$\left(\begin{array}{cccc|cccc}
0 & 0 & 1 & 1 & -2 & -2 & 3 & -1 \\
0 & 1 & 0 & 0 & 2 & 1 & -2 & 0 \\
0 & 0 & 0 & 1 & 1 & 0 & -1 & 0 \\
1 & 0 & 0 & 0 & 3 & 2 & -3 & 1
\end{array}\right)\begin{array}{l}\cdots\text{①}\\\cdots\text{②}\\\cdots\text{③}\\\cdots\text{④}\end{array}$$

①−③

$$\left(\begin{array}{cccc|cccc}
0 & 0 & 1 & 0 & -3 & -2 & 4 & -1 \\
0 & 1 & 0 & 0 & 2 & 1 & -2 & 0 \\
0 & 0 & 0 & 1 & 1 & 0 & -1 & 0 \\
1 & 0 & 0 & 0 & 3 & 2 & -3 & 1
\end{array}\right)\begin{array}{l}\cdots\text{①}\\\cdots\text{②}\\\cdots\text{③}\\\cdots\text{④}\end{array}$$

各行並べ替えて，

$$\left(\begin{array}{cccc|cccc}
1 & 0 & 0 & 0 & 3 & 2 & -3 & 1 \\
0 & 1 & 0 & 0 & 2 & 1 & -2 & 0 \\
0 & 0 & 1 & 0 & -3 & -2 & 4 & -1 \\
0 & 0 & 0 & 1 & 1 & 0 & -1 & 0
\end{array}\right)\begin{array}{l}\cdots\text{①}\\\cdots\text{②}\\\cdots\text{③}\\\cdots\text{④}\end{array}$$

結果，

$$\begin{pmatrix}
1 & 0 & 1 & 1 \\
0 & 1 & 0 & -2 \\
1 & 0 & 1 & 0 \\
1 & -2 & 0 & 1
\end{pmatrix}^{-1}$$

$$=\begin{pmatrix}
3 & 2 & -3 & 1 \\
2 & 1 & -2 & 0 \\
-3 & -2 & 4 & -1 \\
1 & 0 & -1 & 0
\end{pmatrix}$$

……(答)

講義3 一般の連立1次方程式

ここまで連立1次方程式の解き方について話してきたけれど、実は前講までではただ1つの解をもつような「平和な」1次連立方程式しか扱ってこなかった。もちろん、世の中はそんなに甘くはない。この講義ではより一般的な連立1次連立方程式について考えてみよう。

「解なし」と「解は無数にある」タイプ

実際に例題を解くことで、いろいろなタイプを調べる。

例題
3-1

次の連立方程式を解け。

(1) $\begin{cases} x+ y=1 & \cdots\cdots① \\ 2x+2y=1 & \cdots\cdots② \end{cases}$
(2) $\begin{cases} x+ y=1 & \cdots\cdots① \\ 2x+2y=2 & \cdots\cdots② \end{cases}$

【解答&解説】 (1)は①×2−②から $0=1$ となってしまっておかしくなる。このような場合、どう頑張ったってこれら2式をみたす x, y は作れないんだから、「解はない」ことになる。 ……(答)

(2)は①×2が②と全く同じものだから、$x+y=1$ をみたす x, y はすべて解となるわけだ。こんなときは、

$$\begin{cases} x=t \\ y=1-t \end{cases} \quad (t \text{ は任意の実数}) \quad \cdots\cdots(答)$$

とでもすればよいだろう。

こんな変な方程式を、行列ではどう処理すればよいのだろう。試しに次の例題をはきだし法で解いてみよう。

例題 3-2
次の連立方程式を解け。

$$\begin{cases} x+ \ y+ \ z=1 \\ x-2y+3z=0 \\ x+4y- \ z=1 \end{cases}$$

【解答＆解説】

$$\begin{pmatrix} 1 & 1 & 1 & | & 1 \\ 1 & -2 & 3 & | & 0 \\ 1 & 4 & -1 & | & 1 \end{pmatrix} \begin{matrix} \cdots① \\ \cdots② \\ \cdots③ \end{matrix}$$

②－①，③－①

$$\begin{pmatrix} 1 & 1 & 1 & | & 1 \\ 0 & -3 & 2 & | & -1 \\ 0 & 3 & -2 & | & 0 \end{pmatrix} \begin{matrix} \cdots① \\ \cdots② \\ \cdots③ \end{matrix}$$

③＋②

$$\begin{pmatrix} 1 & 1 & 1 & | & 1 \\ 0 & -3 & 2 & | & -1 \\ 0 & 0 & 0 & | & -1 \end{pmatrix} \begin{matrix} \cdots① \\ \cdots② \\ \cdots③ \end{matrix}$$

こりゃなんだ？ **第 3 行の係数部分がすべて 0** になってしまった。さて，これは何を意味するのだろうか。式で書き直してみよう。

$$\begin{cases} x+ \ y+ \ z= \ 1 & \cdots\cdots① \\ -3y+2z=-1 & \cdots\cdots② \\ 0=-1 & \cdots\cdots③ \end{cases}$$

そうなのだ。式③が $0=-1$ を表してしまって，これはオカシイということになる。よってこの方程式は「解をもたない」！ ……（答）

では次はどうだろうか。

例題 3-3

次の連立方程式を解け。

$$\begin{cases} x+ y+ z=1 \\ x-2y+3z=0 \\ x+4y- z=2 \end{cases}$$

【解答＆解説】

$$\begin{pmatrix} 1 & 1 & 1 & 1 \\ 1 & -2 & 3 & 0 \\ 1 & 4 & -1 & 2 \end{pmatrix} \begin{matrix} \cdots① \\ \cdots② \\ \cdots③ \end{matrix}$$

②−①, ③−① ③+②

$$\begin{pmatrix} 1 & 1 & 1 & 1 \\ 0 & -3 & 2 & -1 \\ 0 & 3 & -2 & 1 \end{pmatrix} \begin{matrix} \cdots① \\ \cdots② \\ \cdots③ \end{matrix} \longrightarrow \begin{pmatrix} 1 & 1 & 1 & 1 \\ 0 & -3 & 2 & -1 \\ 0 & 0 & 0 & 0 \end{pmatrix} \begin{matrix} \cdots① \\ \cdots② \\ \cdots③ \end{matrix}$$

こんどは式③は **0＝0** となって問題ない。続けよう。

②×$\left(-\dfrac{1}{3}\right)$, ①+②×$\dfrac{1}{3}$,

$$\begin{pmatrix} 1 & 0 & \dfrac{5}{3} & \dfrac{2}{3} \\ 0 & 1 & -\dfrac{2}{3} & \dfrac{1}{3} \\ 0 & 0 & 0 & 0 \end{pmatrix} \begin{matrix} \cdots① \\ \cdots② \\ \cdots③ \end{matrix} \longrightarrow \begin{cases} x \quad +\dfrac{5}{3}z=\dfrac{2}{3} \\ y-\dfrac{2}{3}z=\dfrac{1}{3} \\ \quad\quad 0=0 \end{cases}$$

ここで $z=t$（t は任意の実数）とおけば，

$$x=\frac{1}{3}(2-5t),\ y=\frac{1}{3}(1+2t),\ z=t \quad \cdots\cdots(答)$$

という解を作ることができる。これは解を無数にもつ場合である。実は続けて変形をしたのには理由がある。拡大係数行列を

$$\begin{pmatrix} 1 & 0 & \cdots & \cdots \\ 0 & 1 & \cdots & \cdots \\ 0 & 0 & \cdots & \cdots \end{pmatrix}$$

の形に直すと，いろいろなタイプの行列が簡単に分類でき，扱いやすくなる。これについてはあとで詳しく説明する。

例題 3-4 次の連立方程式を解け。

$$\begin{cases} a+\ b+2c+3d=1 \\ 2a\ \ \ \ \ \ +3c+\ d=0 \\ a+2b\ \ \ \ \ \ +\ d=3 \end{cases}$$

【解答＆解説】「式3つに文字4つ」だから，なんとなく解は無数にあるといえそうだ。

$$\begin{pmatrix} 1 & 1 & 2 & 3 & | & 1 \\ 2 & 0 & 3 & 1 & | & 0 \\ 1 & 2 & 0 & 1 & | & 3 \end{pmatrix}\begin{matrix} \cdots① \\ \cdots② \\ \cdots③ \end{matrix}$$

②−①×2, ③−①

$$\begin{pmatrix} 1 & 1 & 2 & 3 & | & 1 \\ 0 & -2 & -1 & -5 & | & -2 \\ 0 & 1 & -2 & -2 & | & 2 \end{pmatrix}\begin{matrix} \cdots① \\ \cdots② \\ \cdots③ \end{matrix}$$

②×$\left(-\dfrac{1}{2}\right)$

$$\begin{pmatrix} 1 & 1 & 2 & 3 & | & 1 \\ 0 & 1 & \dfrac{1}{2} & \dfrac{5}{2} & | & 1 \\ 0 & 1 & -2 & -2 & | & 2 \end{pmatrix}\begin{matrix} \cdots① \\ \cdots② \\ \cdots③ \end{matrix}$$

①−③, ③−②

$$\begin{pmatrix} 1 & 0 & 4 & 5 & | & -1 \\ 0 & 1 & \dfrac{1}{2} & \dfrac{5}{2} & | & 1 \\ 0 & 0 & -\dfrac{5}{2} & -\dfrac{9}{2} & | & 1 \end{pmatrix}\begin{matrix} \cdots① \\ \cdots② \\ \cdots③ \end{matrix}$$

③×$\left(-\dfrac{2}{5}\right)$

$$\begin{pmatrix} 1 & 0 & 4 & 5 & | & -1 \\ 0 & 1 & \dfrac{1}{2} & \dfrac{5}{2} & | & 1 \\ 0 & 0 & 1 & \dfrac{9}{5} & | & -\dfrac{2}{5} \end{pmatrix}\begin{matrix} \cdots① \\ \cdots② \\ \cdots③ \end{matrix}$$

①−③×4, ②−③×$\dfrac{1}{2}$

$$\begin{pmatrix} 1 & 0 & 0 & -\dfrac{11}{5} & | & \dfrac{3}{5} \\ 0 & 1 & 0 & \dfrac{8}{5} & | & \dfrac{6}{5} \\ 0 & 0 & 1 & \dfrac{9}{5} & | & -\dfrac{2}{5} \end{pmatrix}$$

$$\begin{cases} a\ \ \ \ \ \ \ \ \ -\dfrac{11}{5}d=\ \ \dfrac{3}{5} \\ \ \ \ \ b\ \ \ \ +\dfrac{8}{5}d=\ \ \dfrac{6}{5} \\ \ \ \ \ \ \ \ c+\dfrac{9}{5}d=-\dfrac{2}{5} \end{cases}$$

よって $d=t$（t は任意の実数）とすれば

$$a=\frac{1}{5}(3+11t),\ b=\frac{2}{5}(3-4t),\ c=-\frac{1}{5}(2+9t),\ d=t \quad \cdots\cdots\text{(答)}$$

と表せるわけだ。

まとめる前にもう1つだけ例題を見てもらおう。そろそろウンザリしてきたかもしれないが，もちっと頑張ってくれ！

例題
3-5

次の連立方程式を解け。

$$\begin{cases} x+2y+3z-\ w= \ 1 \\ 2x+3y+4z+\ w= \ 0 \\ 2x+2y+4z-\ w=-1 \\ x+\ y+3z-3w= \ 0 \end{cases}$$

【解答＆解説】

$$\begin{pmatrix} 1 & 2 & 3 & -1 & \bigm| & 1 \\ 2 & 3 & 4 & 1 & \bigm| & 0 \\ 2 & 2 & 4 & -1 & \bigm| & -1 \\ 1 & 1 & 3 & -3 & \bigm| & 0 \end{pmatrix}\begin{matrix}\cdots① \\ \cdots② \\ \cdots③ \\ \cdots④\end{matrix}$$

②−③, ④−①

$$\begin{pmatrix} 1 & 2 & 3 & -1 & \bigm| & 1 \\ 0 & 1 & 0 & 2 & \bigm| & 1 \\ 2 & 2 & 4 & -1 & \bigm| & -1 \\ 0 & -1 & 0 & -2 & \bigm| & -1 \end{pmatrix}\begin{matrix}\cdots① \\ \cdots② \\ \cdots③ \\ \cdots④\end{matrix}$$

③−①×2, ④+②

$$\begin{pmatrix} 1 & 2 & 3 & -1 & \bigm| & 1 \\ 0 & 1 & 0 & 2 & \bigm| & 1 \\ 0 & -2 & -2 & 1 & \bigm| & -3 \\ 0 & 0 & 0 & 0 & \bigm| & 0 \end{pmatrix}\begin{matrix}\cdots① \\ \cdots② \\ \cdots③ \\ \cdots④\end{matrix}$$

③+②×2

$$\begin{pmatrix} 1 & 2 & 3 & -1 & \bigm| & 1 \\ 0 & 1 & 0 & 2 & \bigm| & 1 \\ 0 & 0 & -2 & 5 & \bigm| & -1 \\ 0 & 0 & 0 & 0 & \bigm| & 0 \end{pmatrix}\begin{matrix}\cdots① \\ \cdots② \\ \cdots③ \\ \cdots④\end{matrix}$$

①−②×2, ③×$\left(-\dfrac{1}{2}\right)$

$$\begin{pmatrix} 1 & 0 & 3 & -5 & \bigm| & -1 \\ 0 & 1 & 0 & 2 & \bigm| & 1 \\ 0 & 0 & 1 & -\dfrac{5}{2} & \bigm| & \dfrac{1}{2} \\ 0 & 0 & 0 & 0 & \bigm| & 0 \end{pmatrix}\begin{matrix}\cdots① \\ \cdots② \\ \cdots③ \\ \cdots④\end{matrix}$$

①−③×3

$$\begin{pmatrix} 1 & 0 & 0 & \dfrac{5}{2} & \bigm| & -\dfrac{5}{2} \\ 0 & 1 & 0 & 2 & \bigm| & 1 \\ 0 & 0 & 1 & -\dfrac{5}{2} & \bigm| & \dfrac{1}{2} \\ 0 & 0 & 0 & 0 & \bigm| & 0 \end{pmatrix}$$

よって $w=t$（t は任意の実数）とすれば

$$x=-\frac{5}{2}(1+t),\ y=1-2t,\ z=\frac{1}{2}(1+5t),\ w=t \quad\cdots\cdots（答）$$

というわけで，連立 1 次方程式の解法は次のようにまとめられる。

$$\begin{cases} a_1x_1 + b_1x_2 + c_1x_3 + d_1x_4 = p \\ a_2x_1 + b_2x_2 + c_2x_3 + d_2x_4 = q \\ a_3x_1 + b_3x_2 + c_3x_3 + d_3x_4 = r \\ a_4x_1 + b_4x_2 + c_4x_3 + d_4x_4 = s \end{cases}$$ の場合，拡大係数行列を作り行基本操作で

変形していく。

すなわち. $\left(\begin{array}{cccc|c} a_1 & b_1 & c_1 & d_1 & p \\ a_2 & b_2 & c_2 & d_2 & q \\ a_3 & b_3 & c_3 & d_3 & r \\ a_4 & b_4 & c_4 & d_4 & s \end{array}\right)$ を変形して.

---

case 1　$\left(\begin{array}{cccc|c} 1 & 0 & 0 & 0 & \alpha \\ 0 & 1 & 0 & 0 & \beta \\ 0 & 0 & 1 & 0 & \gamma \\ 0 & 0 & 0 & 1 & \delta \end{array}\right)$ とできればただ 1 つの解を持ち.

$$x_1 = \alpha, \, x_1 = \beta, \, x_3 = \gamma, \, x_4 = \delta$$

である。

---

case 2　$\left(\begin{array}{cccc|c} 1 & 0 & 0 & i & \alpha \\ 0 & 1 & 0 & j & \beta \\ 0 & 0 & 1 & k & \gamma \\ 0 & 0 & 0 & 0 & \delta \end{array}\right)$ のときは

・$\delta \neq 0$ なら解はない。

・$\delta = 0$ なら $x_4 = t$ として

$$x_1 = \alpha - it, \, x_2 = \beta - jt, \, x_3 = \gamma - kt, \, x_4 = t$$

と表せ. 解は無数に存在する。

次の連立方程式を解け。

演習問題 3-1

(1) $\begin{cases} x+2y+z\ -\ w=\ \ 0 \\ x+3y-z\ +\ w=\ \ 1 \\ \qquad\ y+2z+2w=-1 \\ x+2y+3z-\ w=-1 \end{cases}$

(2) $\begin{cases} x+2y+\ z-\ w=\ \ 0 \\ x+3y-\ z+\ w=\ \ 1 \\ \qquad\ y+2z+2w=-1 \\ x+2y+3z-\ w=\ \ 0 \end{cases}$

【解答＆解説】 (1) 行基本操作により

$$\begin{pmatrix} 1 & 2 & 1 & -1 & 0 \\ 1 & 3 & -1 & 1 & 1 \\ 0 & 1 & 2 & 2 & -1 \\ 1 & 2 & 3 & -1 & -1 \end{pmatrix} \to \cdots \to \begin{pmatrix} 1 & 0 & 0 & -5 & \frac{1}{2} \\ 0 & 1 & 0 & 2 & 0 \\ 0 & 0 & 1 & 0 & -\frac{1}{2} \\ 0 & 0 & 0 & 0 & 0 \end{pmatrix}$$

とできるので，$w=t$（任意）として，

$$x=\frac{1}{2}+5t,\ y=-2t,\ z=-\frac{1}{2},\ w=t \quad \cdots\cdots(答)$$

(2) 行基本操作により

$$\begin{pmatrix} 1 & 2 & 1 & -1 & 0 \\ 1 & 3 & -1 & 1 & 1 \\ 0 & 1 & 2 & 2 & -1 \\ 1 & 2 & 3 & -1 & 0 \end{pmatrix} \to \cdots \to \begin{pmatrix} 1 & 0 & 0 & -5 & -2 \\ 0 & 1 & 0 & 2 & -1 \\ 0 & 0 & 1 & 0 & 0 \\ 0 & 0 & 0 & 0 & 1 \end{pmatrix}$$

とできるが，この拡大係数行列の右下の $(4,5)$ 成分が 0 ではなく 1 なので，この方程式は「解をもたない」。 $\quad \cdots\cdots$（答）

行列の「標準化（簡約化）」と「rank（階数）」

　行基本操作による連立方程式の解き方のコツはつかめてきただろうか。拡大係数行列を作ったら，とにかく左側が単位行列の形に近づくように頑張ればよいのだ。この作業を**標準化**（本によっては**簡約化**）と呼び，できあがった行列を**標準形**（または**簡約な行列**）と呼ぶ。この行列にはきまりがある。

標準形のきまり

❶ ほとんどすべての行は（0　0　…　0　1　*　*　*）の形である。

❷ ❶の形の行のはじめの 1 は下の行へいくほど右へズレる。

❸ ❶の形の行のはじめの 1 の上下には 0 しかない。

❹ ❶の形をしていない行は，すべての成分が 0 からなる行
　（0　0　…　…　0）で，下の方にまとめる。

つまり次のような形の行列を標準形というのだ。

$$
\begin{pmatrix}
1 & 2 & 0 & 0 & 6 & 9 & 0 \\
0 & 0 & 1 & 0 & 0 & 1 & 0 \\
0 & 0 & 0 & 1 & 0 & 5 & 0 \\
0 & 0 & 0 & 0 & 0 & 0 & 1 \\
0 & 0 & 0 & 0 & 0 & 0 & 0 \\
0 & 0 & 0 & 0 & 0 & 0 & 0
\end{pmatrix},
\begin{pmatrix}
0 & 1 & 0 & 0 & 2 \\
0 & 0 & 1 & 0 & 0 \\
0 & 0 & 0 & 1 & 3
\end{pmatrix}
$$

（行のはじめ 1 の上下がすべて 0 となっている点に注目！）

　実はどんな行列も行基本操作で標準形にできる。また行列の標準化の手順は 1 つではないが，その標準形はただ 1 つに定まる。

　次に標準化とセットで rank というものを導入しよう。

行列 A を標準化したとき，成分のすべてが 0 となる行以外の行の数を A の rank（階数）と呼び

$$\text{rank}(A)$$

と表す。

rank は連立方程式がキレイな解をもつかどうかを判定するときに重要な役割を果たすので，しっかり理解しておくこと。

試しに rank を求めてみよう。たとえば $A=\begin{pmatrix} 0 & 2 & 3 \\ 3 & 1 & 1 \\ 1 & 2 & 3 \end{pmatrix}$ を標準化すると

$$\begin{pmatrix} 0 & 2 & 3 \\ 3 & 1 & 1 \\ 1 & 2 & 3 \end{pmatrix}\begin{matrix} \cdots① \\ \cdots② \\ \cdots③ \end{matrix} \xrightarrow{(①-③)\times(-1)} \begin{pmatrix} 1 & 0 & 0 \\ 3 & 1 & 1 \\ 1 & 2 & 3 \end{pmatrix}\begin{matrix} \cdots① \\ \cdots② \\ \cdots③ \end{matrix} \xrightarrow[③-①]{②-①\times3}$$

$$\begin{pmatrix} 1 & 0 & 0 \\ 0 & 1 & 1 \\ 0 & 2 & 3 \end{pmatrix}\begin{matrix} \cdots① \\ \cdots② \\ \cdots③ \end{matrix} \xrightarrow{③-②\times2} \begin{pmatrix} 1 & 0 & 0 \\ 0 & 1 & 1 \\ 0 & 0 & 1 \end{pmatrix}\begin{matrix} \cdots① \\ \cdots② \\ \cdots③ \end{matrix} \xrightarrow{②-③} \begin{pmatrix} 1 & 0 & 0 \\ 0 & 1 & 0 \\ 0 & 0 & 1 \end{pmatrix}$$

となるので

$$\text{rank}(A)=3$$

となる。

演習問題 3-2

次の行列を標準化し，rank（階級）を求めよ。

(1) $\begin{pmatrix} 1 & 1 & 2 & 3 \\ 2 & 0 & 3 & 1 \\ 1 & 2 & 0 & 1 \end{pmatrix}$ 　(2) $\begin{pmatrix} 1 & -1 & 2 & 1 \\ 1 & 1 & 3 & -1 \\ 0 & 2 & 1 & 2 \\ 1 & -1 & 2 & 3 \end{pmatrix}$

【解答＆解説】

(1) $\begin{pmatrix} 1 & 1 & 2 & 3 \\ 2 & 0 & 3 & 1 \\ 1 & 2 & 0 & 1 \end{pmatrix}\begin{matrix} \cdots① \\ \cdots② \\ \cdots③ \end{matrix} \xrightarrow[③-①]{②-①\times2} \begin{pmatrix} 1 & 1 & 2 & 3 \\ 0 & -2 & -1 & -5 \\ 0 & 1 & -2 & -2 \end{pmatrix}\begin{matrix} \cdots① \\ \cdots② \\ \cdots③ \end{matrix}$

$$\xrightarrow[\substack{② \times (-1)}]{\substack{①-③,\ ③+② \times \frac{1}{2}}} \begin{pmatrix} 1 & 0 & 4 & 5 \\ 0 & 2 & 1 & 5 \\ 0 & 0 & -\dfrac{5}{2} & -\dfrac{9}{2} \end{pmatrix} \begin{matrix} \cdots① \\ \cdots② \\ \cdots③ \end{matrix}$$

$$\xrightarrow[\substack{② \times \frac{1}{2}}]{\substack{③ \times \left(-\frac{2}{5}\right)}} \begin{pmatrix} 1 & 0 & 4 & 5 \\ 0 & 1 & \dfrac{1}{2} & \dfrac{5}{2} \\ 0 & 0 & 1 & \dfrac{9}{5} \end{pmatrix} \begin{matrix} \cdots① \\ \cdots② \\ \cdots③ \end{matrix}$$

$$\xrightarrow[\substack{②-③ \times \frac{1}{2}}]{\substack{①-③ \times 4}} \begin{pmatrix} 1 & 0 & 0 & -\dfrac{11}{5} \\ 0 & 1 & 0 & \dfrac{8}{5} \\ 0 & 0 & 1 & \dfrac{9}{5} \end{pmatrix}$$

よって rank は 3 である。 ……（答）

(2) $\begin{pmatrix} 1 & -1 & 2 & 1 \\ 1 & 1 & 3 & -1 \\ 0 & 2 & 1 & 2 \\ 1 & -1 & 2 & 3 \end{pmatrix} \begin{matrix} \cdots① \\ \cdots② \\ \cdots③ \\ \cdots④ \end{matrix}$ $\xrightarrow[\substack{④-①}]{\substack{②-①}}$ $\begin{pmatrix} 1 & -1 & 2 & 1 \\ 0 & 2 & 1 & -2 \\ 0 & 2 & 1 & 2 \\ 0 & 0 & 0 & 2 \end{pmatrix} \begin{matrix} \cdots① \\ \cdots② \\ \cdots③ \\ \cdots④ \end{matrix}$

$$\xrightarrow[\substack{② \times \frac{1}{2}}]{\substack{④ \times \frac{1}{2},\ ③-②}} \begin{pmatrix} 1 & -1 & 2 & 1 \\ 0 & 1 & \dfrac{1}{2} & -1 \\ 0 & 0 & 0 & 4 \\ 0 & 0 & 0 & 1 \end{pmatrix} \begin{matrix} \cdots① \\ \cdots② \\ \cdots③ \\ \cdots④ \end{matrix}$$

$$\xrightarrow[\substack{③ \times \frac{1}{4},\ ①+②}]{\substack{④-③ \times \frac{1}{4}}} \begin{pmatrix} 1 & 0 & \dfrac{5}{2} & 0 \\ 0 & 1 & \dfrac{1}{2} & -1 \\ 0 & 0 & 0 & 1 \\ 0 & 0 & 0 & 0 \end{pmatrix} \begin{matrix} \cdots① \\ \cdots② \\ \cdots③ \\ \cdots④ \end{matrix}$$

$$\xrightarrow[]{\substack{②+③}} \begin{pmatrix} 1 & 0 & \dfrac{5}{2} & 0 \\ 0 & 1 & \dfrac{1}{2} & 0 \\ 0 & 0 & 0 & 1 \\ 0 & 0 & 0 & 0 \end{pmatrix}$$

よって rank は 3 である。 ……（答）

ただ 1 つの解をもつための条件

n 変数の連立 1 次方程式が講義 2 で扱ってきたようにキレイに解ける，すなわち唯一解をもつのはどのような場合なのだろうか？　もうわかったかもしれないが，係数行列が $n \times n$ 正方行列で，さらに行基本操作によって単位行列 E に標準化できるときなのだ。

例　36 ページの演習問題 2-1 (1) について，

$$\begin{pmatrix} 3 & 2 & -3 \\ 2 & 0 & 1 \\ 3 & 1 & -1 \end{pmatrix} \begin{pmatrix} x \\ y \\ z \end{pmatrix} = \begin{pmatrix} 1 \\ 2 \\ 1 \end{pmatrix}$$ は

$$\left(\begin{array}{ccc|c} 3 & 2 & -3 & 1 \\ 2 & 0 & 1 & 2 \\ 3 & 1 & -1 & 1 \end{array}\right) \longrightarrow \left(\begin{array}{ccc|c} 1 & 0 & 0 & -1 \\ 0 & 1 & 0 & 8 \\ 0 & 0 & 1 & 4 \end{array}\right)$$

$$\underrightarrow{\qquad\qquad 標準化 \qquad\qquad}$$

と標準化できるので，解は $(x, y, z) = (-1, 8, 4)$ だった。

まとめると，次のようなことがいえる。

n 変数の連立 1 次方程式 $A\boldsymbol{x} = \boldsymbol{b}$（$\boldsymbol{b} \neq \boldsymbol{0}$）が唯一解をもつ必要十分条件は，

$$\mathrm{rank}(A) = n$$

である。

これは同時に次をも示している。

$n \times n$ 正方行列 A が逆行列 A^{-1} をもつ必要十分条件は

$$\mathrm{rank}(A) = n$$

である。

このことは後々重要な意味をもつ。

（単に）解をもつための条件

　では，連立1次方程式 $A\boldsymbol{x}=\boldsymbol{b}$（$\boldsymbol{b}\neq\boldsymbol{0}$）が（唯一解でなくてよいから）解をもつためにはどうなればよいのだろうか。

　55ページを見てみよう。唯一解をもたないときは拡大係数行列 $(A\,|\,\boldsymbol{b})$ が問題となる。すなわち，

$$
\left(\begin{array}{cccc|c}
a_1 & b_1 & c_1 & d_1 & p \\
a_2 & b_2 & c_2 & d_2 & q \\
a_3 & b_3 & c_3 & d_3 & r \\
a_4 & b_4 & c_4 & d_4 & s
\end{array}\right) \text{を変形して}
\left(\begin{array}{cccc|c}
1 & 0 & 0 & i & \alpha \\
0 & 1 & 0 & j & \beta \\
0 & 0 & 1 & k & \gamma \\
0 & 0 & 0 & 0 & \delta
\end{array}\right)\cdots\circledast
$$

となった場合（case 2），解の有無は次のとおりである。

> $\delta=0$ なら解をもち，$\delta\neq0$ なら解はない。

　ここで $A=\begin{pmatrix} a_1 & b_1 & c_1 & d_1 \\ a_2 & b_2 & c_2 & d_2 \\ a_3 & b_3 & c_3 & d_3 \\ a_4 & b_4 & c_4 & d_4 \end{pmatrix}$ の標準化は $\left.\begin{pmatrix} 1 & 0 & 0 & i \\ 0 & 1 & 0 & j \\ 0 & 0 & 1 & k \\ 0 & 0 & 0 & 0 \end{pmatrix}\right\}3$ なので，

$\mathrm{rank}(A)=3$ であることに注意しよう。

　$\boxed{\delta=0}$ なら$\circledast$はもうすでに標準形 $\left(\begin{array}{cccc|c} 1 & 0 & 0 & i & \alpha \\ 0 & 1 & 0 & j & \beta \\ 0 & 0 & 1 & k & \gamma \\ 0 & 0 & 0 & 0 & 0 \end{array}\right)$ だから，この rank

は3なので，

$$\mathrm{rank}(A\,|\,\boldsymbol{b})=\mathrm{rank}(A)=3$$

となる。この場合は解をもっているのだった。

　$\boxed{\delta\neq0}$ なら$\circledast$をさらに変形して

$$
\left(\begin{array}{cccc|c}
1 & 0 & 0 & i & \alpha \\
0 & 1 & 0 & j & \beta \\
0 & 0 & 1 & k & \gamma \\
0 & 0 & 0 & 0 & \delta
\end{array}\right)
\begin{array}{l}\cdots① \\ \cdots② \\ \cdots③ \\ \cdots④\end{array}
\xrightarrow[\text{③}-\text{④}\times\frac{\gamma}{\delta},\ \text{④}\times\frac{1}{\delta}]{\text{①}-\text{④}\times\frac{\alpha}{\delta},\ \text{②}-\text{④}\times\frac{\beta}{\delta}}
\left(\begin{array}{cccc|c}
1 & 0 & 0 & i & 0 \\
0 & 1 & 0 & j & 0 \\
0 & 0 & 1 & k & 0 \\
0 & 0 & 0 & 0 & 1
\end{array}\right)
$$

と標準化する。この拡大係数行列の rank は4なので，

$$\mathrm{rank}(A\,|\,\boldsymbol{b})>\mathrm{rank}(A)=3$$

となってしまう。この場合には解がない。つまり，次のようなことがいえる。

連立 1 次方程式 $A\boldsymbol{x}=\boldsymbol{b}\,(\boldsymbol{b}\neq\boldsymbol{0})$ が解をもつ必要十分条件は,

$$\mathrm{rank}(A\,|\,\boldsymbol{b})=\mathrm{rank}(A)$$

である。

行列 A が n 行であれば拡大係数行列 $(A\,|\,\boldsymbol{b})$ も n 行で,その標準形のことを考えると

$$\mathrm{rank}(A\,|\,\boldsymbol{b})\geqq\mathrm{rank}(A)$$

は明らかだから

$$\mathrm{rank}(A\,|\,\boldsymbol{b})>\mathrm{rank}(A)$$

ならば解をもたないといえるのだ。

実習問題
3-1

次の連立方程式が解をもつように a を定め，そのときの解を求めよ。

$$\begin{cases} 2y+4z+2w=2 \\ -x+\ y+3z+2w=2 \\ x+2y+3z+\ w=a \\ 2x-\ y\quad\ +\ w=1 \end{cases}$$

【解答＆解説】

$$\begin{pmatrix} 0 & 2 & 4 & 2 & \bigm| & 2 \\ -1 & 1 & 3 & 2 & \bigm| & 2 \\ 1 & 2 & 3 & 1 & \bigm| & a \\ 2 & -1 & 0 & 1 & \bigm| & 1 \end{pmatrix} \begin{matrix} \cdots① \\ \cdots② \\ \cdots③ \\ \cdots④ \end{matrix}$$

順序を
入れ換える →

$$\begin{pmatrix} 2 & -1 & 0 & 1 & \bigm| & 1 \\ 0 & 2 & 4 & 2 & \bigm| & 2 \\ -1 & 1 & 3 & 2 & \bigm| & 2 \\ 1 & 2 & 3 & 1 & \bigm| & a \end{pmatrix} \begin{matrix} \cdots① \\ \cdots② \\ \cdots③ \\ \cdots④ \end{matrix}$$

$\dfrac{①+③}{②\times\frac{1}{2}}$

$$\begin{pmatrix} 1 & 0 & 3 & 3 & \bigm| & 3 \\ 0 & 1 & 2 & 1 & \bigm| & 1 \\ -1 & 1 & 3 & 2 & \bigm| & 2 \\ 1 & 2 & 3 & 1 & \bigm| & a \end{pmatrix} \begin{matrix} \cdots① \\ \cdots② \\ \cdots③ \\ \cdots④ \end{matrix}$$

$\xrightarrow{③+①}$

$$\begin{matrix} \cdots① \\ \cdots② \\ \cdots③ \\ \cdots④ \end{matrix}$$

(a)

$\xrightarrow{(③-②)\times\frac{1}{4}}$

$$\begin{pmatrix} 1 & 0 & 3 & 3 & \bigm| & 3 \\ 0 & 1 & 2 & 1 & \bigm| & 1 \\ 0 & 0 & 1 & 1 & \bigm| & 1 \\ 1 & 2 & 3 & 1 & \bigm| & a \end{pmatrix} \begin{matrix} \cdots① \\ \cdots② \\ \cdots③ \\ \cdots④ \end{matrix}$$

$$\xrightarrow[\text{②}-\text{③}\times 2]{\text{①}-\text{③}\times 3}
\begin{pmatrix}
1 & 0 & 0 & 0 & 0 \\
0 & 1 & 0 & -1 & -1 \\
0 & 0 & 1 & 1 & 1 \\
1 & 2 & 3 & 1 & a
\end{pmatrix}
\begin{matrix}
\cdots\text{①} \\
\cdots\text{②} \\
\cdots\text{③} \\
\cdots\text{④}
\end{matrix}$$

$$\xrightarrow{\text{④}-\text{①}-\text{②}\times 2-\text{③}\times 3}$$ (b)

よって $a=1$ のとき解をもつ。　……(答)

このとき $\begin{cases} x & = & 0 \\ y & -w=-1 \\ z+w= & 1 \end{cases}$ なので，$w=t$ (任意)とすれば，

$x=0,\ y=-1+t,\ z=$ (c)　,　$w=t$　……(答)

....

(a) $\begin{pmatrix} 1 & 0 & 3 & 3 & 3 \\ 0 & 1 & 2 & 1 & 1 \\ 0 & 1 & 6 & 5 & 5 \\ 1 & 2 & 3 & 1 & a \end{pmatrix}$ 　(b) $\begin{pmatrix} 1 & 0 & 0 & 0 & 0 \\ 0 & 1 & 0 & -1 & -1 \\ 0 & 0 & 1 & 1 & 1 \\ 0 & 0 & 0 & 0 & a-1 \end{pmatrix}$ 　(c) $1-t$

復習問題
3-1

次の連立 1 次方程式を解け。

(1) $\begin{cases} x-2y+3z-w=1 \\ -x-2y+z+w=-1 \\ x+z-w=1 \\ -y+w=1 \end{cases}$ (2) $\begin{cases} 2x+3y-2z-3w=1 \\ -x-2y+z+2w=0 \\ x+3y-2z-2w=1 \\ 2x+y-3w=1 \end{cases}$

(3) $\begin{cases} x+3y-z-2w=-1 \\ -x-2y+z+w=0 \\ x+y-z=1 \\ 2x+y-2z+w=3 \end{cases}$

【解答 & 解説】

(1)

$$\left(\begin{array}{cccc|c} 1 & -2 & 3 & -1 & 1 \\ -1 & -2 & 1 & 1 & -1 \\ 1 & 0 & 1 & -1 & 1 \\ 0 & -1 & 0 & 1 & 1 \end{array}\right) \begin{array}{l} \cdots① \\ \cdots② \\ \cdots③ \\ \cdots④ \end{array}$$

③−①, ②+③

$$\left(\begin{array}{cccc|c} 1 & -2 & 3 & -1 & 1 \\ 0 & -2 & 2 & 0 & 0 \\ 0 & 2 & -2 & 0 & 0 \\ 0 & -1 & 0 & 1 & 1 \end{array}\right) \begin{array}{l} \cdots① \\ \cdots② \\ \cdots③ \\ \cdots④ \end{array}$$

②+③, ①+③, ③×(1/2)

$$\left(\begin{array}{cccc|c} 1 & 0 & 1 & -1 & 1 \\ 0 & 0 & 0 & 0 & 0 \\ 0 & 1 & -1 & 0 & 0 \\ 0 & 1 & 0 & -1 & -1 \end{array}\right) \begin{array}{l} \cdots① \\ \cdots② \\ \cdots③ \\ \cdots④ \end{array}$$

④−③

$$\left(\begin{array}{cccc|c} 1 & 0 & 1 & -1 & 1 \\ 0 & 0 & 0 & 0 & 0 \\ 0 & 1 & -1 & 0 & 0 \\ 0 & 0 & 1 & -1 & -1 \end{array}\right) \begin{array}{l} \cdots① \\ \cdots② \\ \cdots③ \\ \cdots④ \end{array}$$

③+④, ①−④

$$\left(\begin{array}{cccc|c} 1 & 0 & 0 & 0 & 2 \\ 0 & 0 & 0 & 0 & 0 \\ 0 & 1 & 0 & -1 & -1 \\ 0 & 0 & 1 & -1 & -1 \end{array}\right) \begin{array}{l} \cdots① \\ \cdots② \\ \cdots③ \\ \cdots④ \end{array}$$

行を入れ替えて,

$$\left(\begin{array}{cccc|c} 1 & 0 & 0 & 0 & 2 \\ 0 & 1 & 0 & -1 & -1 \\ 0 & 0 & 1 & -1 & -1 \\ 0 & 0 & 0 & 0 & 0 \end{array}\right)$$

すなわち

$$\begin{cases} x & & & = & 2 \\ & y & & -w= & -1 \\ & & z & -w= & -1 \\ & & & 0= & 0 \end{cases}$$

ここで, $w=t$ とおけば,

$x=2$, $y=t-1$, $z=t-1$, $w=t$

……(答)

(2)

$$\begin{pmatrix} 2 & 3 & -2 & -3 & 1 \\ -1 & -2 & 1 & 2 & 0 \\ 1 & 3 & -2 & -2 & 1 \\ 2 & 1 & 0 & -3 & 1 \end{pmatrix} \begin{matrix} \cdots① \\ \cdots② \\ \cdots③ \\ \cdots④ \end{matrix}$$

④−①, ②+③

$$\begin{pmatrix} 2 & 3 & -2 & -3 & 1 \\ 0 & 1 & -1 & 0 & 1 \\ 1 & 3 & -2 & -2 & 1 \\ 0 & -2 & 2 & 0 & 0 \end{pmatrix} \begin{matrix} \cdots① \\ \cdots② \\ \cdots③ \\ \cdots④ \end{matrix}$$

①−③×2, ④×(1/2)

$$\begin{pmatrix} 0 & -3 & 2 & 1 & -1 \\ 0 & 1 & -1 & 0 & 1 \\ 1 & 3 & -2 & -2 & 1 \\ 0 & 1 & -1 & 0 & 0 \end{pmatrix} \begin{matrix} \cdots① \\ \cdots② \\ \cdots③ \\ \cdots④ \end{matrix}$$

④−②, ③+①

$$\begin{pmatrix} 0 & -3 & 2 & 1 & -1 \\ 0 & 1 & -1 & 0 & 1 \\ 1 & 0 & 0 & -1 & 0 \\ 0 & 0 & 0 & 0 & -1 \end{pmatrix} \begin{matrix} \cdots① \\ \cdots② \\ \cdots③ \\ \cdots④ \end{matrix}$$

(注：ここで④から，もう解は存在しないと分かるが…)

①+②×3

$$\begin{pmatrix} 0 & 0 & -1 & 1 & 2 \\ 0 & 1 & -1 & 0 & 1 \\ 1 & 0 & 0 & -1 & 0 \\ 0 & 0 & 0 & 0 & -1 \end{pmatrix} \begin{matrix} \cdots① \\ \cdots② \\ \cdots③ \\ \cdots④ \end{matrix}$$

②−①, ①×(−1)

$$\begin{pmatrix} 0 & 0 & 1 & -1 & -2 \\ 0 & 1 & 0 & -1 & -1 \\ 1 & 0 & 0 & -1 & 0 \\ 0 & 0 & 0 & 0 & -1 \end{pmatrix} \begin{matrix} \cdots① \\ \cdots② \\ \cdots③ \\ \cdots④ \end{matrix}$$

行を入れ替えて，

$$\begin{pmatrix} 1 & 0 & 1 & -1 & 0 \\ 0 & 1 & 0 & -1 & -1 \\ 0 & 0 & 1 & -1 & -2 \\ 0 & 0 & 0 & 0 & -1 \end{pmatrix}$$

すなわち

$$\begin{cases} x & & -w = 0 & \cdots① \\ & y & -w = -1 & \cdots② \\ & z & -w = -2 & \cdots③ \\ & & 0 = -1 & \cdots④ \end{cases}$$

となって④式が成り立つことはなく，解は存在しない。 ……(答)

(3)

$$\begin{pmatrix} 1 & 3 & -1 & -2 & -1 \\ -1 & -2 & 1 & 1 & 0 \\ 1 & 1 & -1 & 0 & 1 \\ 2 & 1 & -2 & 1 & 3 \end{pmatrix} \begin{matrix} \cdots① \\ \cdots② \\ \cdots③ \\ \cdots④ \end{matrix}$$

①−③, ②+③

$$\begin{pmatrix} 0 & 2 & 0 & -2 & -2 \\ 0 & -1 & 0 & 1 & 1 \\ 1 & 1 & -1 & 0 & 1 \\ 2 & 1 & -2 & 1 & 3 \end{pmatrix} \begin{matrix} \cdots① \\ \cdots② \\ \cdots③ \\ \cdots④ \end{matrix}$$

①+②×2, ④−③×2

$$\begin{pmatrix} 0 & 0 & 0 & 0 & 0 \\ 0 & -1 & 0 & 1 & 1 \\ 1 & 1 & -1 & 0 & 1 \\ 0 & -1 & 0 & 1 & 1 \end{pmatrix} \begin{matrix} \cdots① \\ \cdots② \\ \cdots③ \\ \cdots④ \end{matrix}$$

③+②, ④−②

$$\begin{pmatrix} 0 & 0 & 0 & 0 & 0 \\ 0 & -1 & 0 & 1 & 1 \\ 1 & 0 & -1 & 1 & 2 \\ 0 & 0 & 0 & 0 & 0 \end{pmatrix} \begin{matrix} \cdots① \\ \cdots② \\ \cdots③ \\ \cdots④ \end{matrix}$$

②×(−1)，行を入れ替えて，

$$\left(\begin{array}{cccc|c} 1 & 0 & -1 & 1 & 2 \\ 0 & 1 & 0 & -1 & -1 \\ 0 & 0 & 0 & 0 & 0 \\ 0 & 0 & 0 & 0 & 0 \end{array}\right) \begin{array}{l} \cdots① \\ \cdots② \\ \cdots③ \\ \cdots④ \end{array}$$

すなわち

$$\begin{cases} x & -z+w= & 2 \cdots① \\ & y & -w=-1 \cdots② \\ & & 0= & 0 \cdots③ \\ & & 0= & 0 \cdots④ \end{cases}$$

と書けるから，

$$z=s, \quad w=t$$

とおくことで，

$$x=2+s-t, \quad y=-1+t,$$
$$z=s, \quad w=t$$

と書ける。　……(答)

(注：これをベクトルで表せば，

$$\begin{pmatrix} x \\ y \\ z \\ w \end{pmatrix} = \begin{pmatrix} 2 \\ -1 \\ 0 \\ 0 \end{pmatrix} + s \begin{pmatrix} 1 \\ 0 \\ 1 \\ 0 \end{pmatrix} + t \begin{pmatrix} -1 \\ 1 \\ 0 \\ 1 \end{pmatrix}$$

と書けてできあがり)

復習問題
3-2

次の各行列の rank を求めよ。

$$A=\begin{pmatrix} 2 & -1 & 1 \\ 0 & 2 & 2 \\ 1 & 1 & 2 \end{pmatrix} \quad B=\begin{pmatrix} 1 & 2 & 0 & 3 \\ 0 & 1 & 2 & 2 \\ 3 & 0 & -2 & 1 \end{pmatrix} \quad C=\begin{pmatrix} 1 & 3 & 4 & -2 \\ 0 & 2 & 2 & -2 \\ 1 & 0 & 1 & 1 \\ 2 & 1 & 3 & 1 \end{pmatrix}$$

【解答＆解説】

$$A=\begin{pmatrix} 2 & -1 & 1 \\ 0 & 2 & 2 \\ 1 & 1 & 2 \end{pmatrix} \longrightarrow \begin{pmatrix} 0 & -3 & -3 \\ 0 & 1 & 1 \\ 1 & 1 & 2 \end{pmatrix} \longrightarrow \begin{pmatrix} 0 & 0 & 0 \\ 0 & 1 & 1 \\ 1 & 0 & 1 \end{pmatrix} \longrightarrow \begin{pmatrix} \underline{1} & 0 & 1 \\ 0 & \underline{1} & \underline{1} \\ 0 & 0 & 0 \end{pmatrix}$$

$$\therefore \quad \mathrm{rank}(A)=2 \quad \cdots\cdots(答)$$

$$B=\begin{pmatrix} 1 & 2 & 0 & 3 \\ 0 & 1 & 2 & 2 \\ 3 & 0 & -2 & 1 \end{pmatrix} \longrightarrow \begin{pmatrix} 1 & 2 & 0 & 3 \\ 0 & 1 & 2 & 2 \\ 0 & -6 & -2 & -8 \end{pmatrix} \longrightarrow \begin{pmatrix} 1 & 2 & 0 & 3 \\ 0 & 1 & 2 & 2 \\ 0 & 0 & 10 & 4 \end{pmatrix}$$

$$\longrightarrow \begin{pmatrix} \underline{1} & 2 & 0 & 3 \\ 0 & \underline{1} & 2 & 2 \\ 0 & 0 & \underline{1} & 2/5 \end{pmatrix}$$

$$\therefore \quad \mathrm{rank}(A)=3 \quad \cdots\cdots(答)$$

$$C=\begin{pmatrix} 1 & 3 & 4 & -2 \\ 0 & 2 & 2 & -2 \\ 1 & 0 & 1 & 1 \\ 2 & 1 & 3 & 1 \end{pmatrix} \longrightarrow \begin{pmatrix} 0 & 3 & 3 & -3 \\ 0 & 2 & 2 & -2 \\ 1 & 0 & 1 & 1 \\ 0 & 1 & 1 & -1 \end{pmatrix} \longrightarrow \begin{pmatrix} 0 & 0 & 0 & 0 \\ 0 & 0 & 0 & 0 \\ 1 & 0 & 1 & 1 \\ 0 & 1 & 1 & -1 \end{pmatrix}$$

$$\longrightarrow \begin{pmatrix} 1 & 0 & 1 & -1 \\ 0 & 1 & 1 & -1 \\ 0 & 0 & 0 & 0 \\ 0 & 0 & 0 & 0 \end{pmatrix}$$

$$\therefore \quad \mathrm{rank}(A)=2 \quad \cdots\cdots(答)$$

講義 4 行列式の計算のしかた

　2×2 や 3×3 の正方行列 A によって表された連立 1 次方程式 $Ax = b$ がただ 1 つの解 x をもつ，つまりキレイに解けることがあるのは前講で述べた。そしてこのような場合，A は逆行列 A^{-1} をもつこともいえた。では，具体的にはどんなときにキレイに解けるのだろうか。それを簡単に判定するものが**行列式**なのだ。

連立 1 次方程式と逆行列

　$n \times n$ の正方行列 A に対して，逆行列 A^{-1} が存在する（つまり正則の）とき，

$$AA^{-1} = A^{-1}A = E$$

がいえた。だから n 変数 x の連立方程式 $Ax = b$ について，もし A^{-1} が存在するのなら，この両辺に左から A^{-1} をかけて

$$A^{-1}Ax = A^{-1}b \iff x = A^{-1}b$$

と表すことができる。だから A^{-1} が存在すれば，この方程式はアッサリ解けて，しかもただ 1 つの解をもつことがわかるのだ。

　　n 次正方行列 A に対して逆行列 A^{-1} が存在するとき，連立 1 次方程式 $Ax = b$ はただ 1 つの解をもち，それは $x = A^{-1}b$ と表せる。

　ではどんなとき逆行列が存在するのだろうか？

2×2 の行列と逆行列

$A = \begin{pmatrix} a & b \\ c & d \end{pmatrix}$ に対して，$X = \begin{pmatrix} d & -b \\ -c & a \end{pmatrix}$ とする。このとき，AX と XA

とを試しに計算してみよう（実際に計算すること）。

$$AX = \begin{pmatrix} a & b \\ c & d \end{pmatrix}\begin{pmatrix} d & -b \\ -c & a \end{pmatrix} = \left(\right)$$

実際に計算
してみよう

$$XA = \begin{pmatrix} d & -b \\ -c & a \end{pmatrix}\begin{pmatrix} a & b \\ c & d \end{pmatrix} = \left(\right)$$

どうだろう。何か気づいたことはあるだろうか？　実は次の式が成り立っているのだ。

$$AX = XA = (ad - bc)E \qquad \cdots\cdots ❋$$

ということは，

$$ad - bc \neq 0 \text{ ならば，} \frac{1}{ad - bc} X \text{ こそが } A^{-1} \text{ である}$$

といえるのではないか？　そうなのだ，❋ の両辺をあらかじめ $ad - bc$ で割っておけば，右辺は確かに E となる。そしてこの $ad - bc$ によって，A の逆行列が存在するか否かを判定することができてしまうのである。

この $ad - bc$ を

$$A \text{ の行列式 } |A|, \text{ または } \det(A)$$

と表す（「行列式」は日本語訳で，本来は determinant，つまり判定するものという意味だ）。

よって次がいえる。

$$A = \begin{pmatrix} a & b \\ c & d \end{pmatrix} \text{ に対し，} |A| = ad - bc \neq 0 \text{ なら } A^{-1} \text{ が存在し，}$$

$$A^{-1} = \frac{1}{|A|}\begin{pmatrix} d & -b \\ -c & a \end{pmatrix}$$

3×3 の行列式

3×3 の行列も，逆行列をもつかどうかは行列式が**0** かどうかで決まってくる。しかし，その行列式はとても複雑だ。そこで詳しい作り方，作られ方は講義6で述べるとして，まずはその計算方法のみ先に覚えてもらうとしよう!!

---

３ × ３ の 行 列 式

$A = \begin{pmatrix} a & b & c \\ d & e & f \\ g & h & i \end{pmatrix}$ の行列式 $|A|$ は次の式で与えられる。

$$|A| = aei + bfg + cdh - afh - bdi - ceg$$

どうだ，笑えるだろう？　覚えてもらおうといわれでも，コレをどうやって覚えろっつーんだという感じがしているかもしれない。でも大丈夫，覚え方はある。**サラス（Sarrus）の規則**という救世主だ。

サ ラ ス の 規 則

╲の積は足して，╱の積は引く

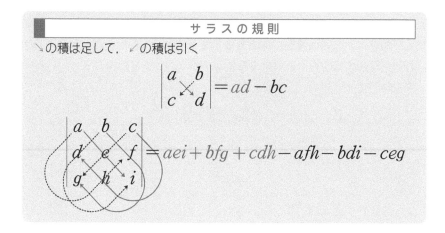

$$\begin{vmatrix} a & b \\ c & d \end{vmatrix} = ad - bc$$

$$\begin{vmatrix} a & b & c \\ d & e & f \\ g & h & i \end{vmatrix} = aei + bfg + cdh - afh - bdi - ceg$$

ただし，4×4 以上の行列式ではサラスの規則が**通用しない**ので注意!! ただ計算方法は後のページできちんとあるので，心配は無用だ。

それでは問題を解いてもらってサラスの規則に慣れてもらおう。

演習問題
4-1

(1) $A=\begin{pmatrix} a & b & c \\ d & e & f \\ g & h & i \end{pmatrix}$ とおく。

サラスの規則を用いて $|A|$ を計算せよ。

(2) $A'=\begin{pmatrix} a & b & c \\ 0 & e & f \\ 0 & h & i \end{pmatrix}$ とおく。$|A'|$ を a と $\begin{vmatrix} e & f \\ h & i \end{vmatrix}$ を用いて表せ。

(3) 次の各行列の行列式を(1)の $|A|$ と x を用いて表せ。

(i) $\begin{pmatrix} a & b & c \\ dx & ex & fx \\ g & h & i \end{pmatrix}$ (ii) $\begin{pmatrix} d & e & f \\ a & b & c \\ g & h & i \end{pmatrix}$

(iii) $\begin{pmatrix} a & b & c \\ d & e & f \\ a & b & c \end{pmatrix}$ (iv) $\begin{pmatrix} a & d & g \\ b & e & h \\ c & f & i \end{pmatrix}$

(4) $B=\begin{pmatrix} a & b & c \\ d' & e' & f' \\ g & h & i \end{pmatrix}$ とおく。$\begin{vmatrix} a & b & c \\ d+d' & e+e' & f+f' \\ g & h & i \end{vmatrix}$ を(1)の $|A|$ と $|B|$ とを用いて表せ。

【解答 & 解説】

(1) $|A|=aei+bfg+cdh-afh-bdi-ceg$ ……（答）

(2) $|A'|=aei+bf\cdot 0+c\cdot 0\cdot h-afh-b\cdot 0\cdot i-ce\cdot 0$

$\quad =aei-afh=a(ei-fh)$

$\quad =a\begin{vmatrix} e & f \\ h & i \end{vmatrix}$ （答）

(3)

(i) $\begin{vmatrix} a & b & c \\ dx & ex & fx \\ g & h & i \end{vmatrix}=aexi+bfxg+cdxh-afxh-bdxi-cexg$

$\qquad =x(aei+bfg+cdh-afh-bdi-ceg)$

$\qquad =x|A|$ ……（答）

(ii) $\begin{vmatrix} d & e & f \\ a & b & c \\ g & h & i \end{vmatrix} = afh + bdi + ceg - aei - bfg - cdh$

$$= -(aei + bfg + cdh - afh - bdi - ceg)$$

$$= -|A| \quad \cdots\cdots (\text{答})$$

(iii) $\begin{vmatrix} a & b & c \\ d & e & f \\ a & b & c \end{vmatrix} = aec + cbd + abf - abf - cbd - ace$

$$= 0 \quad \cdots\cdots (\text{答})$$

(iv) $\begin{vmatrix} a & d & g \\ b & e & h \\ c & f & i \end{vmatrix} = aei + bfg + cdh - afh - bdi - ceg$

$$= |A| \quad \cdots\cdots (\text{答})$$

(4) $|B| = ae'i + bf'g + cd'h - af'h - bd'i - ce'g$

$\begin{vmatrix} a & b & c \\ d+d' & e+e' & f+f' \\ g & h & i \end{vmatrix} = a(e+e')i + b(f+f')g + c(d+d')h$
$$\quad - a(f+f')h - b(d+d')i - c(e+e')g$$

$$= aei + bfg + cdh - afh - bdi - ceg$$

$$+ ae'i + bf'g + cd'h - af'h - bd'i - ce'g$$

$$= |A| + |B| \quad \cdots\cdots (\text{答})$$

行列式の 7 つの性質

4×4 以上の行列式ではサラスの規則が使えない。ではどうすれば 4×4 以上の行列式が計算できるかというと，具体的には次に挙げるような**行列式の基本性質**を利用して，3×3 の行列式までもってくればよいのだ。すべてしっかり覚えよう。

❶ 次数下げの法則

$$\begin{vmatrix} a_{11} & a_{12} & \cdots & a_{1n} \\ 0 & a_{22} & \cdots & a_{2n} \\ \vdots & \vdots & \ddots & \vdots \\ 0 & a_{n2} & \cdots & a_{nn} \end{vmatrix} = a_{11} \begin{vmatrix} a_{22} & \cdots & a_{2n} \\ \vdots & \ddots & \vdots \\ a_{n2} & \cdots & a_{nn} \end{vmatrix}$$

❷ 1 行(列)定数くくりだしの法則

$$\begin{vmatrix} a_{11} & a_{12} & \cdots & a_{1n} \\ \vdots & \vdots & \ddots & \vdots \\ ma_{k1} & ma_{k2} & \cdots & ma_{kn} \\ \vdots & \vdots & \ddots & \vdots \\ a_{n1} & a_{n2} & \cdots & a_{nn} \end{vmatrix} = m \begin{vmatrix} a_{11} & a_{12} & \cdots & a_{1n} \\ \vdots & \vdots & \ddots & \vdots \\ a_{k1} & a_{k2} & \cdots & a_{kn} \\ \vdots & \vdots & \ddots & \vdots \\ a_{n1} & a_{n2} & \cdots & a_{nn} \end{vmatrix}$$

❸ 1 行(列)2 分割の法則

$$\begin{vmatrix} a_{11} & a_{12} & \cdots & a_{1n} \\ \vdots & \vdots & \ddots & \vdots \\ a_{k1}+a_{k1}' & a_{k2}+a_{k2}' & \cdots & a_{kn}+a_{kn}' \\ \vdots & \vdots & \ddots & \vdots \\ a_{n1} & a_{n2} & \cdots & a_{nn} \end{vmatrix}$$

$$= \begin{vmatrix} a_{11} & a_{12} & \cdots & a_{1n} \\ \vdots & \vdots & \ddots & \vdots \\ a_{k1} & a_{k2} & \cdots & a_{kn} \\ \vdots & \vdots & \ddots & \vdots \\ a_{n1} & a_{n2} & \cdots & a_{nn} \end{vmatrix} + \begin{vmatrix} a_{11} & a_{12} & \cdots & a_{1n} \\ \vdots & \vdots & \ddots & \vdots \\ a_{k1}' & a_{k2}' & \cdots & a_{kn}' \\ \vdots & \vdots & \ddots & \vdots \\ a_{n1} & a_{n2} & \cdots & a_{nn} \end{vmatrix}$$

$$i \rightarrow \begin{vmatrix} a_{11} & a_{12} & \cdots & a_{1n} \\ \vdots & \vdots & \ddots & \vdots \\ a_{i1} & a_{i2} & \cdots & a_{in} \\ \vdots & \vdots & \ddots & \vdots \\ a_{j1} & a_{j2} & \cdots & a_{jn} \\ \vdots & \vdots & \ddots & \vdots \\ a_{n1} & a_{n2} & \cdots & a_{nn} \end{vmatrix} = - \begin{vmatrix} a_{11} & a_{12} & \cdots & a_{1n} \\ \vdots & \vdots & \ddots & \vdots \\ a_{j1} & a_{j2} & \cdots & a_{jn} \\ \vdots & \vdots & \ddots & \vdots \\ a_{i1} & a_{i2} & \cdots & a_{in} \\ \vdots & \vdots & \ddots & \vdots \\ a_{n1} & a_{n2} & \cdots & a_{nn} \end{vmatrix} \begin{matrix} \\ \\ \leftarrow i \\ \\ \leftarrow j \\ \\ \\ \end{matrix}$$

❺ 転置はオッケーの法則

行列 A の成分について，行と列をそっくり入れ換えてしまったものを**転置行列**と呼ぶ。また 転置行列は ${}^t A$ と表す。 このとき次の法則が成立する。

$$|{}^t A| = |A|$$

すなわち，

$$\begin{vmatrix} a_{11} & a_{21} & \cdots & a_{n1} \\ a_{12} & \ddots & & \vdots \\ \vdots & & \ddots & \vdots \\ a_{1n} & a_{2n} & \cdots & a_{nn} \end{vmatrix} = \begin{vmatrix} a_{11} & a_{12} & \cdots & a_{1n} \\ a_{21} & \ddots & & \vdots \\ \vdots & & \ddots & \vdots \\ a_{n1} & a_{n2} & \cdots & a_{nn} \end{vmatrix}$$

が成り立つ。

❻ 積の行列式は行列式の積の法則

$$|AB| = |A||B|$$

❶〜❺までを読んで，「おや？」と思ったかもしれない。そう，71 ページの演習問題 4−1 では，3×3 の行列式についてこれらの法則を実験してもらったというわけなのだ。

また，「❹行入れ換え−1倍の法則」から次がいえる。

❼ 行（列）同じは行列式 0 の法則

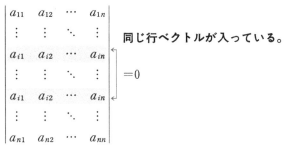

同じ行ベクトルが入っている。

$$\begin{vmatrix} a_{11} & a_{12} & \cdots & a_{1n} \\ \vdots & \vdots & \ddots & \vdots \\ a_{i1} & a_{i2} & \cdots & a_{in} \\ \vdots & \vdots & \ddots & \vdots \\ a_{i1} & a_{i2} & \cdots & a_{in} \\ \vdots & \vdots & \ddots & \vdots \\ a_{n1} & a_{n2} & \cdots & a_{nn} \end{vmatrix} = 0$$

これは次のように考えるとよい。行列 A の第 i 行と第 j 行を入れ換えた行列が A' だったとして，❹ から

$$|A| = \begin{vmatrix} \cdots & \cdots & \cdots & \cdots \\ a_{i1} & a_{i2} & \cdots & a_{in} \\ \cdots & \cdots & \cdots & \cdots \\ a_{j1} & a_{j2} & \cdots & a_{jn} \\ \cdots & \cdots & \cdots & \cdots \end{vmatrix} = - \begin{vmatrix} \cdots & \cdots & \cdots & \cdots \\ a_{j1} & a_{j2} & \cdots & a_{jn} \\ \cdots & \cdots & \cdots & \cdots \\ a_{i1} & a_{i2} & \cdots & a_{in} \\ \cdots & \cdots & \cdots & \cdots \end{vmatrix} = -|A'|$$

と表せるが，ここで $a_{ik} = a_{jk}$ だったりすると，$A = A'$ となってしまい，当然 $|A| = -|A|$ となる。その結果 $|A| = 0$ となるのである。

これに「❷ 1 行定数くくりだしの法則」をあわせると，次のような関係も導ける。

❼′

$$\begin{vmatrix} \cdots & \cdots & \cdots & \cdots \\ a_{i1} & a_{i2} & \cdots & a_{in} \\ \cdots & \cdots & \cdots & \cdots \\ ca_{i1} & ca_{i2} & \cdots & ca_{in} \\ \cdots & \cdots & \cdots & \cdots \end{vmatrix} = c \begin{vmatrix} \cdots & \cdots & \cdots & \cdots \\ a_{i1} & a_{i2} & \cdots & a_{in} \\ \cdots & \cdots & \cdots & \cdots \\ a_{i1} & a_{i2} & \cdots & a_{in} \\ \cdots & \cdots & \cdots & \cdots \end{vmatrix} = 0$$

73 ページの❷と❸をあわせて n 重線形性と呼ぶ。

4×4 の行列式を実際に計算する

では具体的にはこれらの性質❶〜❼をどのように利用するのだろうか。最も利用されるのは次の定理だ。

定理

行列式の値は次の行基本操作で変わらない。

ある行の定数倍を他の行に加える。

連立方程式を解くときも似たような性質を利用して計算しているので，なんだかこんがらがりそうだが，いまは「行列式」の計算をしているのだと強く意識しよう。この定理を行列式の等式で表現してみると，

$$\begin{vmatrix} a_{11} & a_{12} & a_{13} & \cdots & a_{1n} \\ \vdots & \vdots & \vdots & \ddots & \vdots \\ a_{i1} & a_{i2} & a_{i3} & \cdots & a_{in} \\ \vdots & \vdots & \vdots & \ddots & \vdots \\ a_{j1} & a_{j2} & a_{j3} & \cdots & a_{jn} \\ \vdots & \vdots & \vdots & \ddots & \vdots \\ a_{n1} & a_{n2} & a_{n3} & \cdots & a_{nn} \end{vmatrix}$$

これを取り出し c 倍して下へ加える。

$$= \begin{vmatrix} a_{11} & a_{12} & a_{13} & \cdots & a_{1n} \\ \vdots & \vdots & \vdots & \ddots & \vdots \\ a_{i1} & a_{i2} & a_{i3} & \cdots & a_{in} \\ \vdots & \vdots & \vdots & \ddots & \vdots \\ a_{j1}+ca_{i1} & a_{j2}+ca_{i2} & a_{j3}+ca_{i3} & \cdots & a_{jn}+ca_{in} \\ \vdots & \vdots & \vdots & \ddots & \vdots \\ a_{n1} & a_{n2} & a_{n3} & \cdots & a_{nn} \end{vmatrix}$$

ということになる。34ページの行基本操作（A'）と対応しているのはわかるだろう。この定理は，「❸1行2分割の法則」と❼を利用すればすぐに示せる。

注　実際に計算して示してみよう。

$$
\begin{vmatrix}
\cdots & \cdots & \cdots & \cdots \\
a_{i1} & a_{i2} & \cdots & a_{in} \\
\cdots & \cdots & \cdots & \cdots \\
a_{j1}+ca_{i1} & a_{j2}+ca_{i2} & \cdots & a_{jn}+ca_{in} \\
\cdots & \cdots & \cdots & \cdots
\end{vmatrix}
$$

❸1行2分割の法則　　　0 ←❼

$$
=
\begin{vmatrix}
\cdots & \cdots & \cdots \\
a_{i1} & \cdots & a_{in} \\
\cdots & \cdots & \cdots \\
a_{j1} & \cdots & a_{jn} \\
\cdots & \cdots & \cdots
\end{vmatrix}
+c
\begin{vmatrix}
\cdots & \cdots & \cdots \\
a_{i1} & \cdots & a_{in} \\
\cdots & \cdots & \cdots \\
a_{i1} & \cdots & a_{in} \\
\cdots & \cdots & \cdots
\end{vmatrix}
=
\begin{vmatrix}
\cdots & \cdots & \cdots \\
a_{i1} & \cdots & a_{in} \\
\cdots & \cdots & \cdots \\
a_{j1} & \cdots & a_{jn} \\
\cdots & \cdots & \cdots
\end{vmatrix}
$$

という等式が確かに成り立っている。

　この定理から次のような例題が解けるのでやってみよう。

例題
4-1
$$
\begin{vmatrix}
1 & 0 & 2 & 1 \\
-1 & 1 & 0 & -1 \\
0 & 3 & 1 & 2 \\
2 & 1 & 3 & 3
\end{vmatrix}
\begin{matrix}
\cdots① \\
\cdots② \\
\cdots③ \\
\cdots④
\end{matrix}
$$
を計算せよ。

【解答＆解説】　②＋①，④－①×2 によって行列式の値は変わらない。

❶次数下げの法則！

$$
与式=
\begin{vmatrix}
1 & 0 & 2 & 1 \\
0 & 1 & 2 & 0 \\
0 & 3 & 1 & 2 \\
0 & 1 & -1 & 1
\end{vmatrix}
=1
\begin{vmatrix}
1 & 2 & 0 \\
3 & 1 & 2 \\
1 & -1 & 1
\end{vmatrix}
$$

$$
=1\cdot1\cdot1+2\cdot2\cdot1+0\cdot3\cdot(-1)
$$
$$
-1\cdot2\cdot(-1)-2\cdot3\cdot1-0\cdot1\cdot1
$$

$$
=1+4+2-6=1 \quad \cdots\cdots(答)
$$

4×4 やそれ以上の行列式は，「ある行の定数倍を他の行に加える」という操作を繰り返し，次の形にしてから次数下げを行う。

$$
\begin{vmatrix}
a_{11} & \cdots & \cdots & \cdots & a_{1n} \\
\vdots & \ddots & & & \vdots \\
\vdots & & \ddots & & \vdots \\
\vdots & & & \ddots & \vdots \\
a_{n1} & \cdots & \cdots & \cdots & a_{nn}
\end{vmatrix}
$$

$$
=
\begin{vmatrix}
a_{11} & \cdots & \cdots & \cdots & a_{1n} \\
0 & a_{22}' & \cdots & \cdots & a_{2n}' \\
0 & \vdots & \ddots & & \vdots \\
\vdots & \vdots & & \ddots & \vdots \\
0 & a_{n2}' & \cdots & \cdots & a_{nn}'
\end{vmatrix}
$$

$$
= a_{11}
\begin{vmatrix}
a_{22}' & \cdots & \cdots & a_{2n}' \\
\vdots & \ddots & & \vdots \\
\vdots & & \ddots & \vdots \\
a_{n2}' & \cdots & \cdots & a_{nn}'
\end{vmatrix}
$$

3×3 の行列式まで下がったらサラスの規則を使えばよい。

　もちろん，場合によっては「❹行入れ換え−1倍の法則」や「❺転置はオッケーの法則」を利用することもある。

$$
(1)\quad
\begin{vmatrix}
3 & 1 & 0 & 2 \\
-1 & 2 & 5 & 1 \\
0 & 1 & 3 & 1 \\
3 & -2 & 1 & 0
\end{vmatrix}
\qquad
(2)\quad
\begin{vmatrix}
1 & 0 & 2 & 4 \\
1 & 1 & 0 & 3 \\
2 & 1 & 5 & 0 \\
1 & -2 & 7 & -1
\end{vmatrix}
$$

演習問題 4-2

【解答＆解説】

$$
(1)\quad
\begin{vmatrix}
3 & 1 & 0 & 2 \\
-1 & 2 & 5 & 1 \\
0 & 1 & 3 & 1 \\
3 & -2 & 1 & 0
\end{vmatrix}
\underset{①}{=}
\begin{vmatrix}
0 & 7 & 15 & 5 \\
-1 & 2 & 5 & 1 \\
0 & 1 & 3 & 1 \\
0 & 4 & 16 & 3
\end{vmatrix}
\underset{②}{=}-
\begin{vmatrix}
-1 & 2 & 5 & 1 \\
0 & 7 & 15 & 5 \\
0 & 1 & 3 & 1 \\
0 & 4 & 16 & 3
\end{vmatrix}
$$

$$
\underset{③}{=}
\begin{vmatrix}
7 & 15 & 5 \\
1 & 3 & 1 \\
4 & 16 & 3
\end{vmatrix}
$$

$$
=7\cdot3\cdot3+15\cdot1\cdot4+5\cdot1\cdot16
$$

$$
\quad-7\cdot1\cdot16-15\cdot1\cdot3-5\cdot3\cdot4
$$

$$
=63+60+80-112-45-60=-14 \quad\cdots\cdots(答)
$$

$$
\left(
\begin{array}{l}
①：第2行の3倍を第1行と第4行へ加える。 ❼ \\
②：第1行と第2行を入れ換える。 ❹ \\
③：-1をくくりだし次数を下げる。 ❶
\end{array}
\right.
$$

$$
(2)\quad
\begin{vmatrix}
1 & 0 & 2 & 4 \\
1 & 1 & 0 & 3 \\
2 & 1 & 5 & 0 \\
1 & -2 & 7 & -1
\end{vmatrix}
\underset{①}{=}
\begin{vmatrix}
1 & 1 & 2 & 1 \\
0 & 1 & 1 & -2 \\
2 & 0 & 5 & 7 \\
4 & 3 & 0 & -1
\end{vmatrix}
\underset{②}{=}
\begin{vmatrix}
1 & 1 & 2 & 1 \\
0 & 1 & 1 & -2 \\
0 & -2 & 1 & 5 \\
0 & -1 & -8 & -5
\end{vmatrix}
$$

$$
\underset{③}{=}
\begin{vmatrix}
1 & 1 & -2 \\
-2 & 1 & 5 \\
-1 & -8 & -5
\end{vmatrix}
$$

$$
=-5-5-32+40-10-2
$$

$$
=-14 \quad\cdots\cdots(答)
$$

$$
\left(
\begin{array}{l}
①：転置する。 ❾ \\
②：第1行の2倍を第3行へ，4倍を第4行へ加える。 ❼ \\
③：1をくくりだし次数を下げる。 ❶
\end{array}
\right.
$$

実習問題
4-1

次の各行列式を因数分解された形で求めよ。

(1) $\begin{vmatrix} 1 & a & a^2 & a^3 \\ 1 & b & b^2 & b^3 \\ 1 & c & c^2 & c^3 \\ 1 & d & d^2 & d^3 \end{vmatrix}$

(2) $\begin{vmatrix} x & x & y & x \\ x & x & x & y \\ x & y & x & x \\ y & x & x & x \end{vmatrix}$

【解答 & 解説】

(1) $\begin{vmatrix} 1 & a & a^2 & a^3 \\ 1 & b & b^2 & b^3 \\ 1 & c & c^2 & c^3 \\ 1 & d & d^2 & d^3 \end{vmatrix} = \begin{vmatrix} 1 & a & a^2 & a^3 \\ 0 & b-a & b^2-a^2 & b^3-a^3 \\ 0 & c-a & c^2-a^2 & c^3-a^3 \\ 0 & d-a & d^2-a^2 & d^3-a^3 \end{vmatrix}$

$= \begin{vmatrix} b-a & b^2-a^2 & b^3-a^3 \\ c-a & c^2-a^2 & c^3-a^3 \\ d-a & d^2-a^2 & d^3-a^3 \end{vmatrix}$

$= (b-a)(c-a)(d-a)$ (a) [   ]

$= (b-a)(c-a)(d-a) \begin{vmatrix} 1 & b+a & b^2+ab+a^2 \\ 0 & c-b & c^2-b^2+a(c-b) \\ 0 & d-b & d^2-b^2+a(d-b) \end{vmatrix}$

$= (b-a)(c-a)(d-a) \begin{vmatrix} c-b & (c-b)(a+b+c) \\ d-b & (d-b)(a+b+d) \end{vmatrix}$

$= (b-a)(c-a)(d-a)(c-b)(d-b) \begin{vmatrix} 1 & a+b+c \\ 1 & a+b+d \end{vmatrix}$

$= (b-a)(c-a)(d-a)(c-b)(d-b)(a+b+d-a-b-c)$

$=$ (b) [   ] ……(答)

$$(2) \quad \begin{vmatrix} x & x & y & x \\ x & x & x & y \\ x & y & x & x \\ y & x & x & x \end{vmatrix} = \begin{vmatrix} x & x & y & x \\ 0 & 0 & x-y & y-x \\ 0 & y-x & x-y & 0 \\ y-x & 0 & x-y & 0 \end{vmatrix}$$

$$= (y-x)^3 \boxed{\text{(c)} } = (y-x)^3 \begin{vmatrix} 0 & x & x+y & x \\ 0 & 0 & -1 & 1 \\ 0 & 1 & -1 & 0 \\ 1 & 0 & -1 & 0 \end{vmatrix}$$

$$= (x-y)^3 \begin{vmatrix} 1 & 0 & -1 & 0 \\ 0 & 0 & -1 & 1 \\ 0 & 1 & -1 & 0 \\ 0 & x & x+y & x \end{vmatrix} = (x-y)^3 \begin{vmatrix} 0 & -1 & 1 \\ 1 & -1 & 0 \\ x & x+y & x \end{vmatrix}$$

$$= (x-y)^3(0+0+x+y-0+x+x) = \boxed{\text{(d)} }$$

注 (1)の行列について考えてみよう。$\{a, b, c, d\}$ から取り出せる 2 文字の組み合わせは $_4\mathrm{C}_2 = 6$ 個である。(1)の答えにはそのうちすべてが並んでいることに注目！ このような行列式をヴァンデルモンド（Vandermonde）の行列式という。

. . . .

(a) $\begin{vmatrix} 1 & b+a & b^2+ab+a^2 \\ 1 & c+a & c^2+ac+a^2 \\ 1 & d+a & d^2+ad+a^2 \end{vmatrix}$ (b) $(b-a)(c-a)(d-a)(c-b)(d-b)(d-c)$

(c) $\begin{vmatrix} x & x & y & x \\ 0 & 0 & -1 & 1 \\ 0 & 1 & -1 & 0 \\ 1 & 0 & -1 & 0 \end{vmatrix}$ (d) $(x-y)^3(3x+y)$

実習問題
4-2

$$\begin{vmatrix} 1 & a & b & c & d+e \\ 1 & b & c & d & e+a \\ 1 & c & d & e & a+b \\ 1 & d & e & a & b+c \\ 1 & e & a & b & c+d \end{vmatrix}$$ の値を求めよ。

 対称性をうまく利用しよう。第5列に第2列～第4列を足してしまうと
……？

【解答＆解説】　$S=a+b+c+d+e$ とする。与行列式の第5列に第2列～第4列を加える。

$$\begin{vmatrix} 1 & a & b & c & d+e \\ 1 & b & c & d & e+a \\ 1 & c & d & e & a+b \\ 1 & d & e & a & b+c \\ 1 & e & a & b & c+d \end{vmatrix} \underset{①}{=} \begin{vmatrix} 1 & a & b & c & d+e+a+b+c \\ 1 & b & c & d & e+a+b+c+d \\ 1 & c & d & e & a+b+c+d+e \\ 1 & d & e & a & b+c+d+e+a \\ 1 & e & a & b & c+d+e+a+b \end{vmatrix}$$

$$= \begin{vmatrix} 1 & a & b & c & S \\ 1 & b & c & d & S \\ 1 & c & d & e & S \\ 1 & d & e & a & S \\ 1 & e & a & b & S \end{vmatrix} \underset{②}{=} S \begin{vmatrix} 1 & a & b & c & 1 \\ 1 & b & c & d & 1 \\ 1 & c & d & e & 1 \\ 1 & d & e & a & 1 \\ 1 & e & a & b & 1 \end{vmatrix}$$

$$\underset{③}{=} \boxed{\text{(a)}}$$

$\begin{pmatrix} ①：第5列に第2列～第4列を加える。❼ \\ ②：第5列の S をくくりだす。❷ \\ ③：第1列と第5列が同じなので……。❼ \end{pmatrix}$

....

(a)　0

実習問題
4-3

行列式 $\begin{vmatrix} a_3 & -1 & 0 & 0 \\ a_2 & x & -1 & 0 \\ a_1 & 0 & x & -1 \\ a_0 & 0 & 0 & x \end{vmatrix}$ を計算せよ。

【解答＆解説】

$$\begin{vmatrix} a_3 & -1 & 0 & 0 \\ a_2 & x & -1 & 0 \\ a_1 & 0 & x & -1 \\ a_0 & 0 & 0 & x \end{vmatrix} = \begin{vmatrix} 1 & a_3 & 0 & 0 \\ -x & a_2 & -1 & 0 \\ 0 & a_1 & x & -1 \\ 0 & a_0 & 0 & x \end{vmatrix}$$

$$= \begin{vmatrix} 1 & a_3 & 0 & 0 \\ 0 & a_3x+a_2 & -1 & 0 \\ 0 & a_1 & x & -1 \\ 0 & a_0 & 0 & x \end{vmatrix}$$

$$= \begin{vmatrix} a_3x+a_2 & -1 & 0 \\ a_1 & x & -1 \\ a_0 & 0 & x \end{vmatrix} = \begin{vmatrix} 1 & a_3x+a_2 & 0 \\ -x & a_1 & -1 \\ 0 & a_0 & x \end{vmatrix}$$

$$= \begin{vmatrix} 1 & a_3x+a_2 & 0 \\ 0 & a_3x^2+a_2x+a_1 & -1 \\ 0 & a_0 & x \end{vmatrix} = \begin{vmatrix} a_3x^2+a_2x+a_1 & -1 \\ a_0 & x \end{vmatrix}$$

$$= a_3x^3 + a_2x^2 + a_1x + a_0 \quad \cdots\cdots (答)$$

注　これを一般化して次が言える。

$$\begin{vmatrix} a_n & -1 & 0 & 0 & \cdots & 0 \\ a_{n-1} & x & -1 & 0 & \cdots & \vdots \\ a_{n-2} & 0 & x & -1 & \cdots & \vdots \\ a_{n-3} & 0 & 0 & x & \cdots & \vdots \\ \vdots & \vdots & \vdots & & \ddots & \vdots \\ a_0 & 0 & 0 & \cdots & 0 & x \end{vmatrix} = a_nx^n + a_{n-1}x^{n-1} + a_{n-2}x^{n-2} + \cdots + a_2x^2 + a_1x + a_0$$

復習問題
4-1

次の各行列式を計算せよ。ただし，a，b は実数とする。

(1) $\begin{vmatrix} x & y & z \\ z & x & y \\ y & z & x \end{vmatrix}$

(2) $\begin{vmatrix} 2 & 0 & 1 & 3 \\ 1 & -1 & 0 & 1 \\ -1 & 3 & 1 & -2 \\ 0 & 2 & 0 & 1 \end{vmatrix}$

(3) $\begin{vmatrix} a & -b & -a & b \\ b & a & -b & -a \\ a & -b & a & -b \\ b & a & b & a \end{vmatrix}$

【解答＆解説】

(1) $\begin{vmatrix} x & y & z \\ z & x & y \\ y & z & x \end{vmatrix} = \begin{vmatrix} x & y & z \\ 0 & x & y \\ 0 & z & x \end{vmatrix} + \begin{vmatrix} 0 & y & z \\ z & x & y \\ 0 & z & x \end{vmatrix} + \begin{vmatrix} 0 & y & z \\ 0 & x & y \\ y & z & x \end{vmatrix}$

$= \begin{vmatrix} x & y & z \\ 0 & x & y \\ 0 & z & x \end{vmatrix} - \begin{vmatrix} z & x & y \\ 0 & y & z \\ 0 & z & x \end{vmatrix} - \begin{vmatrix} y & z & x \\ 0 & x & y \\ 0 & y & z \end{vmatrix}$

$= x \begin{vmatrix} x & y \\ z & x \end{vmatrix} - z \begin{vmatrix} y & z \\ z & x \end{vmatrix} - y \begin{vmatrix} x & y \\ y & z \end{vmatrix}$

$= x(x^2 - yz) - z(yx - z^2) - y(zx - y^2)$

$= x^3 + y^3 + z^3 - 3xyz$ ……（答）

（別解） $\begin{vmatrix} x & y & z \\ z & x & y \\ y & z & x \end{vmatrix} = \begin{vmatrix} x+y+z & y & z \\ z+x+y & x & y \\ y+z+x & z & x \end{vmatrix} = (x+y+z) \begin{vmatrix} 1 & y & z \\ 1 & x & y \\ 1 & z & x \end{vmatrix}$

$= (x+y+z) \begin{vmatrix} 1 & y & z \\ 0 & x-y & y-z \\ 0 & z-y & x-z \end{vmatrix} = (x+y+z) \begin{vmatrix} x-y & y-z \\ z-y & x-z \end{vmatrix}$

$= (x+y+z)\{(x-y)(x-z) - (y-z)(z-y)\}$

$= (x+y+z)(x^2 + y^2 + z^2 - xy - yz - zx)$ ……（答）

注 もちろんサラスの規則を用いてもよいだろう。

$$(2)\quad \begin{vmatrix} 2 & 0 & 1 & 3 \\ 1 & -1 & 0 & 1 \\ -1 & 3 & 1 & -2 \\ 0 & 1 & 0 & 1 \end{vmatrix} = \begin{vmatrix} 0 & 2 & 1 & 1 \\ 1 & -1 & 0 & 1 \\ 0 & 2 & 1 & -1 \\ 0 & 1 & 0 & 1 \end{vmatrix}$$

$$= -\begin{vmatrix} 1 & -1 & 0 & 1 \\ 0 & 2 & 1 & 1 \\ 0 & 2 & 1 & -1 \\ 0 & 1 & 0 & 1 \end{vmatrix} = -\begin{vmatrix} 2 & 1 & 1 \\ 2 & 1 & -1 \\ 1 & 0 & 1 \end{vmatrix}$$

$$= -(2 \cdot 1 \cdot 1 + 1 \cdot (-1) \cdot 1 + 2 \cdot 0 \cdot 1 - 1 \cdot 1 \cdot 1 - 2 \cdot 0 \cdot (-1) - 1 \cdot 2 \cdot 1)$$

$$= 2 \quad \cdots\cdots(\text{答})$$

$$(3)\quad \begin{vmatrix} a & -b & -a & b \\ b & a & -b & -a \\ a & -b & a & -b \\ b & a & b & a \end{vmatrix} = \begin{vmatrix} 2a & -b & -a & b \\ 2b & a & -b & -a \\ 0 & -b & a & -b \\ 0 & a & b & a \end{vmatrix}$$

$$= \begin{vmatrix} 2a & -b & -a & b \\ 0 & a & -b & -a \\ 0 & -b & a & -b \\ 0 & a & b & a \end{vmatrix} + \begin{vmatrix} 0 & -b & -a & b \\ 2a & a & -b & -a \\ 0 & -b & a & -b \\ 0 & a & b & a \end{vmatrix}$$

$$= 2a\begin{vmatrix} 1 & -b & -a & b \\ 0 & a & -b & -a \\ 0 & -b & a & -b \\ 0 & a & b & a \end{vmatrix} - 2b\begin{vmatrix} 1 & a & -b & -a \\ 0 & -b & -a & b \\ 0 & -b & a & -b \\ 0 & a & b & a \end{vmatrix}$$

$$= 2a\begin{vmatrix} a & -b & -a \\ -b & a & -b \\ a & b & a \end{vmatrix} - 2b\begin{vmatrix} -b & -a & b \\ -b & a & -b \\ a & b & a \end{vmatrix}$$

$$= 2a(a^3 + ab^2 + ab^2 + a^3 - ab^2 + ab^2) - 2b(-a^2b + a^2b - b^3 + a^2b - a^2b + b^3)$$

$$= 4(a^4 + 2a^2b^2 + b^4) = 4(a^2 + b^2)^2 \quad \cdots\cdots(\text{答})$$

（注解）

$$A = \begin{pmatrix} a & -b & -a & b \\ b & a & -b & -a \\ a & -b & a & -b \\ b & a & b & a \end{pmatrix} \text{ として,}$$

$$({}^tA)A = \begin{pmatrix} a & b & a & b \\ -b & a & -b & a \\ -a & -b & a & b \\ b & -a & -b & a \end{pmatrix} \begin{pmatrix} a & -b & -a & b \\ b & a & -b & -a \\ a & -b & a & -b \\ b & a & b & a \end{pmatrix}$$

$$= \begin{pmatrix} a & b & a & b \\ -b & a & -b & a \\ -a & -b & a & b \\ b & -a & -b & a \end{pmatrix} \begin{pmatrix} a & -b & -a & b \\ b & a & -b & -a \\ a & -b & a & -b \\ b & a & b & a \end{pmatrix}$$

$$= \begin{pmatrix} a^2+b^2+a^2+b^2 & -ab+ab-ab+ab \\ -ab+ab-ab+ab & b^2+a^2+b^2+a^2 \\ -a^2-b^2+a^2+b^2 & ab-ab-ab+ab \\ ab-ab-ab+ab & -b^2-a^2+b^2+a^2 \end{pmatrix}$$

$$\begin{pmatrix} -a^2-b^2+a^2+b^2 & ab-ab-ab+ab \\ ab-ab-ab+ab & -b^2-a^2+b^2+a^2 \\ a^2+b^2+a^2+b^2 & -ab+ab-ab+ab \\ -ab+ab-ab+ab & b^2+a^2+b^2+a^2 \end{pmatrix}$$

$$= \begin{pmatrix} 2(a^2+b^2) & 0 & 0 & 0 \\ 0 & 2(a^2+b^2) & 0 & 0 \\ 0 & 0 & 2(a^2+b^2) & 0 \\ 0 & 0 & 0 & 2(a^2+b^2) \end{pmatrix} \cdots ①$$

$|{}^tA| = |A|$, $|({}^tA)A| = |{}^tA||A|$ に注意して①により,

$$|A|^2 = 2^4(a^2+b^2)^4$$

$$\therefore \quad |A| = 4(a^2+b^2)^2 \quad \cdots\cdots (答)$$

(1) 2以上の任意の自然数 n に対して，次が成り立つことを，数学的帰納法によって示せ（ヴァンデルモンドの行列式）。

$$\begin{vmatrix} 1 & x_1 & x_1^2 & \cdots & x_1^{n-1} \\ 1 & x_2 & x_2^2 & \cdots & x_2^{n-1} \\ 1 & x_3 & x_3^2 & \cdots & x_3^{n-1} \\ \vdots & \vdots & \vdots & \ddots & \vdots \\ 1 & x_n & x_n^2 & \cdots & x_n^{n-1} \end{vmatrix} = \prod_{1 \leq i < j \leq n} (x_j - x_i)$$

$$= (x_2 - x_1)(x_3 - x_1) \cdots (x_n - x_1)(x_3 - x_2) \cdots (x_n - x_2) \cdots (x_n - x_{n-1}) \quad \cdots ⊛$$

$$(1 \leq i < j \leq n \text{ をみたすすべての } x_j - x_i \text{ の積})$$

(2) 2以上の自然数 n および $n-1$ 次以下の多項式

$$f(x) = a_{n-1}x^{n-1} + a_{n-2}x^{n-2} + \cdots + a_1 x + a_0 = \sum_{k=0}^{n-1} a_k x^k$$

（ただし $x_0 = 1$ とする）

に対して，異なる n 個の $x = x_1, x_2, ..., x_n$ で

$$f(x_1) = f(x_2) = \cdots = f(x_n) = 0$$

ならば，

$$a_0 = a_1 = \cdots = a_{n-1} = 0$$

が成り立つことを示せ（数値代入法の定理）。

【解答 & 解説】

(1) $n = 2$ のとき，$\begin{vmatrix} 1 & x_1 \\ 1 & x_2 \end{vmatrix} = x_1 - x$ となって⊛は成り立つ。

$n = k(k \geq 2)$ のときに⊛が成り立つと仮定すると，

$$\begin{vmatrix} 1 & x_1 & x_1^2 & \cdots & x_1^{k-1} \\ 1 & x_2 & x_2^2 & \cdots & x_2^{k-1} \\ \vdots & \vdots & \vdots & \ddots & \vdots \\ 1 & x_k & x_k^2 & \cdots & x_k^{k-1} \end{vmatrix} = \prod_{1 \leq i < j \leq n} (x_j - x_i)$$

$$= (x_2 - x_1)(x_3 - x_1) \cdots (x_k - x_1)(x_3 - x_2) \cdots (x_k - x_2) \cdots (x_k - x_{k-1})$$

$$(1 \leq i < j \leq k \text{ をみたすすべての } x_j - x_i \text{ の積})$$

なので，$n = k+1$ のとき，

$$\begin{vmatrix} 1 & x_1 & x_1{}^2 & \cdots & x_1{}^k \\ 1 & x_2 & x_2{}^2 & \cdots & x_2{}^k \\ 1 & x_3 & x_3{}^2 & \cdots & x_3{}^k \\ \vdots & \vdots & \vdots & \ddots & \vdots \\ 1 & x_{k+1} & x_{k+1}{}^2 & \cdots & x_{k+1}{}^k \end{vmatrix} = \begin{vmatrix} 1 & x_1-x_{k+1} & x_1{}^2-x_1x_{k+1} & \cdots & x_1{}^k-x_1{}^{k-1}x_{k+1} \\ 1 & x_2-x_{k+1} & x_2{}^2-x_2x_{k+1} & \cdots & x_2{}^k-x_2{}^{k-1}x_{k+1} \\ \vdots & \vdots & \vdots & \ddots & \vdots \\ 1 & x_k-x_{k+1} & x_k{}^2-x_kx_{k+1} & \cdots & x_k{}^k-x_k{}^{k-1}x_{k+1} \\ 1 & 0 & 0 & \cdots & 0 \end{vmatrix}$$

$$= (-1)^k \begin{vmatrix} 1 & 0 & 0 & \cdots & 0 \\ 1 & x_1-x_{k+1} & x_1{}^2-x_1x_{k+1} & \cdots & x_1{}^k-x_1{}^{k-1}x_{k+1} \\ \vdots & x_2-x_{k+1} & x_2{}^2-x_2x_{k+1} & \cdots & x_2{}^k-x_2{}^{k-1}x_{k+1} \\ 1 & \vdots & \vdots & \ddots & \vdots \\ 1 & x_k-x_{k+1} & x_k{}^2-x_kx_{k+1} & \cdots & x_k{}^k-x_k{}^{k-1}x_{k+1} \end{vmatrix}$$

$$= (-1)^k \begin{vmatrix} x_1-x_{k+1} & x_1{}^2-x_1x_{k+1} & x_1{}^3-x_2{}^2x_{k+1} & \cdots & x_1{}^k-x_1{}^{k-1}x_{k+1} \\ x_2-x_{k+1} & x_2{}^2-x_2x_{k+1} & x_3{}^3-x_3{}^2x_{k+1} & \cdots & x_2{}^k-x_3{}^{k-1}x_{k+1} \\ \vdots & \vdots & \vdots & \ddots & \vdots \\ x_k-x_{k+1} & x_k{}^2-x_kx_{k+1} & x_k{}^3-x_k{}^2x_{k+1} & \cdots & x_k{}^k-x_k{}^{k-1}x_{k+1} \end{vmatrix}$$

$$= (-1)^k(x_1-x_{k+1})(x_2-x_{k+1})\cdots(x_k-x_{k+1}) \begin{vmatrix} 1 & x_1 & \cdots & x_1{}^{k-1} \\ 1 & x_2 & \cdots & x_2{}^{k-1} \\ \vdots & \vdots & \ddots & \vdots \\ 1 & x_{k+1} & \cdots & x_k{}^{k-1} \end{vmatrix}$$

$$= (x_{k+1}-x_1)(x_{k+1}-x_2)\cdots(x_{k+1}-x_k) \begin{vmatrix} 1 & x_1 & \cdots & x_1{}^{k-1} \\ 1 & x_2 & \cdots & x_2{}^{k-1} \\ \vdots & \vdots & \ddots & \vdots \\ 1 & x_k & \cdots & x_k{}^{k-1} \end{vmatrix}$$

$$= (x_2-x_1)\cdots(x_k-x_1)(x_3-x_2)\cdots(x_k-x_2)\cdots(x_k-x_{k-1})(x_{k+1}-x_1)\cdots(x_{k+1}-x_k)$$

$$= \prod_{1\leqq i<j\leqq k+1}(x_j-x_i) \qquad (1\leqq i<j\leqq k+1 \text{ をみたすすべての } x_j-x_i \text{ の積})$$

∴　数学的帰納法からすべての自然数で❂は成り立つと分かった。

……(証明終わり)

(2) $f(x) = a_0 + a_1 x + a_2 x^2 + \cdots + a_{n-2} x^{n-2} + a_{n-1} x^{n-1}$

かつ,

$$f(x_1) = f(x_2) = \cdots = f(x_n) = 0$$

であるから,

$$\begin{pmatrix} 1 & x_1 & x_1{}^2 & \cdots & x_1{}^{n-1} \\ 1 & x_2 & x_2{}^2 & \cdots & x_2{}^{n-1} \\ 1 & x_3 & x_3{}^2 & \cdots & x_3{}^{n-1} \\ \vdots & \vdots & \vdots & \ddots & \vdots \\ 1 & x_n & x_n{}^2 & \cdots & x_n{}^{n-1} \end{pmatrix} \begin{pmatrix} a_0 \\ a_1 \\ a_2 \\ \vdots \\ a_{n-1} \end{pmatrix}$$

$$= \begin{pmatrix} a_0 + a_1 x_1 + a_2 x_1{}^2 + \cdots + a_{n-2} x_1{}^{n-2} + a_{n-1} x_1{}^{n-1} \\ a_0 + a_1 x_2 + a_2 x_2{}^2 + \cdots + a_{n-2} x_2{}^{n-2} + a_{n-1} x_2{}^{n-1} \\ a_0 + a_1 x_3 + a_2 x_3{}^2 + \cdots + a_{n-2} x_3{}^{n-2} + a_{n-1} x_3{}^{n-1} \\ \cdots \\ a_0 + a_1 x_n + a_2 x_n{}^2 + \cdots + a_{n-2} x_n{}^{n-2} + a_{n-1} x_n{}^{n-1} \end{pmatrix} = \begin{pmatrix} f(x_1) \\ f(x_2) \\ f(x_3) \\ \vdots \\ f(x_n) \end{pmatrix} = \begin{pmatrix} 0 \\ 0 \\ 0 \\ \vdots \\ 0 \end{pmatrix} \quad \cdots ①$$

と書けるが,左辺の係数行列

$$A = \begin{pmatrix} 1 & x_1 & x_1{}^2 & \cdots & x_1{}^{n-1} \\ 1 & x_2 & x_2{}^2 & \cdots & x_2{}^{n-1} \\ 1 & x_3 & x_3{}^2 & \cdots & x_3{}^{n-1} \\ \vdots & \vdots & \vdots & \ddots & \vdots \\ 1 & x_n & x_n{}^2 & \cdots & x_n{}^{n-1} \end{pmatrix}$$

については,(1)により,$|A| = \displaystyle\prod_{1 \leqq i < j \leqq n} (x_j - x_i)$ であるから,各 $x_1, x_2, \ldots, x_n$ がすべて相異なれば,$|A| \neq 0$ となって A^{-1} が存在し,

①すなわち $A \begin{pmatrix} a_0 \\ \vdots \\ a_{n-1} \end{pmatrix} = \begin{pmatrix} 0 \\ \vdots \\ 0 \end{pmatrix}$ の両辺左側から A^{-1} をかけて,

$$\begin{pmatrix} a_0 \\ \vdots \\ a_{n-1} \end{pmatrix} = \begin{pmatrix} 0 \\ \vdots \\ 0 \end{pmatrix} \quad \cdots\cdots (\text{証明終わり})$$

余因子と 逆行列の公式

　講義4で行列式の計算のしかたはわかったと思う。では，そうして覚えた行列式はどう活かせるのだろうか。実は先に述べたように，行列式の値が0か否かで逆行列の有無が定まるのだ。2×2行列の逆行列は覚えやすかったけど，3×3行列や4×4以上の行列の逆行列はどうなるのか。それについて説明し，応用としてクラーメルの公式を取り上げる。

小行列式

　A の第 i 行と第 j 列をとりのぞいてできる行列の行列式を $|A_{ij}|$ と表して，A の**小行列式**と呼ぶ。

　たとえば $A=\begin{pmatrix} a_{11} & a_{12} & a_{13} \\ a_{21} & a_{22} & a_{23} \\ a_{31} & a_{32} & a_{33} \end{pmatrix}$ とするとき，

$$|A_{11}|=\begin{vmatrix} a_{11} & a_{12} & a_{13} \\ a_{21} & a_{22} & a_{23} \\ a_{31} & a_{32} & a_{33} \end{vmatrix}=\begin{vmatrix} a_{22} & a_{23} \\ a_{32} & a_{33} \end{vmatrix}=a_{22}a_{33}-a_{23}a_{32}$$

$$|A_{13}|=\begin{vmatrix} a_{11} & a_{12} & a_{13} \\ a_{21} & a_{22} & a_{23} \\ a_{31} & a_{32} & a_{33} \end{vmatrix}=\begin{vmatrix} a_{21} & a_{22} \\ a_{31} & a_{32} \end{vmatrix}=a_{21}a_{32}-a_{22}a_{31}$$

$$|A_{22}|=\begin{vmatrix} a_{11} & a_{12} & a_{13} \\ a_{21} & a_{22} & a_{23} \\ a_{31} & a_{32} & a_{33} \end{vmatrix}=\begin{vmatrix} a_{11} & a_{13} \\ a_{31} & a_{33} \end{vmatrix}=a_{11}a_{33}-a_{13}a_{31}$$

などというように，a_{ij} のタテ，ヨコの行と列を抜いてしまうのだ。「❶次数下げの法則」と少し似ているが，別物なので混同しないように。

　注　これらの小行列式を詳しくは3×3行列の2次の小行列式という。

$n \times n$ の行列式において，第 i 行と第 j 列をとりのぞいてできる $n-1$ 次の行列式を **$n-1$ 次の小行列式**と呼び，

$$|A_{ij}| = \begin{vmatrix} a_{11} & \cdots & a_{1j} & \cdots & a_{1n} \\ \vdots & \ddots & \vdots & \ddots & \vdots \\ a_{i1} & & a_{ij} & & a_{in} \\ \vdots & \ddots & \vdots & \ddots & \vdots \\ a_{n1} & \cdots & a_{nj} & \cdots & a_{nn} \end{vmatrix}$$

$$= \begin{vmatrix} a_{11} & \cdots & a_{1\,j-1} & a_{1\,j+1} & \cdots & a_{1n} \\ a_{21} & \cdots & a_{2\,j-1} & a_{2\,j+1} & \cdots & a_{2n} \\ \vdots & \ddots & \vdots & \vdots & \ddots & \vdots \\ a_{i-1\,1} & \cdots & a_{i-1\,j-1} & a_{i-1\,j+1} & \cdots & a_{i-1\,n} \\ a_{i+1\,1} & \cdots & a_{i+1\,j-1} & a_{i+1\,j+1} & \cdots & a_{i+1\,n} \\ \vdots & \ddots & \vdots & \vdots & \ddots & \vdots \\ a_{n1} & \cdots & a_{n\,j-1} & a_{n\,j+1} & \cdots & a_{nn} \end{vmatrix}$$

第 i 行ヌケ

第 j 列ヌケ

と表す。

演習問題 5-1

次の各行列 A に対する小行列式 $|A_{ij}|$ を求めよ。

(1) $A = \begin{pmatrix} 1 & 0 & 3 \\ 2 & 4 & 1 \\ -1 & 3 & 5 \end{pmatrix}$ の $|A_{21}|$ と $|A_{33}|$

(2) $A = \begin{pmatrix} 1 & 1 & 0 & 1 \\ 2 & 0 & 3 & 1 \\ -1 & 4 & 2 & 1 \\ 0 & 3 & 3 & 1 \end{pmatrix}$ の $|A_{21}|$ と $|A_{31}|$ と $|A_{43}|$

【解答＆解説】

(1)

$$|A_{21}| = \begin{vmatrix} 1 & 0 & 3 \\ 2 & 4 & 1 \\ -1 & 3 & 5 \end{vmatrix} = \begin{vmatrix} 0 & 3 \\ 3 & 5 \end{vmatrix} = 0 - 9 = -9 \quad \cdots\cdots(\text{答})$$

$$|A_{33}| = \begin{vmatrix} 1 & 0 & 3 \\ 2 & 4 & 1 \\ -1 & 3 & 5 \end{vmatrix} = \begin{vmatrix} 1 & 0 \\ 2 & 4 \end{vmatrix} = 4 - 0 = 4 \quad \cdots\cdots(\text{答})$$

(2)

$$|A_{21}| = \begin{vmatrix} 1 & 1 & 0 & 1 \\ 2 & 0 & 3 & 1 \\ -1 & 4 & 2 & 1 \\ 0 & 3 & 3 & 1 \end{vmatrix} = \begin{vmatrix} 1 & 0 & 1 \\ 4 & 2 & 1 \\ 3 & 3 & 1 \end{vmatrix} = 2 + 0 + 12 - 3 - 0 - 6$$

$$= 5 \quad \cdots\cdots(\text{答})$$

$$|A_{31}| = \begin{vmatrix} 1 & 1 & 0 & 1 \\ 2 & 0 & 3 & 1 \\ -1 & 4 & 2 & 1 \\ 0 & 3 & 3 & 1 \end{vmatrix} = \begin{vmatrix} 1 & 0 & 1 \\ 0 & 3 & 1 \\ 3 & 3 & 1 \end{vmatrix} = 3 + 0 + 0 - 3 - 0 - 9$$

$$= -9 \quad \cdots\cdots(\text{答})$$

$$|A_{43}| = \begin{vmatrix} 1 & 1 & 0 & 1 \\ 2 & 0 & 3 & 1 \\ -1 & 4 & 2 & 1 \\ 0 & 3 & 3 & 1 \end{vmatrix} = \begin{vmatrix} 1 & 1 & 1 \\ 2 & 0 & 1 \\ -1 & 4 & 1 \end{vmatrix} = 0 - 1 + 8 - 4 - 2 - 0$$

$$= 1 \quad \cdots\cdots(\text{答})$$

行列式の余因子展開

　このようにして作られる妙な行列式——小行列式——だが，これを用いると行列式を分解して計算できるのだ。講義4で述べた行列式の性質の中に「❸1行（列）2分割の法則」というのがあった。

$$
\begin{vmatrix}
a_{11} & a_{12} & \cdots & a_{1n} \\
\vdots & \vdots & \ddots & \vdots \\
a_{k1}+a_{k1}' & a_{k2}+a_{k2}' & \cdots & a_{kn}+a_{kn}' \\
\vdots & \vdots & \ddots & \vdots \\
a_{n1} & a_{n2} & \cdots & a_{nn}
\end{vmatrix}
$$

$$
=\begin{vmatrix}
a_{11} & a_{12} & \cdots & a_{1n} \\
\vdots & \vdots & \ddots & \vdots \\
a_{k1} & a_{k2} & \cdots & a_{kn} \\
\vdots & \vdots & \ddots & \vdots \\
a_{n1} & a_{n2} & \cdots & a_{nn}
\end{vmatrix}
+\begin{vmatrix}
a_{11} & a_{12} & \cdots & a_{1n} \\
\vdots & \vdots & \ddots & \vdots \\
a_{k1}' & a_{k2}' & \cdots & a_{kn}' \\
\vdots & \vdots & \ddots & \vdots \\
a_{n1} & a_{n2} & \cdots & a_{nn}
\end{vmatrix}
$$

　これは「❺転置はオッケーの法則」によって，次のようにもいえるわけだ。

$$
\begin{vmatrix}
a_{11} & \cdots & a_{1k}+a_{1k}' & \cdots & a_{1n} \\
a_{21} & \cdots & a_{2k}+a_{2k}' & \cdots & a_{2n} \\
\vdots & \ddots & \vdots & \ddots & \vdots \\
a_{n1} & \cdots & a_{nk}+a_{nk}' & \cdots & a_{nn}
\end{vmatrix}
$$

$$
=\begin{vmatrix}
a_{11} & \cdots & a_{1k} & \cdots & a_{1n} \\
a_{21} & \cdots & a_{2k} & \cdots & a_{2n} \\
\vdots & \ddots & \vdots & \ddots & \vdots \\
a_{n1} & \cdots & a_{nk} & \cdots & a_{nn}
\end{vmatrix}
+\begin{vmatrix}
a_{11} & \cdots & a_{1k}' & \cdots & a_{1n} \\
a_{21} & \cdots & a_{2k}' & \cdots & a_{2n} \\
\vdots & \ddots & \vdots & \ddots & \vdots \\
a_{n1} & \cdots & a_{nk}' & \cdots & a_{nn}
\end{vmatrix}
$$

だから「❸1列2分割の法則」と呼んでもよいのがわかる。

　これを第k列の列ベクトルに$n-1$回繰り返し用いて

$$
\begin{pmatrix} a_{1k} \\ a_{2k} \\ a_{3k} \\ \vdots \\ a_{nk} \end{pmatrix}
=\begin{pmatrix} a_{1k} \\ 0 \\ 0 \\ \vdots \\ 0 \end{pmatrix}
+\begin{pmatrix} 0 \\ a_{2k} \\ 0 \\ \vdots \\ 0 \end{pmatrix}
+\begin{pmatrix} 0 \\ 0 \\ a_{3k} \\ \vdots \\ 0 \end{pmatrix}
+\cdots+\begin{pmatrix} 0 \\ 0 \\ 0 \\ \vdots \\ a_{nk} \end{pmatrix}
$$

と分割すると，行列式は次のように計算できる。

$$\begin{vmatrix} a_{11} & \cdots & a_{1k} & \cdots & a_{1n} \\ a_{21} & \cdots & a_{2k} & \cdots & a_{2n} \\ a_{31} & \cdots & a_{3k} & \cdots & a_{3n} \\ \vdots & \ddots & \vdots & \ddots & \vdots \\ a_{n1} & \cdots & a_{nk} & \cdots & a_{nn} \end{vmatrix}$$

$$= \begin{vmatrix} a_{11} & \cdots & a_{1k} & \cdots & a_{1n} \\ a_{21} & \cdots & 0 & \cdots & a_{2n} \\ a_{31} & \cdots & 0 & \cdots & a_{3n} \\ \vdots & \ddots & \vdots & \ddots & \vdots \\ a_{n1} & \cdots & 0 & \cdots & a_{nn} \end{vmatrix} + \begin{vmatrix} a_{11} & \cdots & 0 & \cdots & a_{1n} \\ a_{21} & \cdots & a_{2k} & \cdots & a_{2n} \\ a_{31} & \cdots & 0 & \cdots & a_{3n} \\ \vdots & \ddots & \vdots & \ddots & \vdots \\ a_{n1} & \cdots & 0 & \cdots & a_{nn} \end{vmatrix}$$

j番目の行列式

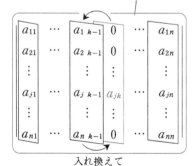

$$+ \cdots + \begin{vmatrix} a_{11} & \cdots & 0 & \cdots & a_{1n} \\ a_{21} & \cdots & 0 & \cdots & a_{2n} \\ \vdots & \ddots & \cdots & \ddots & \vdots \\ a_{j1} & \ddots & a_{jk} & \ddots & a_{jn} \\ \vdots & \ddots & \vdots & \ddots & \vdots \\ a_{n1} & \cdots & 0 & \cdots & a_{nn} \end{vmatrix} + \cdots + \begin{vmatrix} a_{11} & \cdots & 0 & \cdots & a_{1n} \\ a_{21} & \cdots & 0 & \cdots & a_{2n} \\ a_{31} & \cdots & 0 & \cdots & a_{3n} \\ \vdots & \ddots & \vdots & \ddots & \vdots \\ a_{n1} & \cdots & a_{nk} & \cdots & a_{nn} \end{vmatrix}$$

こんどはこの j 番目の行列式に注目して「❹行（列）入れ換え－1 倍の法則」を繰り返し用いると，

$$\begin{vmatrix} a_{11} & \cdots & a_{1\ k-1} & 0 & \cdots & a_{1n} \\ a_{21} & \cdots & a_{2\ k-1} & 0 & \cdots & a_{2n} \\ \vdots & & \vdots & \vdots & & \vdots \\ a_{j1} & \cdots & a_{j\ k-1} & a_{jk} & \cdots & a_{jn} \\ \vdots & & \vdots & \vdots & & \vdots \\ a_{n1} & \cdots & a_{n\ k-1} & 0 & \cdots & a_{nn} \end{vmatrix}$$

入れ換えて

$$
=(-1)\begin{vmatrix} a_{11} & \cdots & a_{1\,k-2} & 0 & a_{1\,k-1} & \cdots & a_{1n} \\ a_{21} & \cdots & a_{2\,k-2} & 0 & a_{2\,k-1} & \cdots & a_{2n} \\ \vdots & \ddots & \vdots & \vdots & \vdots & \ddots & \vdots \\ a_{j1} & \cdots & a_{j\,k-2} & a_{jk} & a_{j\,k-1} & \cdots & a_{jn} \\ \vdots & \ddots & \vdots & \vdots & \vdots & \ddots & \vdots \\ a_{n1} & \cdots & a_{n\,k-2} & 0 & a_{n\,k-1} & \cdots & a_{nn} \end{vmatrix}
$$

入れ換えて

$$
=(-1)^2\begin{vmatrix} a_{11} & \cdots & 0 & a_{1\,k-2} & a_{1\,k-1} & \cdots & a_{1n} \\ a_{21} & \cdots & 0 & a_{2\,k-2} & a_{2\,k-1} & \cdots & a_{2n} \\ \vdots & \ddots & \vdots & \vdots & \vdots & \ddots & \vdots \\ a_{j1} & \cdots & a_{jk} & a_{j\,k-2} & a_{j\,k-1} & \cdots & a_{jn} \\ \vdots & \ddots & \vdots & \vdots & \vdots & \ddots & \vdots \\ a_{n1} & \cdots & 0 & a_{n\,k-2} & a_{n\,k-1} & \cdots & a_{nn} \end{vmatrix}
$$

全部で $k-1$ 回繰り返して

$$
=(-1)^{k-1}\begin{vmatrix} 0 & a_{11} & \cdots & \cdots & a_{1n} \\ 0 & a_{21} & \cdots & \cdots & a_{2n} \\ \vdots & \vdots & & & \vdots \\ a_{jk} & a_{j1} & \cdots & \cdots & a_{jn} \\ \vdots & \vdots & & & \vdots \\ 0 & a_{n1} & \cdots & \cdots & a_{nn} \end{vmatrix}
$$

先頭に出す。　第 k 列はヌケている。

$$
=(-1)^{k-1}\begin{vmatrix} 0 & a_{11} & \cdots & \cdots & a_{1n} \\ \vdots & \vdots & & & \vdots \\ 0 & a_{j-1\,1} & \cdots & \cdots & a_{j-1\,n} \\ a_{jk} & a_{j1} & \cdots & \cdots & a_{jn} \\ \vdots & \vdots & & & \vdots \\ 0 & a_{n1} & \cdots & \cdots & a_{nn} \end{vmatrix}
$$

こんどは第 j 行を
上へ繰り上げる。

$$=(-1)^{k-1}(-1)\begin{vmatrix} 0 & a_{11} & \cdots & \cdots & a_{1n} \\ \vdots & & & & \vdots \\ a_{jk} & a_{j1} & \cdots & \cdots & a_{jn} \\ 0 & a_{j-1\,1} & \cdots & \cdots & a_{j-1\,n} \\ \vdots & \vdots & & & \vdots \\ 0 & a_{n1} & \cdots & \cdots & a_{nn} \end{vmatrix}$$

これを $j-1$ 回
繰り返せば

$$=(-1)^{k-1}(-1)^{j-1}\begin{vmatrix} a_{jk} & a_{j1} & \cdots & \cdots & a_{jn} \\ 0 & a_{11} & \cdots & \cdots & a_{1n} \\ \vdots & \vdots & \ddots & & \vdots \\ \vdots & \vdots & & \ddots & \vdots \\ 0 & a_{n1} & \cdots & \cdots & a_{nn} \end{vmatrix}$$

いちばん上まで
押し上げられる。

—— 第 j 行ヌケ

第 k 列ヌケ

$$=(-1)^{k+j-2}\begin{vmatrix} a_{jk} & a_{j1} & \cdots & \cdots & a_{jn} \\ 0 & a_{11} & \cdots & \cdots & a_{1n} \\ \vdots & \vdots & \ddots & & \vdots \\ \vdots & \vdots & & \ddots & \vdots \\ 0 & a_{n1} & \cdots & \cdots & a_{nn} \end{vmatrix}$$

第 j 行ヌケ
ここで「❶次数下げ
の法則」を用いる。

第 k 列ヌケ

$$=(-1)^{k+j-2}a_{jk}\begin{vmatrix} a_{11} & \cdots & \cdots & a_{1n} \\ \vdots & \ddots & & \vdots \\ \vdots & & \ddots & \vdots \\ a_{n1} & \cdots & \cdots & a_{nn} \end{vmatrix}$$

第 j 行ヌケ
残りは小行列式だ!!

第 k 列ヌケ

$$=(-1)^{k+j}a_{jk}|A_{jk}| \quad (\because (-1)^{k+j-2}=(-1)^{k+j}\text{に注意})$$

となるのだ！

$|A|$ はこの j を $1, 2, 3, \cdots, n$ とし，その総和を取ったものだったから次の
ように計算できる。

$$|A| = \begin{vmatrix} a_{11} & \cdots & a_{1k} & \cdots & a_{1n} \\ a_{21} & \cdots & 0 & \cdots & a_{2n} \\ \vdots & \ddots & \vdots & \ddots & \vdots \\ a_{n1} & \cdots & 0 & \cdots & a_{nn} \end{vmatrix}$$

$$+ \begin{vmatrix} a_{11} & \cdots & 0 & \cdots & a_{1n} \\ a_{21} & \cdots & a_{2k} & \cdots & a_{2n} \\ \vdots & \ddots & \vdots & \ddots & \vdots \\ a_{n1} & \cdots & 0 & \cdots & a_{nn} \end{vmatrix} + \cdots + \begin{vmatrix} a_{11} & \cdots & 0 & \cdots & a_{1n} \\ a_{21} & \cdots & 0 & \cdots & a_{2n} \\ \vdots & \ddots & \vdots & \ddots & \vdots \\ a_{n1} & \cdots & a_{nk} & \cdots & a_{nn} \end{vmatrix}$$

$$= (-1)^{1+k} a_{1k}|A_{1k}| + (-1)^{2+k} a_{2k}|A_{2k}| + \cdots + (-1)^{n+k} a_{nk}|A_{nk}|$$

$$= \sum_{j=1}^{n} (-1)^{j+k} a_{jk}|A_{jk}|$$

これを $|A|$ の第 k 列に関する余因子展開 という。転置はオッケーで，

$$|A| = \sum_{k=1}^{n} (-1)^{j+k} a_{jk}|A_{jk}|$$

なんてのも成り立つ。これを $|A|$ の第 j 列に関する余因子展開 という。

さらにここで $(-1)^{j+k}|A_{jk}|$ を Δ_{jk} とまとめると考えやすくなる。この Δ_{jk} を A の jk 余因子 という。

ま と め

n の行列式 $|A|$ について $n-1$ 次の小行列式を用いると

$$\Delta_{jk} = (-1)^{j+k}|A_{jk}|$$

と表せ，これを A の jk 余因子と呼ぶ。この余因子を用いれば，

・$|A|$ の第 k 列余因子展開

$$|A| = (-1)^{1+k} u_{1k}|A_{1k}| + (-1)^{2+h} a_{2k}|A_{2k}| + \cdots + (-1)^{n+k} a_{nk}|A_{nk}|$$

$$= a_{1k}\Delta_{1k} + a_{2k}\Delta_{2k} + \cdots + a_{nk}\Delta_{nk} = \sum_{j=1}^{n} a_{jk}\Delta_{jk}$$

・$|A|$ の第 j 行余因子展開

$$|A| = (-1)^{j+1} a_{j1}|A_{j1}| + (-1)^{j+2} a_{j2}|A_{j2}| + \cdots + (-1)^{j+n} a_{jn}|A_{jn}|$$

$$= a_{j1}\Delta_{j1} + a_{j2}\Delta_{j2} + \cdots + a_{jn}\Delta_{jn} = \sum_{k=1}^{n} a_{jk}\Delta_{jk}$$

である。

演習問題
5-2

(1) 次の行列式を第3列余因子を展開して求めよ。

┌─ 第3列
       ↓
$$\begin{vmatrix} 2 & 1 & a \\ 0 & 3 & b \\ -1 & 2 & c \end{vmatrix}$$

(2) 次の行列式を第3行余因子展開をして求めよ
（いちばん 0 が多いところで展開すると計算が楽）。

$$\begin{vmatrix} -1 & 5 & 9 & -7 \\ 0 & 8 & -4 & -2 \\ 2 & 0 & 1 & 0 \\ -1 & 7 & 3 & -5 \end{vmatrix} \leftarrow \text{第3行}$$

【解答＆解説】

(1) $\begin{vmatrix} 2 & 1 & a \\ 0 & 3 & b \\ -1 & 2 & c \end{vmatrix} = (-1)^{1+3}a\begin{vmatrix} 0 & 3 \\ -1 & 2 \end{vmatrix} + (-1)^{2+3}b\begin{vmatrix} 2 & 1 \\ -1 & 2 \end{vmatrix}$

$\qquad\qquad + (-1)^{3+3}c\begin{vmatrix} 2 & 1 \\ 0 & 3 \end{vmatrix}$

$\qquad = a(0+3) - b(4+1) + c(6-0)$

$\qquad = 3a - 5b + 6c \quad \cdots\cdots(答)$

(2) $\begin{vmatrix} -1 & 5 & 9 & -7 \\ 0 & 8 & -4 & -2 \\ 2 & 0 & 1 & 0 \\ -1 & 7 & 3 & -5 \end{vmatrix} = (-1)^{3+1}\cdot 2\begin{vmatrix} 5 & 9 & -7 \\ 8 & -4 & -2 \\ 7 & 3 & -5 \end{vmatrix}$

$\qquad\qquad\qquad + (-1)^{3+3}\cdot 1\begin{vmatrix} -1 & 5 & -7 \\ 0 & 8 & -2 \\ -1 & 7 & -5 \end{vmatrix}$

$= 2(100 - 126 - 168 + 30 + 360 - 196) + (40 + 10 + 0 - 14 - 0 - 56)$

$= 2 \times 0 - 20 = -20 \quad \cdots\cdots(答)$

余因子と逆行列の公式

　しんどい思いをしつつ，余因子展開について考えてもらったが，これには重大な意味があるのだ。もう一度，3×3 の行列式を余因子展開してみるとしよう。

$$|A| = \begin{vmatrix} a_{11} & a_{12} & a_{13} \\ a_{21} & a_{22} & a_{23} \\ a_{31} & a_{32} & a_{33} \end{vmatrix} \begin{matrix} \cdots 第1行 \\ \cdots 第2行 \\ \cdots 第3行 \end{matrix} \Big\} について，第1行，第2行，第3行余$$

因子展開をすると ($|A| = \sum_{k=1}^{n} (-1)^{j+k} a_{jk} |A_{jk}|$ だったから)，

$$|A| = \ \ a_{11}|A_{11}| - a_{12}|A_{12}| + a_{13}|A_{13}|$$
$$|A| = -a_{21}|A_{21}| + a_{22}|A_{22}| - a_{23}|A_{23}|$$
$$|A| = \ \ a_{31}|A_{31}| - a_{32}|A_{32}| + a_{33}|A_{33}|$$

となるが，これってなんとなく内積っぽく見えないだろうか？
　これは，

$$|A| = \begin{pmatrix} a_{11} & a_{12} & a_{13} \end{pmatrix} \begin{pmatrix} |A_{11}| \\ -|A_{12}| \\ |A_{13}| \end{pmatrix}$$

$$|A| = \begin{pmatrix} a_{21} & a_{22} & a_{23} \end{pmatrix} \begin{pmatrix} -|A_{21}| \\ |A_{22}| \\ -|A_{23}| \end{pmatrix}$$

$$|A| = \begin{pmatrix} a_{31} & a_{32} & a_{33} \end{pmatrix} \begin{pmatrix} |A_{31}| \\ -|A_{32}| \\ |A_{33}| \end{pmatrix}$$

という具合にも表せる。
　この式をじっと見ていると，行列の積を作ってみたくならないだろうか。左辺の3つの行ベクトルを積み上げると，3×3 行列（A 自身だけができるし，右辺の3つの列ベクトルを並べても 3×3 行列ができる。でも，上の3つの式から計算できるのは……対角成分だけだぞ？

$$\begin{pmatrix} a_{11} & a_{12} & a_{13} \\ a_{21} & a_{22} & a_{23} \\ a_{31} & a_{32} & a_{33} \end{pmatrix} \begin{pmatrix} |A_{11}| & -|A_{21}| & |A_{31}| \\ -|A_{12}| & |A_{22}| & -|A_{32}| \\ |A_{13}| & -|A_{23}| & |A_{33}| \end{pmatrix}$$

$$= \begin{pmatrix} |A| & * & * \\ * & |A| & * \\ * & * & |A| \end{pmatrix} \quad \cdots\cdots ☆$$

＊の部分はどうなるのだろうか……？　これは実は 0 なのだ‼　たとえばこの行列の $(1, 2)$ 成分を考えてみよう。

$$\begin{pmatrix} a_{11} & a_{12} & a_{13} \\ \cdot & \cdot & \cdot \\ \cdot & \cdot & \cdot \end{pmatrix} \begin{pmatrix} \cdot & -|A_{21}| & \cdot \\ \cdot & |A_{22}| & \cdot \\ \cdot & -|A_{23}| & \cdot \end{pmatrix} = \begin{pmatrix} \cdot & * & \cdot \\ \cdot & \cdot & \cdot \\ \cdot & \cdot & \cdot \end{pmatrix}$$

もし次式の赤字の数がいずれも 1 ならば，第 1 行余因子展開を－1 倍したものだから，その値は－$|A|$ と簡単に求まる。ただここでは 1 でない数もあるので，きちんと計算して＊の値を確かめてみよう。

$$* = -a_{11}|A_{21}| + a_{12}|A_{22}| - a_{13}|A_{23}|$$

$$= -a_{11}\begin{vmatrix} a_{11} & a_{12} & a_{13} \\ a_{21} & a_{22} & a_{23} \\ a_{31} & a_{32} & a_{33} \end{vmatrix} + a_{12}\begin{vmatrix} a_{11} & a_{12} & a_{13} \\ a_{21} & a_{22} & a_{23} \\ a_{31} & a_{32} & a_{33} \end{vmatrix} - a_{13}\begin{vmatrix} a_{11} & a_{12} & a_{13} \\ a_{21} & a_{22} & a_{23} \\ a_{31} & a_{32} & a_{33} \end{vmatrix}$$

この式はこんな風に変形すれば簡単な形に書き直せる。

$$-a_{11}|A_{21}| = -a_{11}\begin{vmatrix} a_{12} & a_{13} \\ a_{32} & a_{33} \end{vmatrix} = \begin{vmatrix} a_{11} & a_{12} & a_{13} \\ a_{11} & 0 & 0 \\ a_{31} & a_{32} & a_{33} \end{vmatrix}$$

$$a_{12}|A_{22}| = a_{12}\begin{vmatrix} a_{11} & a_{13} \\ a_{31} & a_{33} \end{vmatrix} = \begin{vmatrix} a_{11} & a_{12} & a_{13} \\ 0 & a_{12} & 0 \\ a_{31} & a_{32} & a_{33} \end{vmatrix}$$

$$-a_{13}|A_{23}| = -a_{13}\begin{vmatrix} a_{11} & a_{12} \\ a_{31} & a_{32} \end{vmatrix} = \begin{vmatrix} a_{11} & a_{12} & a_{13} \\ 0 & 0 & a_{13} \\ a_{31} & a_{32} & a_{33} \end{vmatrix}$$

この 3 つの式の辺々を加えると，

$$* = -a_{11}|A_{21}| + a_{12}|A_{22}| - a_{13}|A_{23}| = \begin{vmatrix} a_{11} & a_{12} & a_{13} \\ a_{11} & a_{12} & a_{13} \\ a_{31} & a_{32} & a_{33} \end{vmatrix}$$

だ。でもこの右辺って，「**❼行同じは行列式 0 の法則**」から 0 になっちゃうじゃないか。つまり，＊＝0 なのである。

これって，☆の他の 5 つの＊でもすべて同じことになる。つまり，

$$(-1)^{j+1}a_{m1}|A_{j1}|+(-1)^{j+2}a_{m2}|A_{j2}|+(-1)^{j+3}a_{m3}|A_{j3}|$$

は $\begin{cases} m=j \text{ なら } |A| \\ m\neq j \text{ なら } 0 \end{cases}$ となるわけだ。だから☆はなんと

$$\begin{pmatrix} a_{11} & a_{12} & a_{13} \\ a_{21} & a_{22} & a_{23} \\ a_{31} & a_{32} & a_{33} \end{pmatrix}\begin{pmatrix} |A_{11}| & -|A_{21}| & |A_{31}| \\ -|A_{12}| & |A_{22}| & -|A_{32}| \\ |A_{13}| & -|A_{23}| & |A_{33}| \end{pmatrix}$$

$$=\begin{pmatrix} |A| & 0 & 0 \\ 0 & |A| & 0 \\ 0 & 0 & |A| \end{pmatrix}=|A|\cdot E$$

となるのだ!!　これって，逆行列に関係大いにアリだよね。

この話を $n\times n$ の行列式へ拡張しよう。まず次の式が成り立つ。

$$\sum_{k=1}^{n} a_{mk}\varDelta_{jk}=a_{m1}\varDelta_{j1}+a_{m2}\varDelta_{j2}+\cdots+a_{mn}\varDelta_{jn}$$

$$=\begin{cases} |A| & (m=j) \\ 0 & (m\neq j) \end{cases}$$

この式から次の式が導ける。

$$\begin{pmatrix} a_{11} & a_{12} & \cdots & a_{1n} \\ a_{21} & a_{22} & \cdots & a_{2n} \\ \vdots & \vdots & \ddots & \vdots \\ a_{n1} & a_{n2} & \cdots & a_{nn} \end{pmatrix}\begin{pmatrix} \varDelta_{11} & \varDelta_{21} & \cdots & \varDelta_{n1} \\ \varDelta_{12} & \varDelta_{22} & \cdots & \varDelta_{n2} \\ \vdots & \vdots & \ddots & \vdots \\ \varDelta_{1n} & \varDelta_{2n} & \cdots & \varDelta_{nn} \end{pmatrix}$$

$$=\begin{pmatrix} |A| & 0 & \cdots & 0 \\ 0 & |A| & \cdots & 0 \\ \vdots & \vdots & \ddots & \vdots \\ 0 & 0 & \cdots & |A| \end{pmatrix}=|A|E$$

また転置はオッケーだったので，同様に

$$\sum_{j=1}^{n} a_{jm}\varDelta_{jk}=a_{1m}\varDelta_{1k}+a_{2m}\varDelta_{2k}+\cdots+a_{nm}\varDelta_{nk}$$

$$=\begin{cases} |A| & (m=k) \\ 0 & (m\neq k) \end{cases}$$

が成り立つ。よって次の式もいえる。

$$\begin{pmatrix} \varDelta_{11} & \varDelta_{21} & \cdots & \varDelta_{n1} \\ \varDelta_{12} & \varDelta_{22} & \cdots & \varDelta_{n2} \\ \vdots & \vdots & \ddots & \vdots \\ \varDelta_{1n} & \varDelta_{2n} & \cdots & \varDelta_{nn} \end{pmatrix} \begin{pmatrix} a_{11} & a_{12} & \cdots & a_{1n} \\ a_{21} & a_{22} & \cdots & a_{2n} \\ \vdots & \vdots & \ddots & \vdots \\ a_{n1} & a_{n2} & \cdots & a_{nn} \end{pmatrix}$$

$$= \begin{pmatrix} |A| & 0 & \cdots & 0 \\ 0 & |A| & \cdots & 0 \\ \vdots & \vdots & \ddots & \vdots \\ 0 & 0 & \cdots & |A| \end{pmatrix} = |A|E$$

さて，ここに登場した $(\varDelta_{kj}) = {}^t(\varDelta_{jk})$ という行列を

$$\widetilde{A} = {}^t(\varDelta_{jk}) = \begin{pmatrix} \varDelta_{11} & \varDelta_{21} & \cdots & \varDelta_{n1} \\ \varDelta_{12} & \varDelta_{22} & \cdots & \varDelta_{n2} \\ \vdots & \vdots & & \vdots \\ \varDelta_{1n} & \varDelta_{2n} & \cdots & \varDelta_{nn} \end{pmatrix}$$

と表し，**余因子行列** $\widetilde{A}$ と呼ぶことにしよう。

この余因子行列 $\widetilde{A}$ を用いれば，先の 2 つの等式は

$$A\widetilde{A} = \widetilde{A}A = |A|E$$

と書き換えられる！　その結果，

逆 行 列 の 公 式

$|A| \neq 0$ ならば A^{-1} が存在して

$$A^{-1} = \frac{1}{|A|}\widetilde{A}$$

と表せることになるのだ!!

$$A=\begin{pmatrix} a_{11} & \cdots & a_{1k} & \cdots & a_{1n} \\ \vdots & \ddots & \vdots & \ddots & \vdots \\ a_{j1} & \cdots & a_{jk} & \cdots & a_{jn} \\ \vdots & \ddots & \vdots & \ddots & \vdots \\ a_{n1} & \cdots & a_{nk} & \cdots & a_{nn} \end{pmatrix} \quad のとき,$$

$$|A_{jk}|=\begin{vmatrix} a_{11} & \cdots & a_{1k} & \cdots & a_{1n} \\ \vdots & \ddots & & \ddots & \vdots \\ a_{j1} & \cdots & a_{jk} & \cdots & a_{jn} \\ \vdots & \ddots & & \ddots & \vdots \\ a_{n1} & \cdots & a_{nk} & \cdots & a_{nn} \end{vmatrix} \text{ヌケ},$$

ヌケ

$$\varDelta_{jk}=(-1)^{j+k}|A_{jk}|$$

とおく。

$|A| \neq 0$ のとき A^{-1} が存在し,

$$A^{-1}=\frac{1}{|A|}\begin{pmatrix} \varDelta_{11} & \varDelta_{21} & \cdots & \varDelta_{j1} & \cdots & \varDelta_{n1} \\ \varDelta_{12} & \varDelta_{22} & \cdots & \varDelta_{j2} & \cdots & \varDelta_{n2} \\ \vdots & \vdots & \ddots & \vdots & \ddots & \vdots \\ \varDelta_{1k} & \varDelta_{2k} & \cdots & \varDelta_{jk} & \cdots & \varDelta_{nk} \\ \vdots & \vdots & \ddots & \vdots & \ddots & \vdots \\ \varDelta_{1n} & \varDelta_{2n} & \cdots & \varDelta_{jn} & \cdots & \varDelta_{nn} \end{pmatrix}$$

$$=\frac{1}{|A|}{}^{t}(\varDelta_{jk})$$

$$=\frac{1}{|A|}\widetilde{A}$$

演習問題 5-3

行列 $A = \begin{pmatrix} 1 & 3 & 2 \\ 2 & 5 & 4 \\ 1 & 3 & 3 \end{pmatrix}$ の余因子行列 $\widetilde{A}$ を求め、その逆行列 A^{-1} を求めよ。

【解答＆解説】

$$\Delta_{11} = \begin{vmatrix} 5 & 4 \\ 3 & 3 \end{vmatrix} = 3, \qquad \Delta_{12} = -\begin{vmatrix} 2 & 4 \\ 1 & 3 \end{vmatrix} = -2, \qquad \Delta_{13} = \begin{vmatrix} 2 & 5 \\ 1 & 3 \end{vmatrix} = 1$$

$$\Delta_{21} = -\begin{vmatrix} 3 & 2 \\ 3 & 3 \end{vmatrix} = -3, \qquad \Delta_{22} = \begin{vmatrix} 1 & 2 \\ 1 & 3 \end{vmatrix} = 1, \qquad \Delta_{23} = -\begin{vmatrix} 1 & 3 \\ 1 & 3 \end{vmatrix} = 0$$

$$\Delta_{31} = \begin{vmatrix} 3 & 2 \\ 5 & 4 \end{vmatrix} = 2, \qquad \Delta_{32} = -\begin{vmatrix} 1 & 2 \\ 2 & 4 \end{vmatrix} = 0, \qquad \Delta_{33} = \begin{vmatrix} 1 & 3 \\ 2 & 5 \end{vmatrix} = -1$$

よって、 $\widetilde{A} = \begin{pmatrix} \Delta_{11} & \Delta_{21} & \Delta_{31} \\ \Delta_{12} & \Delta_{22} & \Delta_{32} \\ \Delta_{13} & \Delta_{23} & \Delta_{33} \end{pmatrix} = \begin{pmatrix} 3 & -3 & 2 \\ -2 & 1 & 0 \\ 1 & 0 & -1 \end{pmatrix}$ ……(答)

また

$$|A| = 1 \cdot 5 \cdot 3 + 3 \cdot 4 \cdot 1 + 2 \cdot 2 \cdot 3 - 1 \cdot 4 \cdot 3 - 3 \cdot 2 \cdot 3 - 2 \cdot 5 \cdot 1$$
$$= 15 + 12 + 12 - 12 - 18 - 10 = -1$$

なので、逆行列は

$$A^{-1} = \frac{1}{-1} \begin{pmatrix} 3 & -3 & 2 \\ -2 & 1 & 0 \\ 1 & 0 & -1 \end{pmatrix} = \begin{pmatrix} -3 & 3 & -2 \\ 2 & -1 & 0 \\ -1 & 0 & 1 \end{pmatrix}$$ ……(答)

注 検算してみよう。

$$AA^{-1} = \begin{pmatrix} 1 & 3 & 2 \\ 2 & 5 & 4 \\ 1 & 3 & 3 \end{pmatrix} \begin{pmatrix} -3 & 3 & -2 \\ 2 & -1 & 0 \\ -1 & 0 & 1 \end{pmatrix}$$

$$= \begin{pmatrix} -3+6-2 & 3-3 & -2+2 \\ -6+10-4 & 6-5 & -4+4 \\ -3+6-3 & 3-3 & -2+3 \end{pmatrix} = \begin{pmatrix} 1 & 0 & 0 \\ 0 & 1 & 0 \\ 0 & 0 & 1 \end{pmatrix}$$ ……OK!

連立方程式のクラーメル（Cramer）の公式

　こうして求めた逆行列は，やはり連立方程式を解くのに使いたい。

　$|A| \neq 0$ のとき，A^{-1} が存在するから

$$Ax = b \Longleftrightarrow x = A^{-1}b$$

となるのだが，これを成分で表してみよう。

$$A = \begin{pmatrix} a_{11} & \cdots & a_{1n} \\ \vdots & \ddots & \vdots \\ a_{n1} & \cdots & a_{nn} \end{pmatrix}, \quad x = \begin{pmatrix} x_1 \\ \vdots \\ x_n \end{pmatrix}, \quad b = \begin{pmatrix} b_1 \\ \vdots \\ b_n \end{pmatrix}$$

として，

$$A^{-1} = \frac{1}{|A|} \begin{pmatrix} \varDelta_{11} & \cdots & \varDelta_{n1} \\ \vdots & \ddots & \vdots \\ \varDelta_{1n} & \cdots & \varDelta_{nn} \end{pmatrix}$$

なので，

$$x = A^{-1}b = \frac{1}{|A|} \begin{pmatrix} \varDelta_{11} & \cdots & \varDelta_{n1} \\ \varDelta_{12} & \cdots & \varDelta_{n2} \\ \vdots & \ddots & \vdots \\ \varDelta_{1k} & \cdots & \varDelta_{nk} \\ \vdots & \ddots & \vdots \\ \varDelta_{1n} & \cdots & \varDelta_{nn} \end{pmatrix} \begin{pmatrix} b_1 \\ \vdots \\ \vdots \\ \vdots \\ b_n \end{pmatrix}$$

$$= \frac{1}{|A|} \begin{pmatrix} b_1\varDelta_{11} + \cdots + b_n\varDelta_{n1} \\ b_1\varDelta_{12} + \cdots + b_n\varDelta_{n2} \\ \vdots \\ b_1\varDelta_{1k} + \cdots + b_n\varDelta_{nk} \\ \vdots \\ b_1\varDelta_{1n} + \cdots + b_n\varDelta_{nn} \end{pmatrix}$$

となる。このベクトルの第 k 成分に注目すると，

$$b_1\varDelta_{1k} + b_2\varDelta_{2k} + \cdots + b_j\varDelta_{jk} + \cdots + b_n\varDelta_{nk}$$

である。

　どうだろう，これって余因子展開のように見えないだろうか？

　なぜならこの式の第 j 項は

$$b_j \Delta_{jk} = (-1)^{j+k} b_j \begin{vmatrix} a_{11} & \cdots & a_{1k} & \cdots & a_{1n} \\ \vdots & \ddots & \vdots & \ddots & \vdots \\ a_{j1} & \cdots & a_{jk} & \cdots & a_{jn} \\ \vdots & \ddots & \vdots & \ddots & \vdots \\ a_{n1} & \cdots & a_{nk} & \cdots & a_{nn} \end{vmatrix} \text{ヌケ}$$

ヌケ

$$= \begin{vmatrix} a_{11} & \cdots & 0 & \cdots & a_{1n} \\ \vdots & \ddots & \vdots & \ddots & \vdots \\ a_{j1} & \cdots & b_j & \cdots & a_{jn} \\ \vdots & \ddots & \vdots & \ddots & \vdots \\ a_{n1} & \cdots & 0 & \cdots & a_{nn} \end{vmatrix} \leftarrow \text{第 } j \text{ 行}$$

第 k 列

と変形できるからだ！　だからやっぱりこの第 k 成分は余因子展開で，

$$b_1 \Delta_{1k} + b_2 \Delta_{2k} + \cdots + b_j \Delta_{jk} + \cdots + b_n \Delta_{nk}$$

$$= \begin{vmatrix} a_{11} & \cdots & b_1 & \cdots & a_{1n} \\ a_{21} & \cdots & 0 & \cdots & a_{2n} \\ \vdots & & \vdots & & \vdots \\ \vdots & & \vdots & & \vdots \\ \vdots & & \vdots & & \vdots \\ a_{n1} & \cdots & 0 & \cdots & a_{nn} \end{vmatrix} + \begin{vmatrix} a_{11} & \cdots & 0 & \cdots & a_{1n} \\ a_{21} & \cdots & b_2 & \cdots & a_{2n} \\ \vdots & & \vdots & & \vdots \\ \vdots & & \vdots & & \vdots \\ \vdots & & \vdots & & \vdots \\ a_{n1} & \cdots & 0 & \cdots & a_{nn} \end{vmatrix}$$

$$+ \cdots + \begin{vmatrix} a_{11} & \cdots & 0 & \cdots & a_{1n} \\ a_{21} & \cdots & 0 & \cdots & a_{2n} \\ \vdots & \ddots & \vdots & \ddots & \vdots \\ a_{j1} & \cdots & b_j & \cdots & a_{jn} \\ \vdots & \ddots & \vdots & \ddots & \vdots \\ a_{n1} & \cdots & 0 & \cdots & a_{nn} \end{vmatrix} + \cdots + \begin{vmatrix} a_{11} & \cdots & 0 & \cdots & a_{1n} \\ a_{21} & \cdots & 0 & \cdots & a_{2n} \\ \vdots & & \vdots & & \vdots \\ \vdots & & \vdots & & \vdots \\ a_{n-1\,1} & \cdots & 0 & \cdots & a_{n-1\,n} \\ a_{n1} & \cdots & b_n & \cdots & a_{nn} \end{vmatrix}$$

$$= \begin{vmatrix} a_{11} & \cdots & b_1 & \cdots & a_{1n} \\ a_{21} & \cdots & b_2 & \cdots & a_{2n} \\ \vdots & \ddots & \vdots & \ddots & \vdots \\ a_{j1} & \cdots & b_j & \cdots & a_{jn} \\ \vdots & \ddots & \vdots & \ddots & \vdots \\ a_{n1} & \cdots & b_n & \cdots & a_{nn} \end{vmatrix}$$

と，すっぽり1つの行列式におさまっちまうってわけだ。この最後の行列式は，　第 k 列だけ $b_1, b_2, \cdots, b_n$，つまり $\boldsymbol{b}$ で入れ換えたもの　になっている。これは列ベクトルの張り合わせで行列を作る場合を考えるとわかりやすい。つまり，

$$\boldsymbol{a}_1 = \begin{pmatrix} a_{11} \\ a_{21} \\ \vdots \\ a_{n1} \end{pmatrix}, \ \boldsymbol{a}_2 = \begin{pmatrix} a_{12} \\ a_{22} \\ \vdots \\ a_{n2} \end{pmatrix}, \ \cdots, \ \boldsymbol{a}_n = \begin{pmatrix} a_{1n} \\ a_{2n} \\ \vdots \\ a_{nn} \end{pmatrix}$$

とすれば，

$$A = \begin{pmatrix} a_{11} & \cdots & a_{1k} & \cdots & a_{1n} \\ a_{21} & \cdots & a_{2k} & \cdots & a_{2n} \\ \vdots & \ddots & \vdots & \ddots & \vdots \\ a_{n1} & \cdots & a_{nk} & \cdots & a_{nn} \end{pmatrix} = (\boldsymbol{a}_1 \ \cdots \ \boldsymbol{a}_k \ \cdots \ \boldsymbol{a}_n)$$

と表せて，A の第 k 列ベクトルを $\boldsymbol{b}$ で置き換えた行列を B_k とすると，

$$B_k = \begin{pmatrix} a_{11} & \cdots & b_1 & \cdots & a_{1n} \\ a_{21} & \cdots & b_2 & \cdots & a_{2n} \\ \vdots & \ddots & \vdots & \ddots & \vdots \\ a_{n1} & \cdots & b_n & \cdots & a_{nn} \end{pmatrix} = (\boldsymbol{a}_1 \ \cdots \ \overset{k}{\boldsymbol{b}} \ \cdots \ \boldsymbol{a}_n)$$

である。よって，

$$b_1 \varDelta_{1k} + b_2 \varDelta_{2k} + \cdots + b_n \varDelta_{nk}$$

$$= \begin{vmatrix} a_{11} & \cdots & b_1 & \cdots & a_{1n} \\ a_{21} & \cdots & b_2 & \cdots & a_{2n} \\ \vdots & \ddots & \vdots & \ddots & \vdots \\ a_{n1} & \cdots & b_n & \cdots & a_{nn} \end{vmatrix} = |B_k|$$

が成り立つ。その結果，

$$\boldsymbol{x} = \frac{1}{|A|} \begin{pmatrix} b_1 \varDelta_{11} + \cdots + b_n \varDelta_{n1} \\ \vdots \\ b_1 \varDelta_{1k} + \cdots + b_n \varDelta_{nk} \\ \vdots \\ b_1 \varDelta_{1n} + \cdots + b_n \varDelta_{nn} \end{pmatrix} = \frac{1}{|A|} \begin{pmatrix} |B_1| \\ \vdots \\ |B_k| \\ \vdots \\ |B_n| \end{pmatrix}$$

となるわけだ。だから，

$$\boldsymbol{x} = \begin{pmatrix} x_1 \\ \vdots \\ x_k \\ \vdots \\ x_n \end{pmatrix} = \frac{1}{|A|} \begin{pmatrix} |B_1| \\ \vdots \\ |B_k| \\ \vdots \\ |B_n| \end{pmatrix}$$

として，$x_k = \dfrac{B_k}{|A|}$ となる。これが**クラーメルの公式**である。

$n \times n$ 行列 A が逆行列をもつとき，連立方程式

$$A\boldsymbol{x} = \boldsymbol{b},$$

すなわち $\begin{pmatrix} a_{11} & a_{12} & \cdots & a_{1n} \\ a_{21} & a_{22} & \cdots & a_{2n} \\ \vdots & \vdots & \ddots & \vdots \\ a_{n1} & a_{n2} & \cdots & a_{nn} \end{pmatrix} \begin{pmatrix} x_1 \\ x_2 \\ \vdots \\ x_n \end{pmatrix} = \begin{pmatrix} b_1 \\ b_2 \\ \vdots \\ b_n \end{pmatrix}$ の解 $\boldsymbol{x}$ は，

$A = \begin{pmatrix} a_{11} & \cdots & a_{1k} & \cdots & a_{1n} \\ a_{21} & \cdots & a_{2k} & \cdots & a_{2n} \\ \vdots & \ddots & \vdots & \ddots & \vdots \\ a_{n1} & \cdots & a_{nk} & \cdots & a_{nn} \end{pmatrix}$ の第 k 列ベクトルを

$\boldsymbol{b} = \begin{pmatrix} b_1 \\ b_2 \\ \vdots \\ b_n \end{pmatrix}$ に換えた

行列 $B_k = \begin{pmatrix} a_{11} & \cdots & b_1 & \cdots & a_{1n} \\ a_{21} & \cdots & b_2 & \cdots & a_{2n} \\ \vdots & \ddots & \vdots & \ddots & \vdots \\ a_{n1} & \cdots & b_n & \cdots & a_{nn} \end{pmatrix}$ を用いて，

$$\boldsymbol{x} = \begin{pmatrix} x_1 \\ x_2 \\ \vdots \\ x_n \end{pmatrix} = \frac{1}{|A|} \begin{pmatrix} |B_1| \\ |B_2| \\ \vdots \\ |B_n| \end{pmatrix}$$

となる。これを**クラーメルの公式**と呼ぶ。

演習問題
5-4

次の連立 1 次方程式をクラーメルの公式を用いて解け。

(1) $\begin{cases} 3x+2y-3z=1 \\ 2x+\,z=2 \\ 3x+y-z=1 \end{cases}$　　(2) $\begin{cases} a+b+c+d=0 \\ a+2b+c+d=-1 \\ a+b+3c+d=2 \\ a+b+c+4d=-3 \end{cases}$

【解答＆解説】

(1) $|A|=\begin{pmatrix} 3 & 2 & -3 \\ 2 & 0 & 1 \\ 3 & 1 & -1 \end{pmatrix}=1$, $|B_1|=\begin{pmatrix} 1 & 2 & -3 \\ 2 & 0 & 1 \\ 1 & 1 & -1 \end{pmatrix}=-1$,

$|B_2|=\begin{pmatrix} 3 & 1 & -3 \\ 2 & 2 & 1 \\ 3 & 1 & -1 \end{pmatrix}=8$, $|B_3|=\begin{pmatrix} 3 & 2 & 1 \\ 2 & 0 & 2 \\ 3 & 1 & 1 \end{pmatrix}=4$

以上より，

$$\begin{pmatrix} x \\ y \\ z \end{pmatrix}=\frac{1}{|A|}\begin{pmatrix} |B_1| \\ |B_2| \\ |B_3| \end{pmatrix}=\begin{pmatrix} -1 \\ 8 \\ 4 \end{pmatrix} \quad \cdots\cdots（答）$$

(2) $|A|=\begin{vmatrix} 1 & 1 & 1 & 1 \\ 1 & 2 & 1 & 1 \\ 1 & 1 & 3 & 1 \\ 1 & 1 & 1 & 4 \end{vmatrix}=\begin{vmatrix} 1 & 1 & 1 & 1 \\ 0 & 1 & 0 & 0 \\ 0 & 0 & 2 & 0 \\ 0 & 0 & 0 & 3 \end{vmatrix}=\begin{vmatrix} 1 & 0 & 0 \\ 0 & 2 & 0 \\ 0 & 0 & 3 \end{vmatrix}=6$

足す

$|B_1|=\begin{vmatrix} 0 & 1 & 1 & 1 \\ -1 & 2 & 1 & 1 \\ 2 & 1 & 3 & 1 \\ -3 & 1 & 1 & 4 \end{vmatrix}引く=\begin{vmatrix} 1 & -1 & 0 & 0 \\ -1 & 2 & 1 & 1 \\ 2 & 1 & 3 & 1 \\ -3 & 1 & 1 & 4 \end{vmatrix}=\begin{vmatrix} 1 & 0 & 0 & 0 \\ -1 & 1 & 1 & 1 \\ 2 & 3 & 3 & 1 \\ -3 & -2 & 1 & 4 \end{vmatrix}$

$=(-1)^{1+1}\begin{vmatrix} 1 & 1 & 1 \\ 3 & 3 & 1 \\ -2 & 1 & 4 \end{vmatrix}=12-2+3-1-12+6=6$

$$|B_2| = \begin{vmatrix} 1 & 0 & 1 & 1 \\ 1 & -1 & 1 & 1 \\ 1 & 2 & 3 & 1 \\ 1 & -3 & 1 & 4 \end{vmatrix} \xrightarrow{\text{引く}} = \begin{vmatrix} 0 & 1 & 0 & 0 \\ 1 & -1 & 1 & 1 \\ 1 & 2 & 3 & 1 \\ 1 & -3 & 1 & 4 \end{vmatrix} = (-1)^{1+2} \begin{vmatrix} 1 & 1 & 1 \\ 1 & 3 & 1 \\ 1 & 1 & 4 \end{vmatrix}$$

$$= -(12+1+1-1-4-3) = -6$$

$$|B_3| = \begin{vmatrix} 1 & 1 & 0 & 1 \\ 1 & 2 & -1 & 1 \\ 1 & 1 & 2 & 1 \\ 1 & 1 & -3 & 4 \end{vmatrix} \xleftarrow{\text{引く}} = \begin{vmatrix} 0 & 1 & 0 & 1 \\ 0 & 2 & -1 & 1 \\ 0 & 1 & 2 & 1 \\ -3 & 1 & -3 & 4 \end{vmatrix} = (-1)^{4+1}(-3) \begin{vmatrix} 1 & 0 & 1 \\ 2 & -1 & 1 \\ 1 & 2 & 1 \end{vmatrix}$$

$$= 3(-1+0+4-2-0+1) = 6$$

$$|B_4| = \begin{vmatrix} 1 & 1 & 1 & 0 \\ 1 & 2 & 1 & -1 \\ 1 & 1 & 3 & 2 \\ 1 & 1 & 1 & -3 \end{vmatrix} \xleftarrow{\text{引く}} = \begin{vmatrix} 0 & 1 & 1 & 0 \\ -1 & 2 & 1 & -1 \\ 0 & 1 & 3 & 2 \\ 0 & 1 & 1 & -3 \end{vmatrix} = (-1)^{2+1}(-1) \begin{vmatrix} 1 & 1 & 0 \\ 1 & 3 & 2 \\ 1 & 1 & -3 \end{vmatrix}$$

$$= -9+2+0-2+3-0 = -6$$

以上より,

$$\begin{pmatrix} a \\ b \\ c \\ d \end{pmatrix} = \frac{1}{|A|} \begin{pmatrix} |B_1| \\ |B_2| \\ |B_3| \\ |B_4| \end{pmatrix} = \frac{1}{6} \begin{pmatrix} 6 \\ -6 \\ 6 \\ -6 \end{pmatrix} = \begin{pmatrix} 1 \\ -1 \\ 1 \\ -1 \end{pmatrix} \quad \cdots\cdots (\text{答})$$

次で与えられる n 次の行列式を求めよ。

$$D_n=\begin{vmatrix} x & 0 & 0 & \cdots & \cdots & y \\ y & x & 0 & \cdots & \cdots & 0 \\ 0 & y & x & \cdots & \cdots & \vdots \\ \vdots & 0 & y & \ddots & & 0 \\ \vdots & \vdots & \vdots & \ddots & x & 0 \\ 0 & 0 & \cdots & 0 & y & x \end{vmatrix}$$

ヒント! 第1行で余因子展開するのがいちばん簡単になりそうなので，ここで余因子展開しよう。

【解答＆解説】　第1行について余因子展開すると

$$D_n=\begin{vmatrix} x & 0 & 0 & \cdots & \cdots & 0 \\ y & x & 0 & \cdots & \cdots & 0 \\ 0 & y & x & \cdots & \cdots & \vdots \\ \vdots & 0 & y & \ddots & & 0 \\ \vdots & \vdots & \vdots & \ddots & x & 0 \\ 0 & 0 & \cdots & 0 & y & x \end{vmatrix}+\begin{vmatrix} 0 & 0 & 0 & \cdots & \cdots & y \\ y & x & 0 & \cdots & \cdots & 0 \\ 0 & y & x & \cdots & \cdots & \vdots \\ \vdots & 0 & y & \ddots & & 0 \\ \vdots & \vdots & \vdots & \ddots & x & 0 \\ 0 & 0 & \cdots & 0 & y & x \end{vmatrix}$$

$$=x\begin{vmatrix} x & 0 & \cdots & \cdots & 0 \\ y & x & 0 & \cdots & 0 \\ 0 & y & \ddots & \ddots & \vdots \\ \vdots & \vdots & \ddots & x & 0 \\ 0 & 0 & \cdots & y & x \end{vmatrix}+\boxed{\text{(a)}}\begin{vmatrix} y & x & 0 & \cdots & 0 \\ 0 & y & x & \cdots & 0 \\ \vdots & 0 & y & \ddots & \vdots \\ \vdots & \vdots & \ddots & \ddots & x \\ 0 & 0 & \cdots & 0 & y \end{vmatrix}$$

$$\cdots\cdots①$$

である。

ここで第1項に「❶次数下げの法則」を繰り返し使うと，

$$\begin{vmatrix} x & 0 & \cdots & \cdots & 0 \\ y & x & 0 & \cdots & 0 \\ 0 & y & \ddots & \ddots & \vdots \\ \vdots & \vdots & \ddots & x & 0 \\ 0 & 0 & \cdots & y & x \end{vmatrix} = x \begin{vmatrix} x & 0 & \cdots & 0 \\ y & \ddots & \ddots & \vdots \\ \vdots & \ddots & x & 0 \\ 0 & \cdots & y & x \end{vmatrix}$$

$$\underbrace{\qquad\qquad}_{n-1\,次} \qquad \underbrace{\qquad\qquad}_{n-2\,次}$$

$$= x^2 \begin{vmatrix} x & 0 & \cdots & 0 \\ y & \ddots & \ddots & \vdots \\ \vdots & \ddots & x & 0 \\ 0 & \cdots & y & x \end{vmatrix}$$

$$\underbrace{\qquad\qquad}_{n-3\,次}$$

$$= \cdots = x^{n-3} \begin{vmatrix} x & 0 \\ y & x \end{vmatrix} = \boxed{\text{(b)}\qquad\qquad}$$

$$\underbrace{\qquad}_{2\,次}$$

（$n-3$ 回繰り返す）

が求められる。同様に第2項は

$$\begin{vmatrix} y & x & 0 & \cdots & 0 \\ 0 & y & x & \cdots & 0 \\ \vdots & 0 & y & \ddots & \vdots \\ \vdots & \vdots & \ddots & \ddots & x \\ 0 & 0 & \cdots & 0 & y \end{vmatrix} = y^{n-1}$$

$$\underbrace{\qquad\qquad\qquad}_{n-1\,次}$$

なので，これらを①に代入し，

$$D_n = x \cdot \boxed{\text{(b)}\quad} + \boxed{\text{(a)}\qquad} \cdot y^{n-1}$$

$$= \boxed{\text{(c)}\qquad\qquad} \qquad \cdots\cdots（答）$$

(a) $(-1)^{1+n}y$ (b) x^{n-1} (c) $x^n - (-y)^n$

実習問題
5-2

$n \times n$ の正方行列 X_n を

$$X_n = \begin{pmatrix} 2 & -1 & 0 & \cdots & 0 \\ -1 & 2 & -1 & \ddots & \vdots \\ 0 & -1 & 2 & \ddots & 0 \\ \vdots & \ddots & \ddots & \ddots & -1 \\ 0 & 0 & \cdots & -1 & 2 \end{pmatrix}$$

と定めるとき，$|X_n|$ を求めよ。ただし，$n \geqq 2$ とする。

ヒント！

$x_n = |X_n|$ とおくと，x_n の漸化式ができる！　受験生の頃を思いだそう。

【解答＆解説】

$$X_{n+2} = \begin{pmatrix} 2 & -1 & 0 & \cdots & 0 \\ -1 & & & & \\ 0 & & X_{n+1} & & \\ \vdots & & & & \\ 0 & & & & \end{pmatrix} = \begin{pmatrix} 2 & -1 & 0 & \cdots & 0 \\ -1 & 2 & -1 & \cdots & 0 \\ 0 & -1 & & & \\ \vdots & \vdots & & X_n & \\ 0 & 0 & & & \end{pmatrix}$$

である。ここで $x_n = |X_n|$ とおく。$x_{n+2} = |X_{n+2}|$ を，第 1 列について余因子展開してみると，

$$x_{n+2} = \begin{vmatrix} 2 & -1 & 0 & \cdots & 0 \\ 0 & & & & \\ 0 & & X_{n+1} & & \\ \vdots & & & & \\ 0 & & & & \end{vmatrix} + \begin{vmatrix} 0 & -1 & 0 & \cdots & 0 \\ -1 & 2 & -1 & \cdots & 0 \\ 0 & -1 & & & \\ \vdots & \vdots & & X_n & \\ 0 & 0 & & & \end{vmatrix}$$

$$= 2|X_{n+1}| + (-1)^{2+1} \cdot (-1) \begin{vmatrix} -1 & 0 & \cdots & 0 \\ -1 & & & \\ \vdots & & X_n & \\ 0 & & & \end{vmatrix}$$

$$= 2|X_{n+1}| + (-1)|X_n|$$

$$= 2x_{n+1} + (-1)x_n$$

よって，

$$x_{n+2} = \boxed{\text{(a)}} \iff x_{n+2} - x_{n+1} = x_{n+1} - x_n$$

すなわち,

$$x_{n+1} - x_n = x_n - x_{n-1} = \cdots = \boxed{\text{(b)}}$$

$$= \begin{vmatrix} 2 & -1 & 0 \\ -1 & 2 & -1 \\ 0 & -1 & 2 \end{vmatrix} - \begin{vmatrix} 2 & -1 \\ -1 & 2 \end{vmatrix} = 4 - 3 = 1$$

つまり,$\{x_n\}$ は公差 1,初項 $x_2 = 3$ の**等差数列**なので

$$x_n = 3 + (n-2) \times 1 = \boxed{\text{(c)}} \quad \cdots\cdots (答)$$

注 等差数列というのは,「等間隔に並ぶ数の列」だ。だから $n \geqq 2$ のいま,$x_2 = 3$ を出発点として,以後 1 ずつずれて $x_3, x_4, \cdots, x_n$ が順次定まっていく。すると,

というように,x_2 と x_n との間にスキマが $n-2$ 個あるのだから,x_2 に $(n-2) \times 1$ を加えて x_n を作るのだ。これでもわからなければ,n に 2, 3, 4, $\cdots$ と代入して実験してみるとよい。

(a) $2x_{n+1} - x_n$ (b) $x_3 - x_2$ (c) $n+1$

114

実習問題
5-3

相異なる正の数 a, b, c に対し，
$$\begin{cases} x+ay+bz=c \\ x+a^2y+b^2z=c^2 \\ x+a^3y+b^3z=c^3 \end{cases}$$
がただ１つの解をもつのはどんなときか。またそのときの解を求めよ。

ヒント！

文字を含む連立方程式はクラーメルの公式を使うとよい。唯一解をもつには　行列式 $\neq 0$　が必要十分条件だ。

【解答＆解説】

$A=\begin{pmatrix} 1 & a & b \\ 1 & a^2 & b^2 \\ 1 & a^3 & b^3 \end{pmatrix}$ とすると，与方程式は次のようになる。

$$A\begin{pmatrix} x \\ y \\ z \end{pmatrix}=\begin{pmatrix} c \\ c^2 \\ c^3 \end{pmatrix} \quad \cdots\cdots ①$$

この方程式が唯一解をもつには $|A| \neq 0$ が必要十分条件なので，まず $|A|$ を求める。

$$|A|=\begin{vmatrix} 1 & a & b \\ 1 & a^2 & b^2 \\ 1 & a^3 & b^3 \end{vmatrix}=\begin{vmatrix} 1 & a & b \\ 0 & a^2-a & b^2-b \\ 0 & a^3-a & b^3-b \end{vmatrix}$$

$$=\begin{vmatrix} a^2-a & b^2-b \\ a^3-a & b^3-b \end{vmatrix}$$

$\underbrace{a をくくりだす}$ $\underbrace{b をくくりだす}$

$$=ab\,^{(a)}\boxed{}$$
$$=ab\{(a-1)(b^2-1)-(b-1)(a^2-1)\}$$
$$=ab(a-1)(b-1)(b+1-a-1)$$
$$=ab(b-a)(a-1)(b-1) \quad \cdots\cdots ②$$

ここで $a>0$，$b>0$，$a \neq b$ なので，$|A| \neq 0$ となるのは，$a \neq 1$，$b \neq 1$ のときであり，そのときに限る。

またこのとき，

$$|B_1| = \begin{vmatrix} c & a & b \\ c^2 & a^2 & b^2 \\ c^3 & a^3 & b^3 \end{vmatrix} = \begin{vmatrix} c & a & b \\ 0 & a^2-ac & b^2-bc \\ 0 & a^3-ac^2 & b^3-bc^2 \end{vmatrix}$$

$$= c \begin{vmatrix} a(a-c) & b(b-c) \\ a(a^2-c^2) & b(b^2-c^2) \end{vmatrix}$$

$\underset{\substack{a(a-c)\,を \\ くくりだす}}{\uparrow}$　$\underset{\substack{b(b-c)\,を \\ くくりだす}}{\uparrow}$

$$= c \times a(a-c) \times b(b-c) \begin{vmatrix} 1 & 1 \\ a+c & b+c \end{vmatrix}$$

$$= abc(a-c)(b-c)(b+c-a-c)$$

$$= abc(a-b)(b-c)(c-a)$$

$$|B_2| = \begin{vmatrix} 1 & c & b \\ 1 & c^2 & b^2 \\ 1 & c^3 & b^3 \end{vmatrix} = cb(b-c)(c-1)(b-1)$$

（∵②で a に c を代入した。）

$$|B_3| = \begin{vmatrix} 1 & a & c \\ 1 & a^2 & c^2 \\ 1 & a^3 & c^3 \end{vmatrix} = \boxed{\text{(b)}}$$

（∵②で b に c を代入した。）

とおけば，クラーメルの公式から

$$\begin{pmatrix} x \\ y \\ z \end{pmatrix} = \frac{1}{|A|} \begin{pmatrix} |B_1| \\ |B_2| \\ |B_3| \end{pmatrix}$$

である。ゆえにこの連立方程式の解は次のようになる。

$$\begin{cases} x = \dfrac{abc(a-b)(b-c)(c-a)}{ab(b-a)(a-1)(b-1)} = \dfrac{c(a-c)(b-c)}{(a-1)(b-1)} \\[3mm] y = \dfrac{cb(b-c)(c-1)(b-1)}{ab(b-a)(a-1)(b-1)} = \dfrac{c(b-c)(c-1)}{a(b-a)(a-1)} \\[3mm] z = \dfrac{ac(c-a)(a-1)(c-1)}{ab(b-a)(a-1)(b-1)} = \boxed{\text{(c)}} \end{cases}$$

（こんな複雑な方程式も解けちまうなんて……スゴイね。）

....

(a) $\begin{vmatrix} a-1 & b-1 \\ a^2-1 & b^2-1 \end{vmatrix}$ 　 (b) $ac(c-a)(a-1)(c-1)$ 　 (c) $\dfrac{c(c-a)(c-1)}{b(b-a)(b-1)}$

次の各行列式を，指定された行の余因子展開を用いて計算せよ。

復習問題 5-1

(1) $\begin{vmatrix} x & y & z \\ z & x & y \\ y & z & x \end{vmatrix}$ ←第1行

(2) $\begin{vmatrix} 2 & 0 & 1 & 3 \\ 1 & -1 & 0 & 1 \\ -1 & 3 & 1 & -2 \\ 0 & 1 & 0 & 1 \end{vmatrix}$ ←第4行

(3) $\begin{vmatrix} a & -b & -a & b \\ b & a & -b & -a \\ a & -b & a & -b \\ b & a & b & a \end{vmatrix}$ ←第1行

【解答＆解説】

(1) $\begin{vmatrix} x & y & z \\ z & x & y \\ y & z & x \end{vmatrix} = (-1)^{1+1}x\begin{vmatrix} x & y \\ z & x \end{vmatrix} + (-1)^{2+1}y\begin{vmatrix} z & y \\ y & x \end{vmatrix} + (-1)^{3+1}z\begin{vmatrix} z & x \\ y & z \end{vmatrix}$

$\qquad = x(x^2 - yz) - y(zx - y^2) + z(z^2 - xy) = x^3 + y^3 + z^3 - 3xyz$ ……(答)

(2) $\begin{vmatrix} 2 & 0 & 1 & 3 \\ 1 & -1 & 0 & 1 \\ -1 & 3 & 1 & -2 \\ 0 & 1 & 0 & 1 \end{vmatrix} = 0 + (-1)^{2+4}\times\begin{vmatrix} 2 & 1 & 3 \\ 1 & 0 & 1 \\ -1 & 1 & -2 \end{vmatrix} + 0 + (-1)^{4+4}\times\begin{vmatrix} 2 & 0 & 1 \\ 1 & -1 & 0 \\ -1 & 3 & 1 \end{vmatrix}$

$\qquad = \left\{ (-1)^{1+2}\begin{vmatrix} 1 & 3 \\ 1 & -2 \end{vmatrix} + (-1)^{3+2}\begin{vmatrix} 2 & 1 \\ -1 & 1 \end{vmatrix} \right\}$

$\qquad\quad + \left\{ (-1)^{1+2}\begin{vmatrix} 0 & 1 \\ 3 & 1 \end{vmatrix} + (-1)^{2+2}(-1)\begin{vmatrix} 2 & 1 \\ -1 & 1 \end{vmatrix} \right\}$

$\qquad = \{-(-2-3) - (2+1)\} + \{-(0-3) - (2+1)\} = 2$ ……(答)

(3) $\begin{vmatrix} a & -b & -a & b \\ b & a & -b & -a \\ a & -b & a & -b \\ b & a & b & a \end{vmatrix}$

$= a\begin{vmatrix} a & -b & -a \\ -b & a & -b \\ a & b & a \end{vmatrix} + b\begin{vmatrix} b & -b & -a \\ a & a & -b \\ b & b & a \end{vmatrix} - a\begin{vmatrix} b & a & -a \\ a & -b & -b \\ b & a & a \end{vmatrix} - b\begin{vmatrix} b & a & -b \\ a & -b & a \\ b & a & b \end{vmatrix}$

$$= a \left(a \begin{vmatrix} a & -b \\ b & a \end{vmatrix} + b \begin{vmatrix} -b & -b \\ a & a \end{vmatrix} - a \begin{vmatrix} -b & a \\ a & b \end{vmatrix} \right)$$

$$+ b \left(b \begin{vmatrix} a & -b \\ b & a \end{vmatrix} + b \begin{vmatrix} a & -b \\ b & a \end{vmatrix} - a \begin{vmatrix} a & a \\ b & b \end{vmatrix} \right)$$

$$- a \left(b \begin{vmatrix} -b & -b \\ a & a \end{vmatrix} - a \begin{vmatrix} a & -b \\ b & a \end{vmatrix} - a \begin{vmatrix} a & -b \\ b & a \end{vmatrix} \right)$$

$$- b \left(b \begin{vmatrix} -b & a \\ a & b \end{vmatrix} - a \begin{vmatrix} a & a \\ b & b \end{vmatrix} - b \begin{vmatrix} a & -b \\ b & a \end{vmatrix} \right)$$

$$= a^2(a^2+b^2)+0-a^2(-b^2-a^2)+b^2(a^2+b^2)+b^2(a^2+b^2)-0$$

$$-0+a^2(a^2+b^2)+a^2(a^2+b^2)-b^2(-b^2-a^2)+0+b^2(a^2+b^2)$$

$$= 4a^2(a^2+b^2)+4b^2(a^2+b^2)$$

$$= 4(a^2+b^2)^2 \quad \cdots\cdots (答)$$

(84 ページ復習問題 4-1(3)参照)

復習問題
5-2

次の各行列 X について，余因子行列 $\widetilde{X}$ を作り，逆行列を求めよ。

(1) $A = \begin{pmatrix} 1 & 2 & 3 \\ 0 & 1 & 2 \\ 0 & 0 & 1 \end{pmatrix}$ 　(2) $B = \begin{pmatrix} 1 & 2 & 1 \\ 2 & 1 & 0 \\ 1 & 0 & 1 \end{pmatrix}$

(3) $C = \begin{pmatrix} 1 & 0 & 1 & 1 \\ 0 & 1 & 0 & -2 \\ 1 & 0 & 1 & 0 \\ 1 & -2 & 0 & 1 \end{pmatrix}$

【解答 & 解説】

(1) $\widetilde{A} = {}^t\!\begin{pmatrix} 1 & 0 & 0 \\ -2 & 1 & 0 \\ 1 & -2 & 1 \end{pmatrix} = \begin{pmatrix} 1 & -2 & 1 \\ 0 & 1 & -2 \\ 0 & 0 & 1 \end{pmatrix}$, $|A| = 1\begin{vmatrix} 1 & 2 \\ 0 & 1 \end{vmatrix} = 1$

$\therefore\ A^{-1} = \dfrac{\widetilde{A}}{|A|} = \begin{pmatrix} 1 & -2 & 1 \\ 0 & 1 & -2 \\ 0 & 0 & 1 \end{pmatrix}$

(2) $\widetilde{B} = {}^t\!\begin{pmatrix} 1 & -2 & -1 \\ -2 & 0 & 2 \\ -1 & 2 & -3 \end{pmatrix} = \begin{pmatrix} 1 & -2 & -1 \\ -2 & 0 & 2 \\ -1 & 2 & -3 \end{pmatrix}$, $|B| = 1 + 0 + 0 - 1 - 4 - 0 = -4$

$\therefore\ B^{-1} = \dfrac{\widetilde{B}}{|B|} = \dfrac{1}{4}\begin{pmatrix} -1 & 2 & 1 \\ 2 & 0 & -2 \\ 1 & -2 & 3 \end{pmatrix}$

(3) C の余因子を Δ_{ij} 各々と書けば，

$\Delta_{11} = \begin{vmatrix} 1 & 0 & -2 \\ 0 & 1 & 0 \\ -2 & 0 & 1 \end{vmatrix} = -3,\quad \Delta_{12} = -\begin{vmatrix} 0 & 0 & -2 \\ 1 & 1 & 0 \\ 1 & 0 & 1 \end{vmatrix} = -2,$

$\Delta_{13} = \begin{vmatrix} 0 & 1 & -2 \\ 1 & 0 & 0 \\ 1 & -2 & 1 \end{vmatrix} = 3,\quad \Delta_{14} = -\begin{vmatrix} 0 & 1 & 0 \\ 1 & 0 & 1 \\ 1 & -2 & 0 \end{vmatrix} = -1$

$$\Delta_{21} = -\begin{vmatrix} 0 & 1 & 1 \\ 0 & 1 & 0 \\ -2 & 0 & 1 \end{vmatrix} = -2, \quad \Delta_{22} = \begin{vmatrix} 1 & 1 & 1 \\ 1 & 1 & 0 \\ 1 & 0 & 1 \end{vmatrix} = -1,$$

$$\Delta_{23} = -\begin{vmatrix} 1 & 0 & 1 \\ 1 & 0 & 0 \\ 1 & -2 & 1 \end{vmatrix} = 2, \quad \Delta_{24} = \begin{vmatrix} 1 & 0 & 1 \\ 1 & 0 & 1 \\ 1 & -2 & 1 \end{vmatrix} = 0$$

$$\Delta_{31} = \begin{vmatrix} 0 & 1 & 1 \\ 1 & 0 & -2 \\ -2 & 0 & 1 \end{vmatrix} = 3, \quad \Delta_{32} = -\begin{vmatrix} 1 & 1 & 1 \\ 0 & 0 & -2 \\ 1 & 0 & 1 \end{vmatrix} = 2,$$

$$\Delta_{33} = \begin{vmatrix} 1 & 0 & 1 \\ 0 & 1 & -2 \\ 1 & -2 & 1 \end{vmatrix} = -4, \quad \Delta_{34} = -\begin{vmatrix} 1 & 0 & 1 \\ 0 & 1 & 0 \\ 1 & -2 & 0 \end{vmatrix} = 1$$

$$\Delta_{41} = -\begin{vmatrix} 0 & 1 & 1 \\ 1 & 0 & -2 \\ 0 & 1 & 0 \end{vmatrix} = -1, \quad \Delta_{42} = \begin{vmatrix} 1 & 1 & 1 \\ 0 & 0 & -2 \\ 1 & 1 & 0 \end{vmatrix} = 0,$$

$$\Delta_{43} = -\begin{vmatrix} 1 & 0 & 1 \\ 0 & 1 & -2 \\ 1 & 0 & 0 \end{vmatrix} = 1, \quad \Delta_{44} = \begin{vmatrix} 1 & 0 & 1 \\ 0 & 1 & 0 \\ 1 & 0 & 1 \end{vmatrix} = 0$$

よって，$\widetilde{C} = {}^t\!\begin{pmatrix} -3 & -2 & 3 & -1 \\ -2 & -1 & 2 & 0 \\ 3 & 2 & -4 & 1 \\ -1 & 0 & 1 & 0 \end{pmatrix} = \begin{pmatrix} -3 & -2 & 3 & -1 \\ -2 & -1 & 2 & 0 \\ 3 & 2 & -4 & 1 \\ -1 & 0 & 1 & 0 \end{pmatrix}$

また，$|C| = \begin{vmatrix} 1 & 0 & 1 & 1 \\ 0 & 1 & 0 & -2 \\ 1 & 0 & 1 & 0 \\ 1 & -2 & 0 & 1 \end{vmatrix} = \begin{vmatrix} 1 & 0 & 1 & 1 \\ 0 & 1 & 0 & -2 \\ 0 & 0 & 0 & -1 \\ 0 & -2 & -1 & 0 \end{vmatrix} = \begin{vmatrix} 1 & 0 & -2 \\ 0 & 0 & -1 \\ -2 & -1 & 0 \end{vmatrix} = -1$

$\therefore \quad C^{-1} = \begin{pmatrix} 3 & 2 & -3 & 1 \\ 2 & 1 & -2 & 0 \\ -3 & -2 & 4 & -1 \\ 1 & 0 & -1 & 0 \end{pmatrix}$ ……(答)

復習問題
5-3

a, b, c は相異なる実数とする。次の連立 1 次方程式㊙を，クラーメルの公式を用いて解を求めよ。

$$\begin{cases} x + y + z = 1 \\ ax + by + cz = p \quad \cdots\cdots㊙ \\ a^2x + b^2y + c^2z = p^2 \end{cases}$$

左辺の係数行列の行列式は $(a-b)(b-c)(c-a)$ となり，0 ではない。

【解答 & 解説】

$A = \begin{pmatrix} 1 & 1 & 1 \\ a & b & c \\ a^2 & b^2 & c^2 \end{pmatrix}$ とおくと，

$$|A| = \begin{vmatrix} 1 & 1 & 1 \\ a & b & c \\ a^2 & b^2 & c^2 \end{vmatrix} = ab^2 + bc^2 + ca^2 - a^2b - b^2c - c^2a$$

$$= (c-b)a^2 + (b^2 - c^2)a + bc^2 - b^2c = (c-b)\{a^2 - (b+c)a + bc\}$$

$$= (c-b)(a-b)(a-c) = (a-b)(b-c)(c-a) \neq 0$$

（∵ a, b, c が相異なるので）

よって解はただ一通りに定まり，

$$B_1 = \begin{pmatrix} 1 & 1 & 1 \\ p & b & c \\ p^2 & b^2 & c^2 \end{pmatrix}, \quad B_2 = \begin{pmatrix} 1 & 1 & 1 \\ a & p & c \\ a^2 & p^2 & c^2 \end{pmatrix}, \quad B_3 = \begin{pmatrix} 1 & 1 & 1 \\ a & b & p \\ a^2 & b^2 & p^2 \end{pmatrix}$$

として，p と a, b, c の文字の置き換えを考えれば，

$$|B_1| = (p-b)(b-c)(c-p),$$
$$|B_2| = (a-p)(p-c)(c-a),$$
$$|B_3| = (a-b)(b-p)(p-a)$$

よってクラーメルの公式から，

$$x = \frac{(p-b)(b-c)(c-p)}{(a-b)(b-c)(c-a)}, \quad y = \frac{(a-p)(p-c)(c-a)}{(a-b)(b-c)(c-a)}, \quad z = \frac{(a-b)(b-p)(p-a)}{(a-b)(b-c)(c-a)}$$

$$\cdots\cdots（答）$$

講義6 置換と互換

――行列式再論――

　行列式の計算については，もうだいぶ慣れてきてくれたのではないだろうか。ところでこれまでの講義では，そもそも行列式ってなんなのかという「行列式の定義」については触れずにきたのだった。行列式そのものをいきなり語るより，「行列式ってこんな風なものだよね」というように話した方が入りやすいと考えたからだ。でももうそろそろいいのじゃないだろうか。かなり大変だが「行列式とは何か」という問題に真正面からあたってみるとしよう。

　そのための準備として，まず置換について述べる。

置換

　$1, 2, 3, \cdots, n$ を並べ換えてできる数の列を，**順列**と呼んだ。この場合の順列の数は $n! = 1 \times 2 \times 3 \times \cdots \times n$ 通りあるのだが，それらの1つ1つを作り出す操作を**置換**と呼ぼう。

> 　n 個の数からなる列 $(1, 2, 3, \cdots, n)$ の順序を入れ換え，新たに1つの順列 $(a_1\, a_2, a_3, \cdots, a_n)$ を作り出す操作を置換 σ と呼び，
>
> $$\sigma = \begin{pmatrix} 1 & 2 & 3 & \cdots & n \\ a_1 & a_2 & a_3 & \cdots & a_n \end{pmatrix}$$

と表す。

　たとえば

$$\sigma : (1, 2, 3, 4) \longrightarrow (3, 1, 4, 2)$$

とする置換は，

$$\sigma = \begin{pmatrix} 1 & 2 & 3 & 4 \\ 3 & 1 & 4 & 2 \end{pmatrix}$$

と表す。どの数も変えない置換は「恒等置換」と呼び，$\sigma = 1$ と書く。

　ここで注意しておきたいのは，このような表現方法はただ1通りではな

いということだ。たとえばいまの例，$\sigma=\begin{pmatrix} 1 & 2 & 3 & 4 \\ 3 & 1 & 4 & 2 \end{pmatrix}$ については，

$\boxed{\begin{array}{cccc} 1 & 2 & 3 & 4 \\ \downarrow & \downarrow & \downarrow & \downarrow \\ 3 & 1 & 4 & 2 \end{array}}$ の「対応関係」そのものが σ の表すところなので，これを

$\begin{pmatrix} 1 & 2 & 3 & 4 \\ 3 & 1 & 4 & 2 \end{pmatrix}$ と書こうが $\begin{pmatrix} 2 & 1 & 4 & 3 \\ 1 & 3 & 2 & 4 \end{pmatrix}$, $\begin{pmatrix} 3 & 1 & 4 & 2 \\ 4 & 3 & 2 & 1 \end{pmatrix}$ と書こうが同じこと

だと考えなくてはならないのだ。

ところでこの σ は「対応づけるもの」で，**写像**であり，次のような使われ方をする。

例 $\sigma=\begin{pmatrix} 1 & 2 & 3 & 4 \\ 3 & 1 & 4 & 2 \end{pmatrix}$ のとき

$$\sigma(1,2,3,4)=(3,1,4,2)$$

1つ1つの数について考えると

$$\sigma(1)=3, \quad \sigma(2)=1, \quad \sigma(3)=4, \quad \sigma(4)=2$$

である。だから，次のようにも使える。

$$(x_{\sigma(1)}, x_{\sigma(2)}, x_{\sigma(3)}, x_{\sigma(4)})=(x_3, x_1, x_4, x_2)$$

なぜこんなものを考えるのかというと，もちろん行列式の定義に使えるからなのだ。3×3 の行列式を例に考えてみよう。

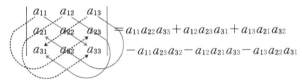

$$= a_{11}a_{22}a_{33} + a_{12}a_{23}a_{31} + a_{13}a_{21}a_{32}$$
$$- a_{11}a_{23}a_{32} - a_{12}a_{21}a_{33} - a_{13}a_{22}a_{31}$$

だった（サラスの規則を思い出そう）。

この赤字で表した番号をよーく見てみれば，この各項は

$$\sigma=\begin{pmatrix} 1 & 2 & 3 \\ i & j & k \end{pmatrix}$$

として，

$$a_{1i}a_{2j}a_{3k} = a_{1\sigma(1)}a_{2\sigma(2)}a_{3\sigma(3)}$$

の形をしていることに気づくのではないだろうか。

3×3 の行列式は $(1,2,3)$ を入れ換えるすべての順列，すなわち，

すべての置換3!＝6通り について，足したり引いたりしているのだ。

巡回置換

こんどは次のような置換を考えるとしよう。

$$\sigma = \begin{pmatrix} 1 & 2 & 3 & 4 & 5 \\ 3 & 5 & 1 & 2 & 4 \end{pmatrix}$$

1つ1つ数の変化を追いかけると，

$$1 \to 3 \to 1, \quad 2 \to 5 \to 4 \to 2$$

という具合に，目がぐるぐる回ってしまいそうな2つの部分をもっていることがわかる。このような部分を取り出し，**巡回置換**と呼ぶ。

はじめの $1 \to 3 \to 1$ は $\begin{array}{cc} 1 & 3 \\ \downarrow & \downarrow \\ 3 & 1 \end{array}$ という置換だから，

$$\begin{pmatrix} 1 & 2 & 3 & 4 & 5 \\ 3 & 2 & 1 & 4 & 5 \end{pmatrix}$$

だ。これを簡単に

$$(1 \quad 3)$$

と表す。

2番目の $2 \to 5 \to 4 \to 2$ は，$\begin{array}{ccc} 2 & 5 & 4 \\ \downarrow & \downarrow & \downarrow \\ 5 & 4 & 2 \end{array}$ という置換だから，

$$\begin{pmatrix} 1 & 2 & 3 & 4 & 5 \\ 1 & 5 & 3 & 2 & 4 \end{pmatrix}$$

だ。これを $2 \to 5 \to 4$ の順に $(2 \quad 5 \quad 4)$ と表す。

もとの置換 σ は，その書き方を工夫して

$$\sigma = \begin{pmatrix} 1 & 2 & 3 & 4 & 5 \\ 3 & 5 & 1 & 2 & 4 \end{pmatrix} = \begin{pmatrix} 1 & 3 & 2 & 5 & 4 \\ 3 & 1 & 5 & 4 & 2 \end{pmatrix}$$

する。これを $(1 \quad 3)$ と $(2 \quad 5 \quad 4)$ が施される置換と考えると，

$$\sigma = \begin{pmatrix} 1 & 3 & 2 & 5 & 4 \\ 3 & 1 & 5 & 4 & 2 \end{pmatrix}$$

$$= (2 \quad 5 \quad 4)(1 \quad 3)$$

と表しても意味が通じるだろう。これを**置換の積**という。**なぜ左右をネジるのかにはもちろん意味がある。**

置換 σ は，左から作用することで変化を生む写像なので（たとえば σ (1, 2, 4)＝(3, 5, 2) のように，(1, 2, 4) に左からかける），はじめに操作する (1　3) が先に対象に触れるようにしたいからネジるのだ。

　もっとも，(1　3) と (2　5　4) は互いに独立だから，左右を入れ換えても置換として変わらない。しかし，置換の積を他にいろいろ応用しようとするとそうもいかなくなるからこう定めるのである。

　このように表したものを**巡回置換の積**と呼ぶ。また次がいえる。

すべての置換は，巡回置換の積に分解できる。

　中には $3 \to 3$ のような自分自身への対応もあるかもしれないが，それは省略してよい。

演習問題 6-1　次の置換を巡回置換の積で表せ。

$$\sigma=\begin{pmatrix}1 & 2 & 3 & 4 & 5 & 6 & 7 \\ 6 & 7 & 3 & 5 & 2 & 1 & 4\end{pmatrix}$$

【解答＆解説】　σ の中を置き換えると，

$$\sigma=\begin{pmatrix}1 & 6 & 2 & 7 & 4 & 5 & 3 \\ 6 & 1 & 7 & 4 & 5 & 2 & 3\end{pmatrix}$$

であるから，σ は (1　6) と (2　7　4　5) と $3 \to 3$ をあわせた置換であるので，

$$\sigma=(2\quad 7\quad 4\quad 5)(1\quad 6)\quad (3 \to 3 \text{ は省略した}) \cdots\cdots(\text{答})$$

互換

巡回置換の中でも最も単純なのは単に2つの数を入れ換えたものである。これを互換という。

たとえば，iとjを入れ換える置換は$i \to j \to i$，すなわち$\begin{array}{cc} i & j \\ \downarrow & \downarrow \\ j & i \end{array}$となる巡回置換なので，$(i \quad j)$と表せる。

ここで次がいえる。

> すべての巡回置換は，かならず互換の積に分解できる。

次の例をもとに試してみよう。

例 $\phi = (2 \quad 5 \quad 3 \quad 7)$を$(1, 2, 3, 4, 5, 6, 7)$における巡回置換とする。

つまり$\begin{array}{cccc} 2 & 5 & 3 & 7 \\ \downarrow & \downarrow & \downarrow & \downarrow \\ 5 & 3 & 7 & 2 \end{array}$の置換であり，省略されている1, 4, 6についてはなにもしないから，

$$\phi = \begin{pmatrix} 2 & 5 & 3 & 7 & 1 & 4 & 6 \\ 5 & 3 & 7 & 2 & 1 & 4 & 6 \end{pmatrix} = \begin{pmatrix} 1 & 2 & 3 & 4 & 5 & 6 & 7 \\ 1 & 5 & 7 & 4 & 3 & 6 & 2 \end{pmatrix}$$

である。ここで$\phi = \begin{pmatrix} 2 & 5 & 3 & 7 \\ 5 & 3 & 7 & 2 \end{pmatrix}$だけに注目して考えることにしよう。

すると$\begin{pmatrix} 2 & 5 & 3 & 7 \\ 2 & 5 & 3 & 7 \end{pmatrix}$が何も施していないはじめの状態だ。そこで1列ずつ入れ換えていってみると……。

$$\begin{pmatrix} 2 & 5 & 3 & 7 \\ 2 & 5 & 3 & 7 \end{pmatrix} \to \begin{pmatrix} 2 & 5 & 3 & 7 \\ 5 & 2 & 3 & 7 \end{pmatrix} \to \begin{pmatrix} 2 & 5 & 3 & 7 \\ 5 & 3 & 2 & 7 \end{pmatrix} \to \begin{pmatrix} 2 & 5 & 3 & 7 \\ 5 & 3 & 7 & 2 \end{pmatrix} = \phi$$

あーら不思議，ϕができてしまったではないか！　これを互換の積で表そう。

$(2 \quad 5)$を施し，$(2 \quad 3)$を施し，$(2 \quad 7)$を施すのだから，

$$(2 \quad 7)(2 \quad 3)(2 \quad 5)$$

この順に施す

と表せるのだ。計算して確かめてみよう。

$\sigma_1 = (2\ \ 5)$, $\sigma_2 = (2\ \ 3)$, $\sigma_3 = (2\ \ 7)$ とすれば，

$$\sigma_1(2, 5, 3, 7) = (5, 2, 3, 7)$$
$$\sigma_2(5, 2, 3, 7) = (5, 3, 2, 7)$$
$$\sigma_3(5, 3, 2, 7) = (5, 3, 7, 2)$$

である。次に $\overrightarrow{\sigma_1, \sigma_2, \sigma_3}$ の順に作用する合成写像を新たに ϕ とすると，

$$\phi = \underleftarrow{\sigma_3 \sigma_2 \sigma_1} = \begin{pmatrix} 2 & 5 & 3 & 7 \\ 5 & 3 & 7 & 2 \end{pmatrix} = (2\ \ 5\ \ 3\ \ 7)$$

となって，確かにもとの巡回置換と同じ ϕ を作ることができる。

言い換えると，

$$\phi = (2\ \ 5\ \ 3\ \ 7) = \sigma_3 \sigma_2 \sigma_1 = (2\ \ 7)(2\ \ 3)(2\ \ 5)$$

である。

以上のことから次の定理が成り立つことがわかるだろう。

すべての置換は巡回置換の積に分解され，それらはさらに互換の積に分解できる。よって，

すべての置換は互換の積で表せる。

演習問題 6-2　演習問題 6-1 で巡回置換の積として表した次の置換を，互換の積で表し直せ。

$$\sigma = \begin{pmatrix} 1 & 2 & 3 & 4 & 5 & 6 & 7 \\ 6 & 7 & 3 & 5 & 2 & 1 & 4 \end{pmatrix}$$

【解答＆解説】　演習問題 6-1 から

$$\sigma = (2\ \ 7\ \ 4\ \ 5)(1\ \ 6)$$

ここで $(2\ \ 7\ \ 4\ \ 5) = \begin{pmatrix} 2 & 7 & 4 & 5 \\ 7 & 4 & 5 & 2 \end{pmatrix}$ について

$$\begin{pmatrix} 2 & 7 & 4 & 5 \\ 2 & 7 & 4 & 5 \end{pmatrix} \xrightarrow{(2\ 7)} \begin{pmatrix} 2 & 7 & 4 & 5 \\ 7 & 2 & 4 & 5 \end{pmatrix} \xrightarrow{(2\ 4)} \begin{pmatrix} 2 & 7 & 4 & 5 \\ 7 & 4 & 2 & 5 \end{pmatrix} \xrightarrow{(2\ 5)}$$

$\begin{pmatrix} 2 & 7 & 4 & 5 \\ 7 & 4 & 5 & 2 \end{pmatrix}$ により

$$(2\ \ 7\ \ 4\ \ 5) = (2\ \ 5)(2\ \ 4)(2\ \ 7)$$

と表せる。よって，

$$\sigma = (2\ \ 5)(2\ \ 4)(2\ \ 7)(1\ \ 6) \quad \cdots\cdots(\text{答})$$

注 置換のときと同様，実は互換の表し方も 1 通りではない。たとえば，$\sigma = (1\ \ 4)(3\ \ 4)(2\ \ 6)(3\ \ 5)(1\ \ 2)$ で考えてみよう。

$$
\begin{array}{cccccc}
1 & 2 & 3 & 4 & 5 & 6 \\
& & \downarrow & (1\ \ 2) & & \\
2 & 1 & 3 & 4 & 5 & 6 \\
& & \downarrow & (3\ \ 5) & & \\
2 & 1 & 5 & 4 & 3 & 6 \\
& & \downarrow & (2\ \ 6) & & \\
6 & 1 & 5 & 4 & 3 & 2 \\
& & \downarrow & (3\ \ 4) & & \\
6 & 1 & 5 & 3 & 4 & 2 \\
& & \downarrow & (1\ \ 4) & & \\
6 & 4 & 5 & 3 & 1 & 2
\end{array}
\qquad
\begin{array}{cccccc}
1 & 6 & 2 & 4 & 3 & 5 \\
& & \downarrow & (1\ \ 6) & & \\
6 & 1 & 2 & 4 & 3 & 5 \\
& & \downarrow & (1\ \ 2) & & \\
6 & 2 & 1 & 4 & 3 & 5 \\
& & \downarrow & (1\ \ 4) & & \\
6 & 2 & 4 & 1 & 3 & 5 \\
& & \downarrow & (1\ \ 3) & & \\
6 & 2 & 4 & 3 & 1 & 5 \\
& & \downarrow & (1\ \ 5) & & \\
6 & 2 & 4 & 3 & 5 & 1
\end{array}
$$

左図のように 1 2 3 4 5 6 を推移させると，結果として 6 4 5 3 1 2 へ到るのだから，

$$
\sigma = \begin{pmatrix} 1 & 2 & 3 & 4 & 5 & 6 \\ 6 & 4 & 5 & 3 & 1 & 2 \end{pmatrix} = \begin{pmatrix} 1 & 6 & 2 & 4 & 3 & 5 \\ 6 & 2 & 4 & 3 & 5 & 1 \end{pmatrix}
$$

だが，よく見るとこの σ 自体巡回置換で，

$$\sigma = (1\ \ 6\ \ 2\ \ 4\ \ 3\ \ 5)$$

と表せる。これを互換の積で表すには，先ほどのように 1 つずつ入れ換える方法（右図参照）で，

$$\sigma = (1\ \ 5)\,(1\ \ 3)\,(1\ \ 4)\,(1\ \ 2)\,(1\ \ 6)$$

とすることができる。結果，表し方はハジメの形と全然違っているが，それでも同じ σ であることは確かである。

ところで，表し方はいろいろあるかもしれないが，お互いに書き換え可能な互換の積を構成している互換の数の偶奇は変わらない という性質がある。このことは特に証明はしないが覚えておこう。

また，巡回置換は次の公式で互換の積にすることができる。

> 巡回置換 $(a_1 \quad a_2 \quad \cdots \quad a_n)$ を互換の積に直す公式
> $$(a_1 \; a_2 \; a_3 \cdots a_k \cdots a_n)=(a_1 \; a_n)(a_1 \; a_{n-1})\cdots(a_1 \; a_k)\cdots(a_1 \; a_3)(a_1 \; a_2)$$

偶置換と奇置換・符号

　**任意の置換は互換の積で表せ，その互換の数の偶奇は各置換に固有だっ
た**。そこで，次のように名づける。

> ・偶数個の互換の積で表せる置換を**偶置換**
> ・奇数個の互換の積で表せる置換を**奇置換**　と呼ぶ。

　さらに，**置換の符号**というものを次で定める。

$$\mathrm{sgn}(\sigma)=\begin{cases} 1 & (\sigma\text{ が偶置換}) \\ -1 & (\sigma\text{ が奇置換}) \end{cases}$$

　なぜこんな記号が必要なのかというと，実は行列式の作り方に関わってく
るからなのだ。それはこのあと述べるとして，まずは問題を解くことで置換
の符号に慣れてもらおう。

演習問題 6-3

次の置換の符号を求めよ。

$$\sigma=\begin{pmatrix} 1 & 2 & 3 & 4 & 5 & 6 & 7 & 8 \\ 3 & 7 & 8 & 1 & 2 & 4 & 5 & 6 \end{pmatrix}$$

【解答＆解説】

$$\sigma=\begin{pmatrix} 1 & 3 & 8 & 6 & 4 & 2 & 7 & 5 \\ 3 & 8 & 6 & 4 & 1 & 7 & 5 & 2 \end{pmatrix}=(2 \quad 7 \quad 5)(1 \quad 3 \quad 8 \quad 6 \quad 4)$$

$$=(2 \; 5)(2 \; 7)(1 \; 4)(1 \; 6)(1 \; 8)(1 \; 3) \quad \cdots\cdots 6\text{個}(\text{偶数だ！})$$

$$\mathrm{sgn}(\sigma)=1 \quad \cdots\cdots(\text{答})$$

行列式の作り方・作られ方

　では，いよいよ**行列式そのものを作る**ことを考えていこう。

　ここでは 3×3 の行列式をもとに，一般の $n\times n$ へ拡張していく。

$$A = \begin{pmatrix} a_{11} & a_{12} & a_{13} \\ a_{21} & a_{22} & a_{23} \\ a_{31} & a_{32} & a_{33} \end{pmatrix}$$ について，サラスの規則から次がいえた。

$$|A| = a_{11}a_{22}a_{33} + a_{12}a_{23}a_{31} + a_{13}a_{21}a_{32}$$
$$- a_{11}a_{23}a_{32} - a_{12}a_{21}a_{33} - a_{13}a_{22}a_{31}$$

このように，$|A|$ は 3 つの成分をかけた 6 つの項の和として表されるが，その成分の組み合わせ方には特徴がある。

まず，$a_{11}a_{22}a_{33}$ を基準として，　足す 3 つ　と　引く 3 つ　とを意識しつつ並べてみよう。

足す 3 つ

$a_{11}a_{22}a_{33}$

$a_{12}a_{23}a_{31}$

$a_{13}a_{21}a_{32}$

引く 3 つ

$a_{11}a_{23}a_{32}$

$a_{12}a_{21}a_{33}$

$a_{13}a_{22}a_{31}$

特に色をつけた数字に注目すれば，すべて

$(1, 2, 3)$ の並べ換え

でできている。

ところで，異なる 3 つの数の並べ方は $3! = 3 \times 2 \times 1 = 6$ 通りだから，

ここにはすべての並べ換え＝順列が現れている。前に述べたように，この各項は置換 $\sigma = \begin{pmatrix} 1 & 2 & 3 \\ i & j & k \end{pmatrix}$ を用いて $a_{1i}a_{2j}a_{3k} = a_{1\sigma(1)}a_{2\sigma(2)}a_{3\sigma(3)}$ の形になっているので，行列式ではすべての置換の分が足したり引かれたりしていることになる。

さらに，　足す 3 つ　と　引く 3 つ　の違いを 1 つ 1 つ調べる。　引く 3 つ　の 3 つの数は $(1, 2, 3)$ と比べて，

$a_{11}a_{22}a_{33} \longrightarrow a_{11}a_{23}a_{32}$：3 と 2 が入れ換わっている。

$a_{11}a_{22}a_{33} \longrightarrow a_{12}a_{21}a_{33}$：2 と 1 が入れ換わっている。

$a_{11}a_{22}a_{33} \longrightarrow a_{13}a_{22}a_{23}$：3 と 1 が入れ換わっている。

と，2 つの数を入れ換えて作られている。

だが，　足す 3 つ　の作られ方は，

$a_{11}a_{22}a_{33} \longrightarrow a_{11}a_{22}a_{33}$：何も変わらない。

$a_{11}a_{22}a_{33} \longrightarrow a_{12}a_{23}a_{31}$：$(1, 2, 3) \rightarrow (2, 3, 1)$ となる。

$a_{11}a_{22}a_{33} \longrightarrow a_{13}a_{21}a_{32}$：$(1, 2, 3) \rightarrow (3, 1, 2)$ となる。

と，引く3つ に比べてより複雑だ。これらは次のように説明できる。

・$(2, 3, 1)$: $(1, 2, 3) \longrightarrow (2, 1, 3) \longrightarrow (2, 3, 1)$

（1 2）で入れ換える　（1 3）で入れ換える

・$(3, 1, 2)$: $(1, 2, 3) \longrightarrow (1, 3, 2) \longrightarrow (3, 1, 2)$

（2 3）で入れ換える　（1 3）で入れ換える

　結果，この2つは**2数の入れ換えを2回**行って作られている。ということは，2数の入れ換えが**0**回と**2**回……つまり，**偶数回**行われるタイプが 足す3つ となるわけだ。

　これで**置換の符号**を考える意味がわかったね！

> $|A|$ というのは，任意の置換 $\sigma = \begin{pmatrix} 1 & 2 & 3 \\ i & j & k \end{pmatrix}$ について
>
> $$a_{1i} a_{2j} a_{3k} = a_{1\sigma(1)} a_{2\sigma(2)} a_{3\sigma(3)}$$
>
> を考えて，
>
> **σ が偶置換のとき $\longrightarrow$ そのまま加える。**
> **σ が奇置換のとき $\longrightarrow -1$ 倍して加える。**
>
> という場合分けをして，すべての置換の和を取ったものである。

これを次のようにも表す（ちょっと難しいが意味をよく考えよう）。

3 × 3 の 行 列 式 の 定 義

$$|A| = \sum_{\text{すべての}\sigma} \mathrm{sgn}(\sigma) \, a_{1\sigma(1)} a_{2\sigma(2)} a_{3\sigma(3)}$$

このことを $n \times n$ の行列に拡張すれば，行列式の本来の定義となる。

n × n の 行 列 式 の 定 義

　$n \times n$ 行列 $A = (a_{ij})$ に対して，σ を $(1, 2, \cdots, n)$ に対する置換とするとき，

$$|A| = \sum_{\text{すべての}\sigma} \mathrm{sgn}(\sigma) \, a_{1\sigma(1)} a_{2\sigma(2)} \cdots a_{n\sigma(n)}$$

行列式の定め方の意味

　行列式の定義をイキナリ見せられたら，なんだってこんな複雑な定め方を
するんだろうと，誰しもウンザリするだろう。しかし，このような流れで見
てくれば，この定義にもちゃんとした理由があることがわかってくるのでは
ないだろうか（まあ，意味もなく難しくするわけはないが）。

　ところで，ここまで行列式の話をしてきて少しずつわかってきたことは，
要するに $n \times n$ の行列式というものが，

　❶次数下げの法則
　❷１行（列）定数くくりだしの法則
　❸１行（列）２分割の法則
　❹行（列）入れ換え－１倍の法則
　❺転置はオッケーの法則
　❻積の行列式は行列式の積の法則

の６つの性質をもつことでその値が算出され，連立方程式がただ１通りに
解けるかどうかも判定できるということである。そして応用として小行列式
や余因子展開といった手法から逆行列が作れたり，クラーメルの公式が作れ
たりしたのだったのだ。

　だから，上の６つの基本性質が本当に成り立つかどうかは大変重要な問
題である。

　本来ならここで１つ１つ証明すべきところなのだが，それらは諸君が普
段使う教科書に載っているので省略する。ただ，いちばんわけのわからない
ところ

　　　　　置換と置換の符号の利用

について簡単に触れることにしよう。

　思い出してほしいのは，行列式の基本性質の中にあった

　　　　　❹行（列）入れ換え－１倍の法則

である。これを繰り返し用いることが余因子展開に効いてきたのだった。

$$\curvearrowright \begin{vmatrix} a_{11} & \cdots & \cdots & \cdots & a_{1n} \\ \vdots & & & & \vdots \\ a_{j-1\,1} & \cdots & \cdots & \cdots & a_{j-1\,n} \\ a_{j1} & \cdots & \cdots & \cdots & a_{jn} \\ \vdots & & & & \vdots \\ a_{n1} & \cdots & \cdots & \cdots & a_{nn} \end{vmatrix} = (-1) \times \begin{vmatrix} a_{11} & \cdots & \cdots & \cdots & a_{1n} \\ \vdots & & & & \vdots \\ a_{j1} & \cdots & \cdots & \cdots & a_{jn} \\ a_{j-1\,1} & \cdots & \cdots & \cdots & a_{j-1\,n} \\ \vdots & & & & \vdots \\ a_{n1} & \cdots & \cdots & \cdots & a_{nn} \end{vmatrix}$$

この式は $(a_{j1},\ a_{j2},\ \cdots,\ a_{jn})$ と $(a_{j-1\,1},\ a_{j-1\,2},\ \cdots,\ a_{j-1\,n})$ とを入れ換えることを示すのだが，それはまさしく

$$互換\ (j \quad j-1)$$

を 1 回施すことにあたるのだ。互換を 1 回施すごとに行列式を -1 倍していくのだから， 偶数回で $+1$ 倍，奇数回で -1 倍 となるのは当然だろう。だから，

$$\mathrm{sgn}(\sigma) = \begin{cases} 1 & (\sigma：偶置換) \\ -1 & (\sigma：奇置換) \end{cases}$$

がでてきたのだ。これをヒントにして教科書の証明を読んでみるとよいだろう。

　また，次の復習問題 6-1 と 6-2 もぜひ解いてみてもらいたい。少しでも行列式の定め方の意味がわかればよいのだが……

$\{1, 2, 3\}$ におけるすべての置換について，奇置換と偶置換に分類してすべて列挙せよ。

復習問題
6-1

【解答＆解説】

置換は $\{1, 2, 3\}$ を並べ替えてできる $3! = 6$ 通りあり，次の通り（129 ページ参照）。

① $\begin{pmatrix} 1 & 2 & 3 \\ 1 & 2 & 3 \end{pmatrix} = 1$ は**恒等置換**であり，互換「**0 個**」の積とみて**偶置換**。

② $\begin{pmatrix} 1 & 2 & 3 \\ 2 & 3 & 1 \end{pmatrix}$ は $\begin{pmatrix} 1 & 2 & 3 \\ 1 & 2 & 3 \end{pmatrix} \to \begin{pmatrix} 1 & 2 & 3 \\ 2 & 1 & 3 \end{pmatrix} \to \begin{pmatrix} 1 & 2 & 3 \\ 2 & 3 & 1 \end{pmatrix}$ と，

$(1 \ 2) \to (1 \ 3)$ と施し，$\begin{pmatrix} 1 & 2 & 3 \\ 2 & 3 & 1 \end{pmatrix} = (1 \ 3)(1 \ 2)$ ゆえ**偶置換**。

③ $\begin{pmatrix} 1 & 2 & 3 \\ 3 & 1 & 2 \end{pmatrix}$ は $\begin{pmatrix} 1 & 2 & 3 \\ 1 & 2 & 3 \end{pmatrix} \to \begin{pmatrix} 1 & 2 & 3 \\ 1 & 3 & 2 \end{pmatrix} \to \begin{pmatrix} 1 & 2 & 3 \\ 3 & 1 & 2 \end{pmatrix}$ と，

$(2 \ 3) \to (1 \ 3)$ と施し，$\begin{pmatrix} 1 & 2 & 3 \\ 3 & 2 & 1 \end{pmatrix} = (1 \ 3)(1 \ 2)$ ゆえ**偶置換**。

④ $\begin{pmatrix} 1 & 2 & 3 \\ 1 & 3 & 2 \end{pmatrix}$ は $\begin{pmatrix} 1 & 2 & 3 \\ 1 & 2 & 3 \end{pmatrix} \to \begin{pmatrix} 1 & 2 & 3 \\ 1 & 3 & 2 \end{pmatrix}$ と，

$(2 \ 3)$ を施すので，$\begin{pmatrix} 1 & 2 & 3 \\ 1 & 3 & 2 \end{pmatrix} = (2 \ 3)$ ゆえ**奇置換**。

⑤ $\begin{pmatrix} 1 & 2 & 3 \\ 2 & 1 & 3 \end{pmatrix}$ は $\begin{pmatrix} 1 & 2 & 3 \\ 1 & 2 & 3 \end{pmatrix} \to \begin{pmatrix} 1 & 2 & 3 \\ 2 & 1 & 3 \end{pmatrix}$ と，

$(1 \ 2)$ を施すので，$\begin{pmatrix} 1 & 2 & 3 \\ 2 & 1 & 3 \end{pmatrix} = (1 \ 2)$ ゆえ**奇置換**。

⑥ $\begin{pmatrix} 1 & 2 & 3 \\ 3 & 2 & 1 \end{pmatrix}$ は $\begin{pmatrix} 1 & 2 & 3 \\ 1 & 2 & 3 \end{pmatrix} \to \begin{pmatrix} 1 & 2 & 3 \\ 3 & 2 & 1 \end{pmatrix}$ と，

$(1 \ 3)$ を施すので，$\begin{pmatrix} 1 & 2 & 3 \\ 3 & 2 & 1 \end{pmatrix} = (1 \ 3)$ ゆえ**奇置換**。……（答）

復習問題
6-2

「$n \times n$ の行列式の定義」（131 ページ）を用いて，3×3 の行列式について，

$$\begin{vmatrix} a_{11} & a_{12} & a_{13} \\ a_{21} & a_{22} & a_{23} \\ a_{31} & a_{32} & a_{33} \end{vmatrix} = a_{11}a_{22}a_{33} + a_{12}a_{23}a_{31} + a_{13}a_{21}a_{32}$$
$$- a_{11}a_{23}a_{32} - a_{12}a_{21}a_{33} - a_{13}a_{22}a_{31}$$

（「サラスの規則」（70 ページ））

が成り立つことを示せ。

【解答 & 解説】

行列式の定義

$$\begin{vmatrix} a_{11} & a_{12} & a_{13} \\ a_{21} & a_{22} & a_{23} \\ a_{31} & a_{32} & a_{33} \end{vmatrix} = \sum \mathrm{sgn}(\sigma) a_{1\sigma(1)} a_{2\sigma(2)} a_{3\sigma(3)} \quad \cdots\cdots (*)$$

において任意の置換 $\sigma = \begin{pmatrix} 1 & 2 & 3 \\ i & j & k \end{pmatrix}$ に対し，（$\{i, j, k\} = \{1, 2, 3\}$）

（復習問題 6-1）により $\sigma = \begin{pmatrix} 1 & 2 & 3 \\ 1 & 2 & 3 \end{pmatrix}, \begin{pmatrix} 1 & 2 & 3 \\ 2 & 3 & 1 \end{pmatrix}, \begin{pmatrix} 1 & 2 & 3 \\ 3 & 1 & 2 \end{pmatrix}$ が偶置換

で，それらの符号は $\mathrm{sgn}(\sigma) = 1$。

よって（$*$）で，$a_{11}a_{22}a_{33}$，$a_{12}a_{23}a_{31}$，$a_{13}a_{21}a_{32}$ には $+1$ がかかる。

同様に $\sigma = \begin{pmatrix} 1 & 2 & 3 \\ 1 & 3 & 2 \end{pmatrix}, \begin{pmatrix} 1 & 2 & 3 \\ 2 & 1 & 3 \end{pmatrix}, \begin{pmatrix} 1 & 2 & 3 \\ 3 & 2 & 1 \end{pmatrix}$ は奇置換で，それらの符号は $\mathrm{sgn}(\sigma) = -1$。

よって（$*$）で $a_{11}a_{23}a_{32}$，$a_{12}a_{21}a_{33}$，$a_{13}a_{22}a_{31}$ には -1 がかかる。

結果，

$$\begin{vmatrix} a_{11} & a_{12} & a_{13} \\ a_{21} & a_{22} & a_{23} \\ a_{31} & a_{32} & a_{33} \end{vmatrix}$$
$$= a_{11}a_{22}a_{33} + a_{12}a_{23}a_{31} + a_{13}a_{21}a_{32}$$
$$- a_{11}a_{23}a_{32} - a_{12}a_{21}a_{33} - a_{13}a_{22}a_{31}$$

が成り立つ。 $\cdots\cdots$（証明終わり）

講義 7 数ベクトル空間と 1次独立

これまではなんとなく平面のことを 2 次元，空間のことを 3 次元と呼んできた。その次元とは果たしてなんなのだろうか。それを考えるには 1 次独立（線形独立）という言葉が重要な意味をもってくる。受験生の頃に聞いたことがあるかもしれないこの 1 次独立について，本講で考えてみよう。

記号の見直し

高校の数学 B で学んできたベクトルといえば，$\overrightarrow{AB}$，$\overrightarrow{PQ}$ や $\vec{x}, \vec{y}$ などといった矢印ベクトルであり，講義 0 で触れたようにこれは多分に図形を意識したものであった。ここでは図形をもとにさらなる抽象化を行い，一般のベクトル空間というものへと話を拡げることが目的である。よって，この矢印ベクトルを用いず，a, b, x, y などといった太字による表記でベクトルを表すことにする。

平面内の位置を把握するために

何もないのっぺりした，無限に拡がるまっさらな平面を考えよう。このままではこのツルッとした平面を把握することは難しい。この平面の中に 1 つの秩序を導入しよう。まず原点 O を決める。ここをすべての出発点とするのだ。そしてどこでもよいのであと 2 点を取って，三角形を作ろう。

そうすると，この 3 点から平面上のすべての点の位置を規定できてしまうのだ。

すなわち，

OA 方向，OB 方向

による座標としての位置づけだ。

右図を見ればすぐわかるだろう。平面上にどんな点 P を取っても，点 O

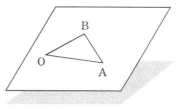

から点 P への行程として，

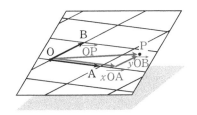

　OA 方向へ OA の x 倍進み

　OB 方向へ $\overrightarrow{\text{OB}}$ の y 倍進む

ことで点 P へ到ることができるよう
な定数 x, y を「モノサシの目盛り」
のように定めることができるのだ。

　これが，

$$\overrightarrow{\text{OP}}=x\overrightarrow{\text{OA}}+y\overrightarrow{\text{OB}}$$

であり，新しいベクトルの記号を用いるなら，

$$\boldsymbol{p}=x\boldsymbol{a}+y\boldsymbol{b} \quad （ただし，\boldsymbol{p}, \boldsymbol{a}, \boldsymbol{b} は各位置ベクトル）$$

ということになる。簡単な話に思えるかもしれないが，重大なことがここに
含まれている。すなわち，

　　平面内のすべてのベクトル $\boldsymbol{p}$ は，2 つの基礎となるベクトル $\boldsymbol{a}$, $\boldsymbol{b}$ に
　よって

$$\boldsymbol{p}=x\boldsymbol{a}+y\boldsymbol{b}$$
　の形に**ただ 1 通り**に表せる。

　さらに，基礎となるベクトルの取り方にも注意をしておこう。ここでは△
OAB の 2 辺から $\overrightarrow{\text{OA}}=\boldsymbol{a}$, $\overrightarrow{\text{OB}}=\boldsymbol{b}$ としたのだが，この 2 つのベクトルは
平行ではなく，$\vec{0}=\boldsymbol{0}$ でもない 2 ベクトル になっている。このような 2
ベクトルのことを 1 次独立と呼ぶのである。

　なぜ，1 次独立なのかというと，「$\boldsymbol{a} \mathbin{/\!\!/} \boldsymbol{b}$ なので $\boldsymbol{b} \neq k\boldsymbol{a}$, $\boldsymbol{a} \neq k\boldsymbol{b}$。すなわち，
$\boldsymbol{b}$ と $\boldsymbol{a}$ は互いの 1 次式で表せない」というところからきているのだ。

　また逆に

　　$\boldsymbol{p}=x\boldsymbol{a}+y\boldsymbol{b}$ とおき，(x, y) を任意に動かすと，$\boldsymbol{p}$ によって表される点 P
　は△OAB による平面上の各点を表す

ことにもなる。このことは

　　　　点 P が $\boldsymbol{a}$, $\boldsymbol{b}$ によって張られる平面上にある。
　　　　$\Longleftrightarrow \boldsymbol{p}=x\boldsymbol{a}+y\boldsymbol{b}$ とただ 1 通りに表せる。

ことにつながる。そう，この (x, y) の組みこそが p の位置を特定してくれる番地，すなわち**座標**（よく斜交座標などと呼ばれる）なのである。

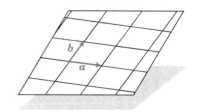

　注　ここで「張られる」というのは，図の通り，障子に紙を張るように，a, b に沿って平面が張られていくところからきている。

2次元から3次元へ

　では，$xa+yb$ と表せない点 C があったとしたらどうだろうか。それはつまり，　a, b で張られる平面に含まれない点 C　のことだ。平面よりさらに拡がる空間——3次元空間を考えてみようというわけなのだ。

　右図を見てもらえばわかると思うが，そのような3次元空間内の点 C は，a, b によって張られる平面から**浮き上がる**成分としてベクトル c を生むと考えることができる。

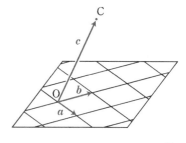

　そうすると，この c には，a, b で張られた平面における**タテ**，**ヨコ**に続いて，高さに相当する第3の指標を担わせることができるのだ。

　右図を見てもらおう。3次元空間内の任意の点 P は，タテ，ヨコ，高さに相当する a, b, c によって，

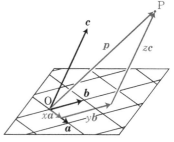

$$p = xa + yb + zc \quad \cdots\cdots ※$$

の形にかならず，しかもただ1通りに表せることは直観的に明らかだと思うが，どうだろうか。

　そして逆に　x, y, z を任意に変化　させることによって，3次元空間内のどんな点も，※の形で表した p が取りつくしていくということもわかるだろう。すなわち，※の形で表したすべての p をかき集めてできる集合こそが3次元空間そのものといえるのだ。

そして，この3次元空間の中で基礎となるベクトル a, b, c については，同一平面上にないことが条件となるが，これこそ3次元空間での1次独立なのである。そして数の組み (x, y, z) が，この a, b, c によって作られる空間の座標と呼べるシロモノなのである。

以上のような2次元平面と3次元空間の性質が，これから述べる1次独立（線形独立）や線形部分空間の考え方のもとになっている。抽象的な議論が続くので，ともすると何をいっているのかわからなくなりがちなところだが，そんなときはいつでも具体例に照らし合わせて考えるとよいだろう。

n 次元実ベクトル空間

実数全体の集合を R と表す。R から n 個の実数 a_1, a_2, $\cdots$, a_n を取り出して並べ，$(a_1, a_2, \cdots, a_n)$ という組みを作ろう。このとき，$a_1 \sim a_n$ を各々実数全体にわたって任意に変化させて作られるすべての組み全体の集合を

n 次元実ベクトル空間と呼び，R^n と表す。すなわち，

$$R^n = \{(a_1, a_2, \cdots, a_n) \mid a_k \in R, 1 \leqq k \leqq n\}$$

これまでの感覚でいうと，平面が R^2，空間が R^3 にあたる。

この n 次元実ベクトル空間では，これまでの R^2 や R^3 と同様に

和

$$a = (a_1, a_2, \cdots, a_n), \quad b = (b_1, b_2, \cdots, b_n)$$

に対して

$$c = a + b = (a_1 + b_1, a_2 + b_2, \cdots, a_n + b_n) \in R^n$$

実定数倍

$$a = (a_1, a_2, \cdots, a_n)$$

に対して，$c \in R$ として，

$$ca = (ca_1, ca_2, \cdots, ca_n) \in R^n$$

が定義でき，ゼロベクトル $\mathbf{0} = (0, 0, \cdots, 0)$ も定められる。

また都合によっては $a = (a_1, a_2, \cdots, a_n)$ をたてベクトル

$$a = \begin{pmatrix} a_1 \\ a_2 \\ \vdots \\ a_n \end{pmatrix}$$

で表すこともある。

1次独立（線形独立）

R^n からいくつかの要素を取り出し，それらを定数倍して加えたものを 1次結合（線形結合）と呼ぶ。

いま，$a_1, a_2, \cdots, a_m, b \in R^n$ のとき，$c_1, c_2, \cdots, c_m \in R$ として

$$b = c_1 a_1 + c_1 a_1 + \cdots + c_m a_m$$

ならば，b は $\{a_1, a_2, \cdots, a_m\}$ に **1次従属**であるという。

また，$a_1, a_2, \cdots, a_m \in R^n$ について，どの a_k $(k=1, 2, \cdots, m)$ もそれ以外のベクトルに1次従属でないとき，

$$\{a_1, a_2, \cdots, a_m\} \text{ は 1次独立（線形独立）である}$$

という。つまり，$\{a_1, a_2, \cdots, a_m\}$ の中のベクトルは，いずれも互いに1次式の形で従属（dependent）ではない，すなわち独立（independent）な関係にあるということなのである。このとき次の定理がいえるので，次を称して1次独立とすることが多い。

定 理

$\{a_1, a_2, \cdots, a_m\}$ が1次独立なのは，
$$c_1 a_1 + c_2 a_2 + \cdots + c_m a_m = 0$$
が成り立つのが $c_1 = c_2 = \cdots = c_m = 0$ のときに限る場合である。

$c_1 = c_2 = \cdots = c_m = 0$ なら $c_1 a_1 + c_2 a_2 + \cdots + c_m a_m = 0$ なのは明らかである。逆に $c_1, \cdots, c_m$ の中に0でないものがあるとする。たとえば $c_m \neq 0$ だったりすると，

$$c_1 a_1 + c_2 a_2 + \cdots + c_m a_m = 0$$

が成り立つとき，

$$\frac{c_1}{c_m} a_1 + \frac{c_2}{c_m} a_2 + \cdots + \frac{c_{m-1}}{c_m} a_{m-1} + a_m = 0$$

となるので，

$$a_m = -\frac{c_1}{c_m} a_1 - \frac{c_2}{c_m} a_2 - \cdots - \frac{c_{m-1}}{c_m} a_{m-1}$$

となって a_m が $\{a_1, a_2, \cdots, a_{m-1}\}$ に1次従属してしまう。これでは1次独立という仮定と矛盾するから，上の定理はほぼ明らかであろう。

空間内の位置を把握するために

　なぜこんな難しい概念—— 1 次独立——なるものを考えるのかといえば，抽象的な空間の中でしっかりとした足がかりである座標を考えるためなのだ。「2 次元平面＝$\boldsymbol{R}^2$」や「3 次元空間＝$\boldsymbol{R}^3$」でも，1 次独立なベクトルが座標を構成してくれたのだった。

　n 次元数ベクトル空間—— $\boldsymbol{R}^n$ ——においては，

$$\begin{pmatrix} x_1 \\ x_2 \\ \vdots \\ x_n \end{pmatrix} = x_1 \begin{pmatrix} 1 \\ 0 \\ \vdots \\ 0 \end{pmatrix} + x_2 \begin{pmatrix} 0 \\ 1 \\ \vdots \\ 0 \end{pmatrix} + \cdots + x_n \begin{pmatrix} 0 \\ 0 \\ \vdots \\ 1 \end{pmatrix}$$

のように，

$$\left\{ \begin{pmatrix} 1 \\ 0 \\ \vdots \\ 0 \end{pmatrix}, \begin{pmatrix} 0 \\ 1 \\ \vdots \\ 0 \end{pmatrix}, \cdots, \begin{pmatrix} 0 \\ 0 \\ \vdots \\ 1 \end{pmatrix} \right\}$$

という n 個のベクトルがその座標軸の役割を果たしている。もちろんこの他にも（$\boldsymbol{R}^3$ などのときと同様，斜交座標のように考えて），1 次独立な n 個のベクトル $\{\boldsymbol{a}_1, \boldsymbol{a}_2, \cdots, \boldsymbol{a}_n\}$ を適当に取ったとき，どんな $\boldsymbol{x} \in \boldsymbol{R}^n$ も

$$\boldsymbol{x} = c_1 \boldsymbol{a}_1 + c_2 \boldsymbol{a}_2 + \cdots + c_n \boldsymbol{a}_n$$

の形にただ 1 通りに表すことができるのだ。

　ベクトル空間の次元とは，その空間において取り出せる**座標軸の本数**——**1 次独立なベクトルの最大個数**を表すのである。それではこのことをもう少し詳しく調べておこう。まずはここまで何気なく用いてきた言葉，空間をきちんと定義することからはじめる。

部分空間

　たとえば，3次元空間の中における2次元平面を考えると，平面はそれ自体で完結した1つの2次元空間と見ることができる。このように，n次元空間の中の1つの部分集合でありながら閉じた1つの集合でもある空間について考えることにしよう。

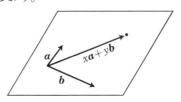

$x\boldsymbol{a}+y\boldsymbol{b}$ は，$\boldsymbol{a}$ と $\boldsymbol{b}$ で張られる
平面からとびでることはない。

　　R^n の部分集合 W について
❶ $\boldsymbol{a}, \boldsymbol{b} \in W$ ならば $\boldsymbol{a}+\boldsymbol{b} \in W$
❷ $\boldsymbol{a} \in W,\ c \in R$ ならば $c\boldsymbol{a} \in W$
のとき，W を R^n の部分空間という。

　簡潔すぎてかえってわかりにくいかもしれないが，実は　ベクトルのもつべき諸性質は，上の2つの条件が成り立てばすべて成り立つ　のである。それについてはあとで詳しく述べるとして，少なくとも❶，❷が成り立てば，　W 内のすべてのベクトルは，定数倍しようが和を取ろうが W の外にでることはない　ということがいえるのだ。このような状況を，「定数倍と和に関して閉じている」というのだが，そのように閉じている集合を部分空間と呼ぶのである。

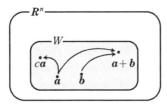

W 内の元は，和や定数倍によって
外にでることはない。

部分空間の具体例

それでは部分空間の具体例を 2 つほど取り上げよう。

①たとえば R^n の中から m 個のベクトルを $\{a_1, a_2, \cdots, a_m\}$ と取り出したとしよう。これらから作れるすべての 1 次結合を集めて 1 つの集合 L を作る。すなわち,

$$x = c_1 a_1 + c_2 a_2 + c_3 a_3 + \cdots + c_m a_m$$

の形をしたものすべてを集めた集合が L なわけだが,これが 1 つの**部分空間**となるのはすぐわかるだろう。

$$
\begin{array}{rlllll}
x= & c_1 a_1 + & c_2 a_2 + & c_3 a_3 + \cdots + & c_m a_m \\
+)\, y= & c_1' a_1 + & c_2' a_2 + & c_3' a_3 + \cdots + & c_m' a_m \\
\hline
x+y= & (c_1+c_1') a_1 + & (c_2+c_2') a_2 + & (c_3+c_3') a_3 + \cdots + & (c_m+c_m') a_m
\end{array}
$$

なので❶が成り立つし,

$$px = pc_1 a_1 + pc_2 a_2 + pc_3 a_3 + \cdots + pc_m a_m$$

から❷が成り立つからだ。

このような部分空間 L を $\{a_1, a_2, \cdots, a_m\}$ によって張られる部分空間と呼ぶ。

②次は R^n に属するベクトルに対する連立方程式を考える。つまり,$x = (x_1, x_2, x_3, \cdots, x_n)$ に対して $m \times n$ 行列 A を考えるのである。

$$
Ax = \begin{pmatrix} a_{11} & a_{12} & \cdots & a_{1n} \\ a_{21} & a_{22} & \cdots & a_{2n} \\ \vdots & \vdots & \ddots & \vdots \\ a_{m1} & a_{m2} & \cdots & a_{mn} \end{pmatrix} \begin{pmatrix} x_1 \\ x_2 \\ \vdots \\ x_n \end{pmatrix} = \begin{pmatrix} 0 \\ 0 \\ \vdots \\ 0 \end{pmatrix}
$$

ここで $Ax = 0$ となるものを考えてみるとしよう。

この連立方程式の解を$\overset{\cdot\cdot\cdot}{\text{すべて}}$集めてくると,この集合は**部分空間**になる。そのような集合を

$$W = \{x \,|\, Ax = 0\}$$

と表す。ここで $x, y \in W$ としよう。もちろん $Ax = 0$, $Ay = 0$ だ。このとき,

$$A(x+y) = Ax + Ay = 0 + 0 = 0$$

$$Acx = cAx = c \cdot 0 = 0$$

よって $x+y \in W$,$cx \in W$ なので部分空間である。

注 $m = n$ である必要は特にない。むしろ A が $n \times n$ 行列で,しかも A^{-1} が存在すれば,$A^{-1}Ax = A^{-1}0 \Longleftrightarrow x = 0$ となってしまう。これではおもしろくない。

部分空間の次元

次に部分空間の構造について考えていこう。座標軸にあたるものをきちんと定めることからはじめる。

定 理

部分空間 W のどんなベクトル x も、適当な k 個の **1次独立**なベクトル $\{a_1, a_2, \cdots, a_k\}$ によって、それぞれ

$$x = x_1 a_1 + x_2 a_2 + \cdots + x_k a_k$$

の形にただ1通りに表すことができるとき、$\{a_1, a_2, \cdots, a_k\}$ を W の**基底**と呼ぶ。

このような基底を取り出せたとき、その基底の個数を W の**次元**と呼び、$\dim(W)$ と表すのである。

1つの部分空間の中で、基底はただ1組とは限らないが、その最大個数 k は各部分空間において定まっている。

そうなってくると、与えられた部分空間において基底をうまく取り出すことが大変重要な作業となってくる。なぜなら、もし一度 W の基底が確定すれば、W のすべてのベクトルは、その基底の定数倍の和で表されてしまうからなのだ。たとえば先ほどの部分空間の例①では、R^n から適当に m 個のベクトル $\{a_1, a_2, \cdots, a_m\}$ を取り出して、その1次結合全体が作る集合による部分空間 L を考えた。

つまり、

$$L = \{x \mid x = c_1 a_1 + c_2 a_2 + \cdots + c_m a_m, \ c_i は任意\}$$

である。もし、$\{a_1, a_2, \cdots, a_k, a_{k+1}, \cdots, a_m\}$ の中のはじめの k 個だけが1次独立で、残りが1次従属だとしたら、a_{k+1} から a_m までは $a_1 \sim a_k$ の定数倍の和で表せる。つまり、

$$x = c_1 a_1 + \cdots + c_k a_k + c_{k+1} a_{k+1} + \cdots + c_m a_m$$
$$= c_1' a_1 + \cdots + c_k' a_k$$

という形に書き換えられてしまうのだ。結果、

$$L = \{x \mid x = c_1' a_1 + c_2' a_2 + \cdots + c_k' a_k, c_i'は任意\}$$

となるので、L は k 次元だといえる。

1次独立性の判別法

さて，いくつかのベクトルが与えられたとして，どのようにして1次独立か否かを見分けたらよいのだろうか。一般論は少々難しいので，具体例で考えよう。

たとえば

$$\boldsymbol{a}_1=\begin{pmatrix}3\\1\\5\\-2\end{pmatrix},\ \boldsymbol{a}_2=\begin{pmatrix}-4\\2\\1\\3\end{pmatrix},\ \boldsymbol{a}_3=\begin{pmatrix}11\\-3\\3\\-8\end{pmatrix},\ \boldsymbol{a}_4=\begin{pmatrix}-1\\3\\6\\1\end{pmatrix}$$

という4ベクトルが与えられたとする。これらが**1次独立**かどうかは，

$$x_1\boldsymbol{a}_1+x_2\boldsymbol{a}_2+x_3\boldsymbol{a}_3+x_4\boldsymbol{a}_4=\boldsymbol{0}\quad\cdots\cdots\circledast$$

という方程式を作り，$(x_1,x_2,x_3,x_4)\neq(0,0,0,0)$なる解が存在するかどうかにかかってくる。ところで $\circledast$ は次のように変形できる。

$$\circledast\Longleftrightarrow x_1\begin{pmatrix}3\\1\\5\\-2\end{pmatrix}+x_2\begin{pmatrix}-4\\2\\1\\3\end{pmatrix}+x_3\begin{pmatrix}11\\-3\\3\\-8\end{pmatrix}+x_4\begin{pmatrix}-1\\3\\6\\1\end{pmatrix}=\begin{pmatrix}0\\0\\0\\0\end{pmatrix}$$

$$\Longleftrightarrow\begin{pmatrix}3x_1-4x_2+11x_3-\ x_4\\x_1+2x_2-\ 3x_3+3x_4\\5x_1+\ x_2+\ 3x_3+6x_4\\-2x_1+3x_2-\ 8x_3+\ x_4\end{pmatrix}=\begin{pmatrix}0\\0\\0\\0\end{pmatrix}$$

$$\longleftrightarrow\begin{pmatrix}3&-4&11&-1\\1&2&-3&3\\5&1&3&6\\-2&3&-8&1\end{pmatrix}\begin{pmatrix}x_1\\x_2\\x_3\\x_4\end{pmatrix}=\begin{pmatrix}0\\0\\0\\0\end{pmatrix}\qquad\circledast'$$

$\circledast'$をよく見ると，左辺の行列が $\boldsymbol{a}_1,\ \boldsymbol{a}_2,\ \boldsymbol{a}_3,\ \boldsymbol{a}_4$ を張り合わせたものになっているから

$$(\boldsymbol{a}_1\quad\boldsymbol{a}_2\quad\boldsymbol{a}_3\quad\boldsymbol{a}_4)\begin{pmatrix}x_1\\x_2\\x_3\\x_4\end{pmatrix}=\begin{pmatrix}0\\0\\0\\0\end{pmatrix}$$

と表せる。この方程式を解いていこうというわけなのだ。そこで拡大係数行列を標準化していくとしよう。

$$(a_1 \quad a_2 \quad a_3 \quad a_4 | 0) = \left(\begin{array}{cccc|c} 3 & -4 & 11 & -1 & 0 \\ 1 & 2 & -3 & 3 & 0 \\ 5 & 1 & 3 & 6 & 0 \\ -2 & 3 & -8 & 1 & 0 \end{array}\right) \begin{array}{l} \cdots① \\ \cdots② \\ \cdots③ \\ \cdots④ \end{array}$$

$$\begin{array}{c} ①-②×3 \\ \xrightarrow{} \\ ③-②×5 \\ ④+②×2 \end{array} \left(\begin{array}{cccc|c} 0 & -10 & 20 & -10 & 0 \\ 1 & 2 & -3 & 3 & 0 \\ 0 & -9 & 18 & -9 & 0 \\ 0 & 7 & -14 & 7 & 0 \end{array}\right) \xrightarrow{\text{並べ換え}} \left(\begin{array}{cccc|c} 1 & 2 & -3 & 3 & 0 \\ 0 & 1 & -2 & 1 & 0 \\ 0 & 1 & -2 & 1 & 0 \\ 0 & 1 & -2 & 1 & 0 \end{array}\right)$$

$$\longrightarrow \left(\begin{array}{cccc|c} 1 & 0 & 1 & 1 & 0 \\ 0 & 1 & -2 & 1 & 0 \\ 0 & 0 & 0 & 0 & 0 \\ 0 & 0 & 0 & 0 & 0 \end{array}\right) \quad \text{となって、}$$

$$\text{rank}(a_1 \quad a_2 \quad a_3 \quad a_4 | 0) = \text{rank}(a_1 \quad a_2 \quad a_3 \quad a_4) = 2$$

である。

　注　いちばん右の列がすべて0だから

$$\left(\begin{array}{cccc|c} 3 & -4 & 11 & -1 & 0 \\ 1 & 2 & -3 & 3 & 0 \\ 5 & 1 & 3 & 6 & 0 \\ -2 & 3 & -8 & 1 & 0 \end{array}\right) \text{の標準化} \left(\begin{array}{cccc|c} 1 & 0 & 1 & 1 & 0 \\ 0 & 1 & -2 & 1 & 0 \\ 0 & 0 & 0 & 0 & 0 \\ 0 & 0 & 0 & 0 & 0 \end{array}\right) \text{と}$$

$$\left(\begin{array}{cccc} 3 & -4 & 11 & -1 \\ 1 & 2 & -3 & 3 \\ 5 & 1 & 3 & 6 \\ -2 & 3 & -8 & 1 \end{array}\right) \text{の標準化} \left(\begin{array}{cccc} 1 & 0 & 1 & 1 \\ 0 & 1 & -2 & 1 \\ 0 & 0 & 0 & 0 \\ 0 & 0 & 0 & 0 \end{array}\right) \text{の rank は同じだ。}$$

　このとき※は

$$\begin{cases} x_1 \quad\quad + \ x_3 + x_4 = 0 \\ \quad\quad x_2 - 2x_3 + x_4 = 0 \end{cases}$$

となるので、$x_3 = s$, $x_4 = t$ とおけば、

$$\begin{pmatrix} x_1 \\ x_2 \\ x_3 \\ x_4 \end{pmatrix} = \begin{pmatrix} -s-t \\ 2s-t \\ s \\ t \end{pmatrix}$$

という⊛の解が得られる。その結果，

$$⊛ \Longleftrightarrow (-s-t)\boldsymbol{a}_1 + (2s-t)\boldsymbol{a}_2 + s\boldsymbol{a}_3 + t\boldsymbol{a}_4 = 0$$

となる。 s, t に何を代入してもこの式が成り立つ ので，たとえば

$$\begin{cases} s=0 \\ t=1 \end{cases} \text{として} \quad \begin{aligned} -\boldsymbol{a}_1 - \boldsymbol{a}_2 + \boldsymbol{a}_4 = 0 \\ \Longleftrightarrow \boldsymbol{a}_4 = \boldsymbol{a}_1 + \boldsymbol{a}_2 \quad \cdots\cdots① \end{aligned}$$

$$\begin{cases} s=1 \\ t=0 \end{cases} \text{として} \quad \begin{aligned} -\boldsymbol{a}_1 + 2\boldsymbol{a}_2 + \boldsymbol{a}_3 = 0 \\ \Longleftrightarrow \boldsymbol{a}_3 = \boldsymbol{a}_1 - 2\boldsymbol{a}_2 \quad \cdots\cdots② \end{aligned}$$

なんてことがわかる。だから当然 $\{\boldsymbol{a}_1, \boldsymbol{a}_2, \boldsymbol{a}_3, \boldsymbol{a}_4\}$ は 1 次独立じゃない。

また，もとの⊛に①，②を代入すると，

$$x_1\boldsymbol{a}_1 + x_2\boldsymbol{a}_2 + x_3\boldsymbol{a}_3 + x_4\boldsymbol{a}_4$$
$$= x_1\boldsymbol{a}_1 + x_2\boldsymbol{a}_2 + x_3(\boldsymbol{a}_1 - 2\boldsymbol{a}_2) + x_4(\boldsymbol{a}_1 + \boldsymbol{a}_2)$$
$$= (x_1 + x_3 + x_4)\boldsymbol{a}_1 + (x_2 - 2x_3 + x_4)\boldsymbol{a}_2 = 0$$

となるから，あらためて

$$c_1 = x_1 + x_3 + x_4, \quad c_2 = x_2 - 2x_3 + x_4$$

とおくと，⊛は，

$$\underline{x_1\boldsymbol{a}_1 + x_2\boldsymbol{a}_2 + x_3\boldsymbol{a}_3 + x_4\boldsymbol{a}_4} \;=\; \underline{c_1\boldsymbol{a}_1 + c_2\boldsymbol{a}_2} \;=0 \quad \cdots\cdots ⊛''$$

と変形できる。この結果はかなり重大なことを意味している。

もちろん $\boldsymbol{a}_1$ と $\boldsymbol{a}_2$ は定数倍では表せないから， ⊛'' は $c_1 = c_2 = 0$ のときだけ成り立つ ので， $\boldsymbol{a}_1$ と $\boldsymbol{a}_2$ は 1 次独立 だということになる。

まとめよう。

> m 個のベクトル $\{\boldsymbol{a}_1, \boldsymbol{a}_2, \cdots, \boldsymbol{a}_m\}$ が与えられたとき，
> $A = (\boldsymbol{a}_1\ \boldsymbol{a}_2\ \cdots\ \boldsymbol{a}_m)$とおくと，
>
> $\quad$ rank(A)はこれらに含まれる 1 次独立なベクトルの数
>
> である。だから $\{\boldsymbol{a}_1, \boldsymbol{a}_2, \cdots, \boldsymbol{a}_m\}$ は，
>
> $\quad\quad$ rank(A)$= m$ ならば 1 次独立。
>
> $\quad\quad$ rank(A)$< m$ ならば 1 次従属。

これから同時に次のことがいえる。

> m 個の n 次元数ベクトル $\{\boldsymbol{a}_1, \boldsymbol{a}_2, \cdots, \boldsymbol{a}_m\}$ について，
> $A = (\boldsymbol{a}_1\ \boldsymbol{a}_2\ \cdots\ \boldsymbol{a}_m)$とおくと，
>
> $\quad$ $\{\boldsymbol{a}_1, \boldsymbol{a}_2, \cdots, \boldsymbol{a}_m\}$ で張られる $\boldsymbol{R}^n$ の部分空間の次元は rank(A)
>
> である。

演習問題 7-1

次のベクトルの組みは 1 次独立か否か判別せよ。

(1) $\left\{\begin{pmatrix}1\\2\\4\end{pmatrix}, \begin{pmatrix}1\\1\\3\end{pmatrix}, \begin{pmatrix}-1\\1\\-1\end{pmatrix}\right\}$ ……3 個

(2) $\left\{\begin{pmatrix}1\\0\\1\\1\end{pmatrix}, \begin{pmatrix}2\\1\\0\\0\end{pmatrix}, \begin{pmatrix}3\\0\\1\\2\end{pmatrix}\right\}$ ……3 個

要は $\{a_1, a_2, \cdots, a_m\}$ が 1 次独立 $\Longleftrightarrow \mathrm{rank}(a_1\ a_2\ \cdots\ a_m) = m$ **（＝判別するベクトルの個数）** を使う問題である。

【解答＆解説】

(1) $A = \begin{pmatrix}1 & 1 & -1\\2 & 1 & 1\\4 & 3 & -1\end{pmatrix}$ を標準化して $\mathrm{rank}(A)$ を求める。

$$\begin{pmatrix}1 & 1 & -1\\2 & 1 & 1\\4 & 3 & -1\end{pmatrix} \longrightarrow \begin{pmatrix}1 & 1 & -1\\0 & -1 & 3\\0 & -1 & 3\end{pmatrix} \longrightarrow \begin{pmatrix}1 & 1 & -1\\0 & -1 & 3\\0 & 0 & 0\end{pmatrix}$$

$$\longrightarrow \begin{pmatrix}1 & 0 & 2\\0 & 1 & -3\\0 & 0 & 0\end{pmatrix}$$

よって，$\mathrm{rank}(A) = 2 < 3$ なので，与えられた 3 ベクトルは 1 次独立ではない。　……(答)

(2) $B = \begin{pmatrix}1 & 2 & 3\\0 & 1 & 0\\1 & 0 & 1\\1 & 0 & 2\end{pmatrix}$ を標準化して $\mathrm{rank}(B)$ を求める。

$$\begin{pmatrix}1 & 2 & 3\\0 & 1 & 0\\1 & 0 & 1\\1 & 0 & 2\end{pmatrix} \longrightarrow \begin{pmatrix}1 & 2 & 3\\0 & 1 & 0\\0 & -2 & -2\\0 & -2 & -1\end{pmatrix} \longrightarrow \begin{pmatrix}1 & 0 & 3\\0 & 1 & 0\\0 & 0 & -2\\0 & 0 & -1\end{pmatrix}$$

$$\longrightarrow \begin{pmatrix} 1 & 0 & 3 \\ 0 & 1 & 0 \\ 0 & 0 & 1 \\ 0 & 0 & 0 \end{pmatrix}$$

よって，$\mathrm{rank}(B)=3$ なので，与えられた 3 ベクトルは 1 次独立である。……(答)

実習問題
7-1

$a_1 = \begin{pmatrix} 1 \\ 2 \\ 0 \\ 1 \end{pmatrix}$, $a_2 = \begin{pmatrix} 3 \\ 0 \\ 1 \\ 2 \end{pmatrix}$, $a_3 = \begin{pmatrix} 3 \\ -6 \\ 2 \\ 1 \end{pmatrix}$ によって張られる R^4 の部分空間の次元を求めよ。

【解答 & 解説】

$A = (a_1 \quad a_2 \quad a_3) = \begin{pmatrix} 1 & 3 & 3 \\ 2 & 0 & -6 \\ 0 & 1 & 2 \\ 1 & 2 & 1 \end{pmatrix}$ とおく。

A を標準化すると，

$$\begin{pmatrix} 1 & 3 & 3 \\ 2 & 0 & -6 \\ 0 & 1 & 2 \\ 1 & 2 & 1 \end{pmatrix} \longrightarrow \cdots \longrightarrow \begin{pmatrix} 1 & 0 & -3 \\ 0 & 1 & 2 \\ 0 & 0 & 0 \\ 0 & 0 & 0 \end{pmatrix}$$

よって，$\mathrm{rank}(A)=$ [(a)] なので，この部分空間は [(a)] 次元である。……(答)

(a) 2

演習問題
7-2

次の連立方程式の解全体の集合は $\boldsymbol{R}^4$ の中の部分空間となるか。もしなるならその次元を求め，1組の基底を作れ。

(1) $\begin{pmatrix} 1 & 1 & 3 & 0 \\ 2 & -2 & 0 & 4 \\ 1 & 0 & 2 & 0 \\ 0 & 1 & 1 & -1 \end{pmatrix} \begin{pmatrix} x_1 \\ x_2 \\ x_3 \\ x_4 \end{pmatrix} = \begin{pmatrix} 0 \\ 0 \\ 0 \\ 0 \end{pmatrix}$

(2) $\begin{pmatrix} 1 & 1 & 3 & -1 \\ 1 & -2 & 0 & 2 \\ 1 & 0 & 2 & 0 \\ 0 & 1 & 1 & -1 \end{pmatrix} \begin{pmatrix} x_1 \\ x_2 \\ x_3 \\ x_4 \end{pmatrix} = \begin{pmatrix} 0 \\ 0 \\ 0 \\ 0 \end{pmatrix}$

【解答＆解説】　いずれも拡大係数行列を標準化して考える。

(1) $\left(\begin{array}{cccc|c} 1 & 1 & 3 & 0 & 0 \\ 2 & -2 & 0 & 4 & 0 \\ 1 & 0 & 2 & 0 & 0 \\ 0 & 1 & 1 & -1 & 0 \end{array} \right) \longrightarrow \cdots \longrightarrow \left(\begin{array}{cccc|c} 1 & 0 & 0 & 0 & 0 \\ 0 & 1 & 0 & 0 & 0 \\ 0 & 0 & 1 & 0 & 0 \\ 0 & 0 & 0 & 1 & 0 \end{array} \right)$

よって，この方程式の解は $\boldsymbol{x} = \begin{pmatrix} x_1 \\ x_2 \\ x_3 \\ x_4 \end{pmatrix} = \begin{pmatrix} 0 \\ 0 \\ 0 \\ 0 \end{pmatrix} = \boldsymbol{0}$ のみであるが，実はこれ

もまた部分空間である（$\boldsymbol{0} + \boldsymbol{0} = \boldsymbol{0}$，$c\boldsymbol{0} = \boldsymbol{0}$）。しかし，次元は 0 で基底は存在しない。　……(答)

(2) $\left(\begin{array}{cccc|c} 1 & 1 & 3 & -1 & 0 \\ 1 & -2 & 0 & 2 & 0 \\ 1 & 0 & 2 & 0 & 0 \\ 0 & 1 & 1 & -1 & 0 \end{array} \right) \longrightarrow \cdots \longrightarrow \left(\begin{array}{cccc|c} 1 & 0 & 2 & 0 & 0 \\ 0 & 1 & 1 & -1 & 0 \\ 0 & 0 & 0 & 0 & 0 \\ 0 & 0 & 0 & 0 & 0 \end{array} \right)$

よって，

$$\begin{cases} x_1 & +2x_3 & =0 \\ & x_2 + x_3 - x_4 = 0 \end{cases}$$

なので，$x_3 = s$，$x_4 = t$ とおくと，

$$\begin{cases} x_1 = -2s \\ x_2 = -s + t \\ x_3 = s \\ x_4 = t \end{cases} \iff \begin{pmatrix} x_1 \\ x_2 \\ x_3 \\ x_4 \end{pmatrix} = s \begin{pmatrix} -2 \\ -1 \\ 1 \\ 0 \end{pmatrix} + t \begin{pmatrix} 0 \\ 1 \\ 0 \\ 1 \end{pmatrix} \quad (s,\ t\ は任意)$$

ゆえに，$\boldsymbol{x} = \begin{pmatrix} x_1 \\ x_2 \\ x_3 \\ x_4 \end{pmatrix}$ 全体の集合は，$\begin{pmatrix} -2 \\ -1 \\ 1 \\ 0 \end{pmatrix}$, $\begin{pmatrix} 0 \\ 1 \\ 0 \\ 1 \end{pmatrix}$ を基底とする 2 次元部

分空間となる。　……(答)

実習問題
7-2

次のベクトルから 1 次独立な最大個数のベクトルを選び，残
りをそれらの 1 次結合で表せ。

$$\boldsymbol{a}_1 = \begin{pmatrix} 2 \\ 1 \\ 3 \\ 3 \end{pmatrix}, \ \boldsymbol{a}_2 = \begin{pmatrix} 1 \\ 1 \\ 3 \\ 1 \end{pmatrix}, \ \boldsymbol{a}_3 = \begin{pmatrix} 1 \\ 1 \\ 1 \\ 2 \end{pmatrix}, \ \boldsymbol{a}_4 = \begin{pmatrix} 2 \\ 0 \\ 2 \\ 3 \end{pmatrix}$$

【解答 & 解説】

$A = (\boldsymbol{a}_1 \quad \boldsymbol{a}_2 \quad \boldsymbol{a}_3 \quad \boldsymbol{a}_4) = \begin{pmatrix} 2 & 1 & 1 & 2 \\ 1 & 1 & 1 & 0 \\ 3 & 3 & 1 & 2 \\ 3 & 1 & 2 & 3 \end{pmatrix}$ として，A を標準化すると，

$$\begin{pmatrix} 2 & 1 & 1 & 2 \\ 1 & 1 & 1 & 0 \\ 3 & 3 & 1 & 2 \\ 3 & 1 & 2 & 3 \end{pmatrix} \longrightarrow \cdots \longrightarrow \begin{pmatrix} 1 & 0 & 0 & 2 \\ 0 & 1 & 0 & -1 \\ 0 & 0 & 1 & -1 \\ 0 & 0 & 0 & 0 \end{pmatrix} \quad \cdots\cdots ①$$

よって，$\mathrm{rank}(A) =$ (a)　　　である。

次に

$$c_1 \boldsymbol{a}_1 + c_2 \boldsymbol{a}_2 + c_3 \boldsymbol{a}_3 + c_4 \boldsymbol{a}_4 = \begin{pmatrix} 2c_1 + c_2 + c_3 + 2c_4 \\ c_1 + c_2 + c_3 \\ 3c_1 + 3c_2 + c_3 + 2c_4 \\ 3c_1 + c_2 + 2c_3 + 3c_4 \end{pmatrix}$$

$$= \text{(b)} \boxed{} \begin{pmatrix} c_1 \\ c_2 \\ c_3 \\ c_4 \end{pmatrix} = \begin{pmatrix} 0 \\ 0 \\ 0 \\ 0 \end{pmatrix} \quad \cdots\cdots ②$$

とおき，①よりこれを解けば

$$\begin{pmatrix} 1 & 0 & 0 & 2 \\ 0 & 1 & 0 & -1 \\ 0 & 0 & 1 & -1 \\ 0 & 0 & 0 & 0 \end{pmatrix} \begin{pmatrix} c_1 \\ c_2 \\ c_3 \\ c_4 \end{pmatrix} = \begin{pmatrix} c_1 & & & +2c_4 \\ & c_2 & & -c_4 \\ & & c_3 - & c_4 \\ & & & 0 \end{pmatrix} = \begin{pmatrix} 0 \\ 0 \\ 0 \\ 0 \end{pmatrix}$$

$$\therefore \quad c_1 = -2c_4, \ c_2 = c_4, \ c_3 = c_4$$

である。

$c_4 = 1$ とすれば，$c_1 = -2$，$c_2 = c_3 = 1$ なので，これを②へ戻せば，

$$-2a_1 + a_2 + a_3 + a_4 = 0$$

$$\iff \quad a_4 = \text{(c)} \boxed{} \quad \cdots\cdots(答)$$

....

(a) 3　　(b) $\begin{pmatrix} 2 & 1 & 1 & 2 \\ 1 & 1 & 1 & 0 \\ 3 & 3 & 1 & 2 \\ 3 & 1 & 2 & 3 \end{pmatrix}$　　(c) $2a_1 - a_2 - a_3$

次の各ベクトルで張られる部分空間の次元を求めよ。

(1) $\left\{ \begin{pmatrix} 2 \\ -1 \\ 1 \\ 2 \end{pmatrix}, \begin{pmatrix} 3 \\ -2 \\ 3 \\ 1 \end{pmatrix}, \begin{pmatrix} -2 \\ 1 \\ -2 \\ 0 \end{pmatrix}, \begin{pmatrix} -3 \\ 2 \\ -2 \\ -3 \end{pmatrix} \right\}$

(2) $\left\{ \begin{pmatrix} 1 \\ -1 \\ 1 \\ 2 \end{pmatrix}, \begin{pmatrix} 3 \\ -2 \\ 1 \\ 1 \end{pmatrix}, \begin{pmatrix} -1 \\ 1 \\ -1 \\ -2 \end{pmatrix}, \begin{pmatrix} -2 \\ 1 \\ 0 \\ 1 \end{pmatrix} \right\}$

【解答 & 解説】

(1)これら 4 ベクトルを貼り合わせた行列を標準化して,

$$\begin{pmatrix} 2 & 3 & -2 & -3 \\ -1 & -2 & 1 & 2 \\ 1 & 3 & -2 & -2 \\ 2 & 1 & 0 & -3 \end{pmatrix} \xrightarrow{\text{(注)}} \cdots \longrightarrow \begin{pmatrix} 1 & 0 & 1 & -1 \\ 0 & 1 & 0 & -1 \\ 0 & 0 & 1 & -1 \\ 0 & 0 & 0 & 0 \end{pmatrix}$$

よって,この行列の rank は 3 で,3 次元空間が張れる。　……(答)

(注)　03 講　復習問題 3-1(2)の係数行列に同じ。

(2)(1)と同様にして,

$$\begin{pmatrix} 1 & 3 & -1 & -2 \\ -1 & -2 & 1 & 1 \\ 1 & 1 & -1 & 0 \\ 2 & 1 & -2 & 1 \end{pmatrix} \xrightarrow{\text{(注)}} \cdots \longrightarrow \begin{pmatrix} 1 & 0 & -1 & 1 \\ 0 & 1 & 0 & -1 \\ 0 & 0 & 0 & 0 \\ 0 & 0 & 0 & 0 \end{pmatrix}$$

よって,この行列の rank は 2 で,2 次元空間が張れる。　……(答)

(注) 03 講　復習問題 3-1(3)の係数行列に同じ。

復習問題
7-2

n 個のベクトル $\{a_1,\ a_2,\ \cdots,\ a_n\}$ が 1 次独立で，$n+1$ 個のベクトル $\{a_1,\ a_2,\ \cdots,\ a_n,\ a_{n+1}\}$ が 1 次従属であるとき，a_{n+1} は，n 個の $\{a_1,\ a_2,\ \cdots,\ a_n\}$ の 1 次結合で表され，かつその表現はただ一通りであることを示せ。

【解答＆解説】

$\{a_1,\ a_2,\ \cdots,\ a_n,\ a_{n+1}\}$ が 1 次従属であることから，

すべては 0 でない $n+1$ 個の定数 $c_1,\ c_2,\ \cdots,\ c_{n+1}$, が存在して，

$$c_1 a_1 + c_2 a_2 + \cdots + c_n a_n + c_{n+1} a_{n+1} = 0 \qquad \cdots\cdots \text{①}$$

とかけるが，ここでもし，$c_{n+1}=0$ であったとすると，①より

$$c_1 a_1 + c_2 a_2 + \cdots + c_n a_n = 0$$

とかけるので $\{a_1,\ a_2,\ \cdots,\ a_n\}$ の 1 次独立性から，

$$c_1 = c_2 = \cdots = c_n = 0$$

となって $c_1,\ c_2,\ \cdots,\ c_{n+1}$ のすべては 0 でないという仮定に反する。

$$\therefore \quad c_{n+1} \neq 0 \qquad \cdots\cdots \text{②}$$

①，②により，確かに

$$a_{n+1} = -\frac{c_1}{c_{n+1}} a_1 - \frac{c_2}{c_{n+1}} a_2 - \cdots - \frac{c_n}{c_{n+1}} a_n \qquad \cdots\cdots \text{③}$$

と，a_{n+1} は $\{a_1,\ a_2,\ \cdots,\ a_n\}$ の 1 次結合で表される。

次に，③の表現については，仮に

$$a_{n+1} = \alpha_1 a_1 + \alpha_2 a_2 + \cdots + \alpha_n a_n \qquad \cdots\cdots \text{④}$$

$$a_{n+1} = \beta_1 a_1 + \beta_2 a_2 + \cdots + \beta_n a_n \qquad \cdots\cdots \text{⑤}$$

と 2 種類の表し方が取れたとするなら，④－⑤により，

$$(\alpha_1 - \beta_1) a_2 + (\alpha_2 - \beta_2) a_2 + \cdots + (\alpha_n - \beta_n) a_n = 0 \qquad \cdots\cdots \text{⑥}$$

と書けて $\{a_1,\ a_2,\ \cdots,\ a_n\}$ の 1 次独立性から，

$$\alpha_1 - \beta_1 = \alpha_2 - \beta_2 = \cdots = \alpha_n - \beta_n = 0 \qquad \cdots\cdots \text{⑥}$$

となって，④⑤は同一の表現となってしまう。　……（証明終わり）

復習問題
7-3

空間の1点 O を通る4直線で，どの3直線も同一平面上に無いようなものを考える。このとき，4直線のいずれとも O 以外の点で交わる平面で，4つの交点が平行四辺形の頂点になるようなものが存在することを示せ。

（京都大学 2008 年度入試問題）

【解答＆解説】

　これら4直線の方向ベクトルを a, b, c, d とおくと，a, b, c は一次独立だから，

$$d = xa + yb + zc \qquad \cdots\cdots①$$

を満たす定数 x, y, z がとれる。

　このとき，例えば $z=0$ であるとすると，$d = xa + yb$ と書け，d による直線が a, b による平面に乗ってしまい，条件に反する。よって $z \neq 0$。同様に $x \neq 0$, $y \neq 0$。

　ここで改めて各直線上に

$$\overrightarrow{OA} = -xa, \quad \overrightarrow{OB} = yb, \quad \overrightarrow{OC} = -zc, \quad \overrightarrow{OD} = -d$$

となるような点 A, B, C, D をとれば，

$$\overrightarrow{AB} = \overrightarrow{OB} - \overrightarrow{OA} = xa + yb, \quad \overrightarrow{DC} = \overrightarrow{OC} - \overrightarrow{OD} = xa + yb$$

となって，

$$\overrightarrow{AB} = \overrightarrow{DC}$$

このことから，四辺形 ABCD は平行四辺形をなし，この平行四辺形を乗せる平面こそが，題意の平面であるとわかる。　……（証明終わり）

講義 8 | 行列と線形変換

線形代数学というと，どうしても行列や行列式の細かな計算ばかりをイメージしてしまうかもしれないが，実は線形写像を考えることこそがいちばん重要なことなのだ。ここまで連立方程式を解いたりしてきたのは，すべてこの講義の準備だったといっても過言ではないだろう。

行列による写像

まず写像の例として次のような連立方程式を取り上げよう。

$$\begin{cases} x+2y+3z=X \\ -x-y+2z=Y \end{cases} \iff \begin{pmatrix} 1 & 2 & 3 \\ -1 & -1 & 2 \end{pmatrix}\begin{pmatrix} x \\ y \\ z \end{pmatrix}=\begin{pmatrix} X \\ Y \end{pmatrix} \quad \cdots\cdots ※$$

いままではこの方程式を解くことばかり考えてきた。こんどはそこでの主役を果たしていた行列 $\begin{pmatrix} 1 & 2 & 3 \\ -1 & -1 & 2 \end{pmatrix}$ の役割について，もっと深くほり下げる。

※を解くということは，行列 $\begin{pmatrix} 1 & 2 & 3 \\ -1 & -1 & 2 \end{pmatrix}$ をかけたら $\begin{pmatrix} X \\ Y \end{pmatrix}$ になってしまうような，もとの $\begin{pmatrix} x \\ y \\ z \end{pmatrix}$ をたどっていく作業だといえる。そしてそこには

$$\begin{pmatrix} 1 & 2 & 3 \\ -1 & -1 & 2 \end{pmatrix} \text{によって定まる} \begin{pmatrix} x \\ y \\ z \end{pmatrix} \text{と} \begin{pmatrix} X \\ Y \end{pmatrix} \text{の対応関係}$$

を見出すことができる。(x, y, z) は 3 次元空間の点であり，(X, Y) は 2 次

元平面の点だから，⊛は $f : \begin{pmatrix} X \\ Y \end{pmatrix} = \begin{pmatrix} 1 & 2 & 3 \\ -1 & -1 & 2 \end{pmatrix} \begin{pmatrix} x \\ y \\ z \end{pmatrix}$ という 3 次元空間

から 2 次元平面への 1 つの写像 を表すことにもなっているのだ。

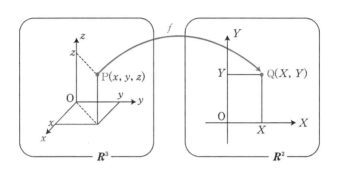

そこで $A = \begin{pmatrix} 1 & 2 & 3 \\ -1 & -1 & 2 \end{pmatrix}$, $\boldsymbol{x} = \begin{pmatrix} x \\ y \\ z \end{pmatrix}$, $\boldsymbol{y} = \begin{pmatrix} X \\ Y \end{pmatrix}$ とおくと

$$\boldsymbol{y} = f(\boldsymbol{x}) = A\boldsymbol{x}$$

という形となっている。このように表すと，もはや $\boldsymbol{x}$ と $\boldsymbol{y}$ はただのイレモノでしかないことに注意したい。主役は，

$$A \text{ を左からかける} f \text{という働き} = \text{function}$$

なのである。この対応関係において，y は x の f による像，x は y の原像（逆像ではないぞ）と呼ぶ。**1 つの x によって y は 1 つしかできないが，y を作る x まで 1 つしかないとは限らない**。これは $\boldsymbol{y} = A\boldsymbol{x}$ の形の連立方程式が，場合によっては無限個の解 $\boldsymbol{x}$ をもつことからもイメージできるだろう。

$$f: \begin{pmatrix} a_{11} & a_{12} & \cdots & a_{1n} \\ a_{21} & a_{22} & \cdots & a_{2n} \\ \vdots & \vdots & \ddots & \vdots \\ a_{m1} & a_{m2} & \cdots & a_{mn} \end{pmatrix} \begin{pmatrix} x_1 \\ x_2 \\ \vdots \\ x_n \end{pmatrix} = \begin{pmatrix} y_1 \\ y_2 \\ \vdots \\ y_m \end{pmatrix}$$

によって定まる $\boldsymbol{x} = \begin{pmatrix} x_1 \\ x_2 \\ \vdots \\ x_n \end{pmatrix}$ から $\boldsymbol{y} = \begin{pmatrix} y_1 \\ y_2 \\ \vdots \\ y_m \end{pmatrix}$ への写像 f のことを,

行列 $A = \begin{pmatrix} a_{11} & a_{12} & \cdots & a_{1n} \\ a_{21} & a_{22} & \cdots & a_{2n} \\ \vdots & \vdots & \ddots & \vdots \\ a_{m1} & a_{m2} & \cdots & a_{mn} \end{pmatrix}$ による $\boldsymbol{R}^n$ から $\boldsymbol{R}^m$ への線形写像と呼び,

A を f の**表現行列**と呼ぶ。

なお,ここで特に $m = n$ の場合を考えると,A による線形写像は $\boldsymbol{R}^n$ 内の $\boldsymbol{x}$ から同じ $\boldsymbol{R}^n$ 内の $\boldsymbol{y}$ を作り出す操作となる。このように,「もと」と「結果」が同じ空間内の要素になるような特別な線形写像のことを,線形変換と呼ぶのである。

A による線形写像の基本的性質

行列の積の性質により,次の 2 つの基本的性質が成り立つ。

❶ $f(\boldsymbol{x} + \boldsymbol{y}) = f(\boldsymbol{x}) + f(\boldsymbol{y})$

❷ $f(c\boldsymbol{x}) = cf(\boldsymbol{x})$

確かめてみよう。$f(\boldsymbol{x}) = A\boldsymbol{x}$ とおけば,

$$f(\boldsymbol{x} + \boldsymbol{y}) = A(\boldsymbol{x} + \boldsymbol{y}) = A\boldsymbol{x} + A\boldsymbol{y} = f(\boldsymbol{x}) + f(\boldsymbol{y})$$
$$f(c\boldsymbol{x}) = A(c\boldsymbol{x}) = cA\boldsymbol{x} = cf(\boldsymbol{x})$$

であり,❶,❷は成り立っている。

この性質はなんだかあたりまえなことのように思えるかもしれないが,この あたりまえな性質が成り立つこと自体が大変重要 なのである。

この 2 つの性質を特に**写像の線形性**と呼ぶ。実はこの 2 つが成り立つ写像のことを線形写像と呼ぶのであって，いま考えている行列 A による線形写像は，それらの中でも代表的なものにすぎないのである。

とはいえ「$R^n \to R^m$」の線形写像は，すべて表現行列で表せるからオモシロイのだが。

線形変換の例

① 平面上の回転

xy 平面上の点 P (x, y) は，図のように OP$=r$，OP と x 軸正方向とのなす角を α として，

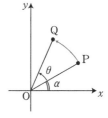

$$\overrightarrow{\mathrm{OP}} = \begin{pmatrix} x \\ y \end{pmatrix} = r\begin{pmatrix} \cos\alpha \\ \sin\alpha \end{pmatrix}$$

と表せた。この点 P を，原点 O を中心にして反時計回りに θ 回転した点を Q とすると，

$$\overrightarrow{\mathrm{OQ}} = \begin{pmatrix} X \\ Y \end{pmatrix} = r\begin{pmatrix} \cos(\alpha+\theta) \\ \sin(\alpha+\theta) \end{pmatrix} = r\begin{pmatrix} \cos\alpha\cos\theta - \sin\alpha\sin\theta \\ \sin\alpha\cos\theta + \cos\alpha\sin\theta \end{pmatrix}$$

と表せる。ここで再び $r\cos\alpha = x$，$r\sin\alpha = y$ と変形すれば

$$\begin{pmatrix} X \\ Y \end{pmatrix} = \begin{pmatrix} r\cos\alpha\cos\theta - r\sin\alpha\sin\theta \\ r\sin\alpha\cos\theta + r\cos\alpha\sin\theta \end{pmatrix} = \begin{pmatrix} x\cos\theta - y\sin\theta \\ y\cos\theta + x\sin\theta \end{pmatrix}$$

$$= \begin{pmatrix} (\cos\theta)x + (-\sin\theta)y \\ (\sin\theta)x + (\cos\theta)y \end{pmatrix} = \begin{pmatrix} \cos\theta & -\sin\theta \\ \sin\theta & \cos\theta \end{pmatrix}\begin{pmatrix} x \\ y \end{pmatrix}$$

となるから，$\begin{pmatrix} x \\ y \end{pmatrix} \longmapsto \begin{pmatrix} X \\ Y \end{pmatrix}$ は $R(\theta) = \begin{pmatrix} \cos\theta & -\sin\theta \\ \sin\theta & \cos\theta \end{pmatrix}$ で表される線形変換となっている。

注 θ 回転を表すものとして，複素数 $R(\theta) = \cos\theta + i\sin\theta$ を用いるのもわかりやすいだろう。

$$X + Yi = (\cos\theta + i\sin\theta)(x + yi)$$
$$= (x\cos\theta - y\sin\theta) + i(x\sin\theta + y\cos\theta) \qquad (以下同様)$$

② 空間内の回転

たとえば $R(\theta) = \begin{pmatrix} \cos\theta & 0 & -\sin\theta \\ 0 & 1 & 0 \\ \sin\theta & 0 & \cos\theta \end{pmatrix}$ とおくと，$R(\theta)$ による点 $P\begin{pmatrix} x \\ y \\ z \end{pmatrix}$

の像である点 $P'\begin{pmatrix} X \\ Y \\ Z \end{pmatrix}$ は

$$\begin{pmatrix} X \\ Y \\ Z \end{pmatrix} = R(\theta)\begin{pmatrix} x \\ y \\ z \end{pmatrix} = \begin{pmatrix} \cos\theta & 0 & -\sin\theta \\ 0 & 1 & 0 \\ \sin\theta & 0 & \cos\theta \end{pmatrix}\begin{pmatrix} x \\ y \\ z \end{pmatrix}$$

$$= \begin{pmatrix} x\cos\theta - z\sin\theta \\ y \\ x\sin\theta + z\cos\theta \end{pmatrix}$$

となるから，x 座標と z 座標だけに注目すれば

$$\begin{pmatrix} x\cos\theta - z\sin\theta \\ x\sin\theta + z\cos\theta \end{pmatrix} = \begin{pmatrix} \cos\theta & -\sin\theta \\ \sin\theta & \cos\theta \end{pmatrix}\begin{pmatrix} x \\ z \end{pmatrix}$$

となって，xz 平面での θ 回転と同等の変換になっている。

これは y 軸を回転軸として，$P(x, y, z)$ を θ 回転することによって新たに $P'(X, Y, Z)$ を作ることを表している。

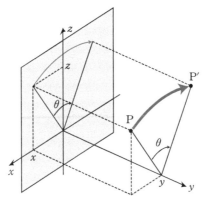

演習問題 8-1

次の $\boldsymbol{R}^3 \to \boldsymbol{R}^3$ の写像が線形変換かどうか調べよ。もし線形変換ならば，その表現行列も示せ。

(1) $\begin{pmatrix} x \\ y \\ z \end{pmatrix} \longmapsto \begin{pmatrix} ax+y \\ ay+z \\ ax \end{pmatrix}$
(2) $\begin{pmatrix} x \\ y \\ z \end{pmatrix} \longmapsto \begin{pmatrix} x+2y+1 \\ 2y+z \\ x+2z+1 \end{pmatrix}$

(3) $\begin{pmatrix} x \\ y \\ z \end{pmatrix} \longmapsto \begin{pmatrix} z \\ y \\ x \end{pmatrix}$
(4) $\begin{pmatrix} x \\ y \\ z \end{pmatrix} \longmapsto \begin{pmatrix} x+y+z \\ 0 \\ xyz \end{pmatrix}$

【解答＆解説】 表現行列があればもちろん線形変換である。なければ線形変換ではないのだが，「表現行列がないこと」を示すのは大変なので，ここでは写像の線形性に戻って考える。

(1) $\begin{pmatrix} x \\ y \\ z \end{pmatrix} \longmapsto \begin{pmatrix} ax+\ y \\ ay+z \\ ax \end{pmatrix} = \begin{pmatrix} a & 1 & 0 \\ 0 & a & 1 \\ a & 0 & 0 \end{pmatrix} \begin{pmatrix} x \\ y \\ z \end{pmatrix}$

よって表現行列 $\begin{pmatrix} a & 1 & 0 \\ 0 & a & 1 \\ a & 0 & 0 \end{pmatrix}$ による線形変換である。 ……(答)

(2) $A = \begin{pmatrix} 1 & 2 & 0 \\ 0 & 2 & 1 \\ 1 & 0 & 2 \end{pmatrix}$, $\boldsymbol{b} = \begin{pmatrix} 1 \\ 0 \\ 1 \end{pmatrix}$ とおくと

$$\begin{pmatrix} x+2y\ \ +1 \\ 2y+\ z \\ x+\ \ 2z+1 \end{pmatrix} = \begin{pmatrix} x+2y \\ 2y+\ z \\ x\ \ +2z \end{pmatrix} + \begin{pmatrix} 1 \\ 0 \\ 1 \end{pmatrix} = A \begin{pmatrix} x \\ y \\ z \end{pmatrix} + \boldsymbol{b}$$

となるが，$f(\boldsymbol{x}) = A\boldsymbol{x} + \boldsymbol{b}$ とおくと

$$f(\boldsymbol{x}+\boldsymbol{y}) = A(\boldsymbol{x}+\boldsymbol{y}) + \boldsymbol{b} = Ax + Ay + b$$
$$f(\boldsymbol{x}) + f(\boldsymbol{y}) = Ax + Ay + 2b$$

なので，

$$f(\boldsymbol{x}+\boldsymbol{y}) \neq f(\boldsymbol{x}) + f(\boldsymbol{y})$$

よって写像の線形性をみたさないので線形変換ではない。 ……(答)

(3) $\begin{pmatrix} x \\ y \\ z \end{pmatrix} \longmapsto \begin{pmatrix} 0 \cdot x + 0 \cdot y + z \\ 0 \cdot x + y + 0 \cdot z \\ x + 0 \cdot y + 0 \cdot z \end{pmatrix} = \begin{pmatrix} 0 & 0 & 1 \\ 0 & 1 & 0 \\ 1 & 0 & 0 \end{pmatrix} \begin{pmatrix} x \\ y \\ z \end{pmatrix}$

よって表現行列 $\begin{pmatrix} 0 & 0 & 1 \\ 0 & 1 & 0 \\ 1 & 0 & 0 \end{pmatrix}$ による線形変換である。 ……(答)

(4) $f \begin{pmatrix} x \\ y \\ z \end{pmatrix} = \begin{pmatrix} x+y+z \\ 0 \\ xyz \end{pmatrix}$ とおく。

$$f \left(\begin{pmatrix} 0 \\ 1 \\ 1 \end{pmatrix} + \begin{pmatrix} 1 \\ 1 \\ 0 \end{pmatrix} \right) = f \begin{pmatrix} 1 \\ 2 \\ 1 \end{pmatrix} = \begin{pmatrix} 1+2+1 \\ 0 \\ 1 \times 2 \times 1 \end{pmatrix} = \begin{pmatrix} 4 \\ 0 \\ 2 \end{pmatrix}$$

$$f \begin{pmatrix} 0 \\ 1 \\ 1 \end{pmatrix} + f \begin{pmatrix} 1 \\ 1 \\ 0 \end{pmatrix} = \begin{pmatrix} 0+1+1 \\ 0 \\ 0 \cdot 1 \cdot 1 \end{pmatrix} + \begin{pmatrix} 1+1+0 \\ 0 \\ 1 \cdot 1 \cdot 0 \end{pmatrix} = \begin{pmatrix} 4 \\ 0 \\ 0 \end{pmatrix}$$

なので

$$f \left(\begin{pmatrix} 0 \\ 1 \\ 1 \end{pmatrix} + \begin{pmatrix} 1 \\ 1 \\ 0 \end{pmatrix} \right) \neq f \begin{pmatrix} 0 \\ 1 \\ 1 \end{pmatrix} + f \begin{pmatrix} 1 \\ 1 \\ 0 \end{pmatrix}$$

よって写像の線形性をみたさないので線形変換ではない。 ……(答)

演習問題
8-2

3×3 の行列 A によって定まる $\boldsymbol{R}^3 \to \boldsymbol{R}^3$ の線形変換 f に対し,

$$f\left(\begin{pmatrix}1\\1\\1\end{pmatrix}\right)=\begin{pmatrix}-2\\5\\1\end{pmatrix},\ f\left(\begin{pmatrix}-1\\2\\1\end{pmatrix}\right)=\begin{pmatrix}1\\4\\0\end{pmatrix},\ f\left(\begin{pmatrix}1\\0\\1\end{pmatrix}\right)=\begin{pmatrix}-3\\1\\4\end{pmatrix}$$

であったという。f を表す行列 A を求めよ。

【解答&解説】 行列 A が f を表すとして式を立ててみよう。

$$A\begin{pmatrix}1\\1\\1\end{pmatrix}=\begin{pmatrix}-2\\5\\1\end{pmatrix},\ A\begin{pmatrix}-1\\2\\1\end{pmatrix}=\begin{pmatrix}1\\4\\0\end{pmatrix},\ A\begin{pmatrix}1\\0\\1\end{pmatrix}=\begin{pmatrix}-3\\1\\4\end{pmatrix}$$

$$A\begin{pmatrix}1&-1&1\\1&2&0\\1&1&1\end{pmatrix}=\begin{pmatrix}-2&1&-3\\5&4&1\\1&0&4\end{pmatrix}\quad\cdots\cdots①$$

行基本操作により

$$\begin{pmatrix}1&-1&1&|&1&0&0\\1&2&0&|&0&1&0\\1&1&1&|&0&0&1\end{pmatrix}\to\cdots\to\begin{pmatrix}1&0&0&|&1&1&-1\\0&1&0&|&-\dfrac{1}{2}&0&\dfrac{1}{2}\\0&0&1&|&-\dfrac{1}{2}&-1&\dfrac{3}{2}\end{pmatrix}$$

なので

$$\begin{pmatrix}1&-1&1\\1&2&0\\1&1&1\end{pmatrix}^{-1}=\begin{pmatrix}1&1&-1\\-\dfrac{1}{2}&0&\dfrac{1}{2}\\-\dfrac{1}{2}&-1&\dfrac{3}{2}\end{pmatrix}$$

①より

$$A=\begin{pmatrix}-2&1&-3\\5&4&1\\1&0&4\end{pmatrix}\begin{pmatrix}1&1&-1\\-\dfrac{1}{2}&0&\dfrac{1}{2}\\-\dfrac{1}{2}&-1&\dfrac{3}{2}\end{pmatrix}=\begin{pmatrix}-1&1&-2\\\dfrac{5}{2}&4&-\dfrac{3}{2}\\-1&-3&5\end{pmatrix}\quad\cdots\cdots(答)$$

1対1対応な線形変換

次に連立方程式を例に1対1対応について考える。行列 A を線形写像とすれば、連立方程式 $A\begin{pmatrix} x_1 \\ \vdots \\ x_n \end{pmatrix} = \begin{pmatrix} y_1 \\ \vdots \\ y_m \end{pmatrix}$ の解は A により $\boldsymbol{R}^m$ 内の $\begin{pmatrix} y_1 \\ \vdots \\ y_m \end{pmatrix}$ へ写る $\boldsymbol{R}^n$ 内の「モト」に他ならない。ここで $m=n$ で、A^{-1} が存在すると仮定する。このとき $\boldsymbol{x}, \boldsymbol{y} \in \boldsymbol{R}^n$ とすれば、$n \times n$ 行列 A について

$$A\boldsymbol{x}=\boldsymbol{y} \Longleftrightarrow \boldsymbol{x}=A^{-1}\boldsymbol{y}$$

という形で、$\boldsymbol{y}$ に対してただ1つの $\boldsymbol{x}$ が定まることになる。

このような場合、A による写像を **1対1対応** あるいは **単射** と呼ぶ。その名の通り、写される「モト」の $\boldsymbol{x}$ と写された「先」の $\boldsymbol{y}$ とが互いに1対1になっているのである。

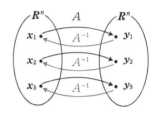

つまり、同じところへ写る2つの点がないのだから、逆をたどることもできるのだ。この逆をたどる写像は、A^{-1} による **逆写像** と呼ばれる。

注 A^{-1} が存在しないときはそうはいかない。

たとえば $A=\begin{pmatrix} 1 & 2 \\ -1 & -2 \end{pmatrix}$ として、A による $\boldsymbol{R}^2 \to \boldsymbol{R}^2$ の線形変換を考えると

$$\begin{pmatrix} X \\ Y \end{pmatrix} = \begin{pmatrix} 1 & 2 \\ -1 & -2 \end{pmatrix}\begin{pmatrix} x \\ y \end{pmatrix} = \begin{pmatrix} x+2y \\ -x-2y \end{pmatrix}$$

だから、$(x, y)=(-1, 1)$ の場合も $(x, y)=(3, -1)$ の場合も、どちらも $(X, Y)=(1, -1)$ となる。

$$\begin{pmatrix} 1 & 2 \\ -1 & -2 \end{pmatrix}\begin{pmatrix} -1 \\ 1 \end{pmatrix} = \begin{pmatrix} 1 & 2 \\ -1 & -2 \end{pmatrix}\begin{pmatrix} 3 \\ -1 \end{pmatrix} = \begin{pmatrix} 1 \\ -1 \end{pmatrix}$$

このような場合は1対1対応とはいわないし、逆をたどることもできない。

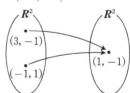

●$(3, -1)$ も $(-1, 1)$ も行き先は同じ $(1, -1)$。

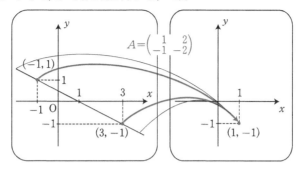

さらにいってしまえば，直線 $x+2y=1$ 上のすべての点は，$(1, -1)$ へ集中して写って
しまう。

線形写像の像と行列の rank

R^n から R^m への線形写像 f について，$y=f(x)$ のとき，y を x の f によ
る像と呼んだ。こんどは R^n の部分集合 U に対し，U のすべての x に対す
るすべての像 $f(x)$ を集めてできる R^m の部分集合を U の f による像と呼
び，$f(U)$ と表すことにしよう。

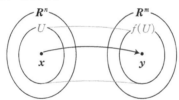

n 次元数ベクトル空間 R^n のすべての元は，R^n の n 個の 1 次独立なベク
トルの組み $\{x_1, x_2, \cdots, x_n\}$ ——基底——によって，

$$x=c_1 x_1+c_2 x_2+\cdots+c_n x_n \quad \cdots\cdots①$$

の形に，ただ 1 通りに表された。だからこそ，線形写像 f の線形性が活き
てくる。というのは

$$\begin{cases} f(x+x')=f(x)+f(x') \\ f(cx)=cf(x) \end{cases}$$

だったので，

$$f(ax+\beta x')=f(a'x)+f(\beta x')=af(x)+\beta f(x')$$

という，ごくわかりやすい性質が成り立つ。よって，①の f の像 y について
は，

$$y = f(\boldsymbol{x}) = f(c_1\boldsymbol{x}_1 + c_2\boldsymbol{x}_2 + \cdots + c_n\boldsymbol{x}_n)$$
$$= c_i f(\boldsymbol{x}_1) + c_2 f(\boldsymbol{x}_2) + \cdots + c_n f(\boldsymbol{x}_n) \qquad \cdots\cdots②$$

なんていうよい性質が成り立つのだ。

ここで c_1, c_2, $\cdots$, c_n を任意に動かせば，①で表した $\boldsymbol{x}$ は $\boldsymbol{R}^n$ の中をくまなく動くことになるが，同時に②で表した y は $\boldsymbol{R}^n$ の f による像 $f(\boldsymbol{R}^n)$ を形作る。この $f(\boldsymbol{R}^n)$ は $\mathrm{Im}(f)$ とも表す。y はつまり $\{f(\boldsymbol{x}_1), f(\boldsymbol{x}_2), \cdots, f(\boldsymbol{x}_n)\}$ で生成される部分空間 を作り出している。しかし，問題はそれらのうちいくつが1次独立なのかというところにある。なぜなら，それこそが 像 $f(\boldsymbol{R}^n)$ の次元 だからだ。

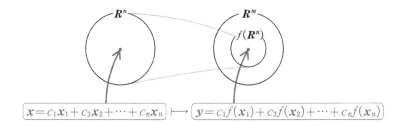

$$\boxed{\boldsymbol{x} = c_1\boldsymbol{x}_1 + c_2\boldsymbol{x}_2 + \cdots + c_n\boldsymbol{x}_n} \longmapsto \boxed{y = c_1 f(\boldsymbol{x}_1) + c_2 f(\boldsymbol{x}_2) + \cdots + c_n f(\boldsymbol{x}_n)}$$

そこで $\boldsymbol{R}^n$ の基底として最も簡単なものを取り出そう。すなわち，

$$\boldsymbol{e}_1 = \begin{pmatrix} 1 \\ 0 \\ \vdots \\ \vdots \\ 0 \end{pmatrix}, \ \boldsymbol{e}_2 = \begin{pmatrix} 0 \\ 1 \\ 0 \\ \vdots \\ 0 \end{pmatrix}, \ \cdots, \ \boldsymbol{e}_i = \begin{pmatrix} 0 \\ \vdots \\ 1 \\ \vdots \\ 0 \end{pmatrix}, \ \cdots, \ \boldsymbol{e}_n = \begin{pmatrix} 0 \\ \vdots \\ \vdots \\ 0 \\ 1 \end{pmatrix}$$

として，$\{\boldsymbol{e}_1, \cdots, \boldsymbol{e}_n\}$ を考えるのだ。

線形写像 f を表す行列を $A = (a_{ij})$ とおくと

$$A\boldsymbol{e}_1 = \begin{pmatrix} a_{11} & a_{12} & \cdots & \cdots & a_{1n} \\ a_{21} & a_{22} & \cdots & \cdots & a_{2n} \\ \vdots & \vdots & \ddots & & \vdots \\ \vdots & \vdots & & \ddots & \vdots \\ a_{n1} & a_{n2} & \cdots & \cdots & a_{nn} \end{pmatrix} \begin{pmatrix} 1 \\ 0 \\ \vdots \\ \vdots \\ 0 \end{pmatrix} = \begin{pmatrix} a_{11} \\ a_{21} \\ \vdots \\ \vdots \\ a_{n1} \end{pmatrix}$$

$\vdots$

$$Ae_i = \begin{pmatrix} a_{11} & \cdots & a_{1i} & \cdots & a_{1n} \\ a_{21} & \cdots & a_{2i} & \cdots & a_{2n} \\ \vdots & & \vdots & & \vdots \\ \vdots & & \vdots & & \vdots \\ a_{n1} & \cdots & a_{ni} & \cdots & a_{nn} \end{pmatrix} \begin{pmatrix} 0 \\ \vdots \\ 1 \\ \vdots \\ 0 \end{pmatrix} = \begin{pmatrix} a_{1i} \\ a_{2i} \\ \vdots \\ \vdots \\ a_{ni} \end{pmatrix}$$

$\vdots$

$$Ae_n = \begin{pmatrix} a_{11} & \cdots & \cdots & \cdots & a_{1n} \\ a_{21} & \cdots & \cdots & \cdots & a_{2n} \\ \vdots & & & & \vdots \\ \vdots & & & & \vdots \\ a_{n1} & \cdots & \cdots & \cdots & a_{nn} \end{pmatrix} \begin{pmatrix} 0 \\ 0 \\ \vdots \\ 0 \\ 1 \end{pmatrix} = \begin{pmatrix} a_{1n} \\ a_{2n} \\ \vdots \\ \vdots \\ a_{nn} \end{pmatrix}$$

である。ここで $a_i = \begin{pmatrix} a_{1i} \\ a_{2i} \\ \vdots \\ \vdots \\ a_{ni} \end{pmatrix}$ とおくと，$A = (a_1 \quad a_2 \quad \cdots \quad a_n)$ であり，Ae_i

$= a_i$ が成り立つ。

ところで，R^n の任意のベクトルを $x = \begin{pmatrix} x_1 \\ \vdots \\ \vdots \\ \vdots \\ x_n \end{pmatrix}$ とおけば

$$x = x_1 \begin{pmatrix} 1 \\ 0 \\ \vdots \\ \vdots \\ 0 \end{pmatrix} + x_2 \begin{pmatrix} 0 \\ 1 \\ \vdots \\ \vdots \\ 0 \end{pmatrix} + \cdots + x_i \begin{pmatrix} 0 \\ \vdots \\ 1 \\ \vdots \\ 0 \end{pmatrix} + \cdots + x_n \begin{pmatrix} 0 \\ \vdots \\ \vdots \\ 0 \\ 1 \end{pmatrix}$$

$$= x_1 e_1 + x_2 e_2 + \cdots + x_i e_i + \cdots + x_n e_n$$

だから

$$y = f(x) = Ax = A(x_1 e_1 + x_2 e_2 + \cdots + x_n e_n)$$
$$= x_1 Ae_1 + x_2 Ae_2 + \cdots + x_n Ae_n$$
$$= x_1 a_1 + x_2 a_2 + \cdots + x_n a_n$$

と表せてしまう。これは a_1, a_2, $\cdots$, a_n が $f(R^n)$ の基底になっていることを意味する。さて，問題はこの a_1, $\cdots$, a_n のうち何個が 1 次独立なのかという

ことだ。それを知るにはうってつけの方法がある。そう，講義 7 で勉強したように，rank を使った 1 次独立の判別法を利用するのである。

n 個の列ベクトル $\boldsymbol{a}_1$, $\cdots$, $\boldsymbol{a}_n$ を張り合わせることによってできる行列 $A=(\boldsymbol{a}_1 \quad \boldsymbol{a}_2 \quad \cdots \quad \boldsymbol{a}_n)$ による線形写像 f において，

$$\text{rank}(A)=(\{\boldsymbol{a}_1, \cdots, \boldsymbol{a}_n\} \text{の中の 1 次独立なものの数})$$
$$=(f(\boldsymbol{R}^n)\text{の次元})$$

である。

そうなのだ。実は

$$\text{rank}(A) \text{は } A \text{ による像 } f(\boldsymbol{R}^n) \text{の次元}$$

だったのである！

Ker(f)

さて，$A\boldsymbol{x}=\boldsymbol{0}$ となる $\boldsymbol{x}$ 全体の集合が部分空間となることは講義 7 ですでに述べた。ならばその次元はどうなるのだろうか。

f を $m \times n$ 行列 A による $\boldsymbol{R}^n \to \boldsymbol{R}^m$ の線形写像であるとするとき，$\boldsymbol{R}^n$ の部分空間 Ker(f) を次のように定める。

$$\text{Ker}(f)=\{x \in \boldsymbol{R}^n \,|\, f(\boldsymbol{x})=\boldsymbol{0}\}$$

Ker(f) は f の**核 (Kernel)** ともいうので覚えておこう。

この Ker(f) が k 次元だったらどうだろう（n 次元空間内の部分空間だから，$n \geqq k$ なのは直観的に明らかだろう）。

Ker(f) の基底としては k 個の 1 次独立なベクトル $\{\boldsymbol{x}_1, \boldsymbol{x}_2, \cdots, \boldsymbol{x}_k\}$ が取り出せる。もちろんこれら自身は Ker(f) の元だから，

$$f(\boldsymbol{x}_1)=f(\boldsymbol{x}_2)=\cdots=f(\boldsymbol{x}_k)=\boldsymbol{0}$$

となっている。

もとの n 次元空間 $\boldsymbol{R}^n$ は，k 次元の Ker(f) より「広い」のだから，Ker(f) から「はみでる」ようなベクトル $\boldsymbol{x}_{k+1}{}'$, $\cdots$, $\boldsymbol{x}_n{}'$ を追加することによって，$\boldsymbol{R}^n$ の n 個の基底ベクトルを作り出せるのはイメージできるだろう。

つまり，

$$\underbrace{\{\boldsymbol{x}_1, \boldsymbol{x}_2, \boldsymbol{x}_3, \cdots, \boldsymbol{x}_k}_{\text{Ker}(f) \text{ の基底}}, \underbrace{\boldsymbol{x}_{k+1}', \boldsymbol{x}_{k+2}', \cdots, \boldsymbol{x}_n'\}}_{\text{Ker}(f) \text{ からはみでる基底}}$$

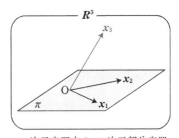

3 次元空間内の 2 次元部分空間としての平面。そこからはみでるベクトルはもちろん取り出せる。

という $\boldsymbol{R}^n$ の基底が作れるっていうわけだ。

そうすると，$\boldsymbol{R}^n$ の任意の元として

$$\boldsymbol{x} = c_1\boldsymbol{x}_1 + c_2\boldsymbol{x}_2 + \cdots + c_k\boldsymbol{x}_k$$
$$+ c_{k+1}\boldsymbol{x}_{k+1}' + \cdots + c_n\boldsymbol{x}_n'$$

が取れる。この $\boldsymbol{x}$ の f による像は

$$f(\boldsymbol{x}) = c_1 f(\boldsymbol{x}_1) + \cdots + c_k f(\boldsymbol{x}_k)$$
$$+ c_{k+1}f(\boldsymbol{x}_{k+1}') + \cdots + c_n f(\boldsymbol{x}_n')$$
$$= c_{k+1}f(\boldsymbol{x}_{k+1}') + \cdots + c_n f(\boldsymbol{x}_n')$$

となって，　$\boldsymbol{R}^n$ の f による像は，$\{f(\boldsymbol{x}_{k+1}'), \cdots, f(\boldsymbol{x}_n')\}$ で生成される　といえる。ところでこれら $n-k$ 個は **1 次独立**なのである !!

なぜなら，$\boldsymbol{x}_{k+1}', \cdots, \boldsymbol{x}_n'$ は $\text{Ker}(f)$ の元ではないから，

$$c_{k+1}f(\boldsymbol{x}_{k+1}') + c_{k+2}f(\boldsymbol{x}_{k+2}') + \cdots + c_n f(\boldsymbol{x}_n')$$
$$= f(c_{k+1}\boldsymbol{x}_{k+1}' + c_{k+2}\boldsymbol{x}_{k+2}') + \cdots + c_n\boldsymbol{x}_n') = \boldsymbol{0}$$

のときは $c_{k+1} = c_{k+2} = \cdots = c_n = 0$ でないと矛盾してしまうのである。

∵　$\boldsymbol{x}_{k+1}' \cdots, \boldsymbol{x}_n'$ は $\text{Ker}(f)$ の元ではないので，$c_{k+1}\boldsymbol{x}_{k+1}' + c_{k+2}\boldsymbol{x}_{k+2}' + \cdots + c_n\boldsymbol{x}_{k+n}' \in \text{Ker}(f)$ となるのは $c_{k+1} = c_{k+2} = \cdots = c_n = 0$ のときだけだ。

ということは，　像 $f(\boldsymbol{R}^n)$ は $n-k$ 次元となる　のだ !!　ところで像 $f(\boldsymbol{R}^n)$ の次元は，先ほど学んだように $\text{rank}(A)$ だった。よって次の定理が成り立つのである。

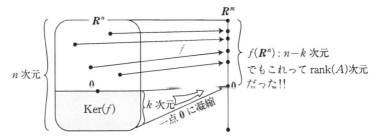

定 理

$$(\text{Ker}(f) \text{ の次元}) = n - \text{rank}(A)$$

$A=\begin{pmatrix} 2 & 4 & 1 & 4 \\ 1 & 2 & 2 & 5 \\ 3 & 6 & 2 & 7 \end{pmatrix}$ によって定まる線形写像を T とおく。

すなわち $T(\boldsymbol{x})=A\boldsymbol{x}$ である。

実習問題 8-1

(1) 像 $T(\boldsymbol{R}^4)$ の次元を求め，基底を 1 組作れ。

(2) Ker(T) の次元を求め，基底を 1 組作れ。

【解答 & 解説】

(1) A を標準化すると

$$\begin{pmatrix} 2 & 4 & 1 & 4 \\ 1 & 2 & 2 & 5 \\ 3 & 6 & 2 & 7 \end{pmatrix} \longrightarrow \cdots \longrightarrow \begin{pmatrix} 1 & 2 & 0 & 1 \\ 0 & 0 & 1 & 2 \\ 0 & 0 & 0 & 0 \end{pmatrix}$$

なので，rank$(A)=\boxed{\text{(a)}\qquad}$ である。よって，$T(\boldsymbol{R}^4)$ は $\boxed{\text{(a)}\qquad}$ 次元。

……（答）

$\boldsymbol{R}^4$ の基底

$$\boldsymbol{e}_1=\begin{pmatrix} 1 \\ 0 \\ 0 \\ 0 \end{pmatrix}, \quad \boldsymbol{e}_2=\begin{pmatrix} 0 \\ 1 \\ 0 \\ 0 \end{pmatrix}, \quad \boldsymbol{e}_3=\begin{pmatrix} 0 \\ 0 \\ 1 \\ 0 \end{pmatrix}, \quad \boldsymbol{e}_4=\begin{pmatrix} 0 \\ 0 \\ 0 \\ 1 \end{pmatrix}$$

の各像は

$$A\boldsymbol{e}_1=\begin{pmatrix} 2 \\ 1 \\ 3 \end{pmatrix}, \quad A\boldsymbol{e}_2=\begin{pmatrix} 4 \\ 2 \\ 6 \end{pmatrix}, \quad A\boldsymbol{e}_3=\begin{pmatrix} 1 \\ 2 \\ 2 \end{pmatrix}, \quad A\boldsymbol{e}_4=\boxed{\text{(b)}\qquad}$$

である。$T(\boldsymbol{R}^4)$ の基底はここから 1 次独立なものを 2 つ選べばよい。
（2 つだから「$\boldsymbol{0}$ でなく平行でない」2 つでよい）

$$A\boldsymbol{e}_1 = \begin{pmatrix} 2 \\ 1 \\ 3 \end{pmatrix}, \quad A\boldsymbol{e}_2 = \begin{pmatrix} 1 \\ 2 \\ 2 \end{pmatrix} \quad \cdots\cdots (答)$$

(2) (1)より $\mathrm{rank}(A)$ がわかるので，定理より $\mathrm{Ker}(T)$ の次元は，

$$\mathrm{Ker}(T) \text{ の次元} = n - \mathrm{rank}(A) = 4 - \boxed{\text{(a)}} = \boxed{\text{(c)}} \text{ 次元} \quad \cdots\cdots (答)$$

$A\begin{pmatrix} x_1 \\ x_2 \\ x_3 \\ x_4 \end{pmatrix} = \begin{pmatrix} 0 \\ 0 \\ 0 \end{pmatrix}$ の解を求めると，拡大係数行列の標準化により

$$\begin{pmatrix} 2 & 4 & 1 & 4 & | & 0 \\ 1 & 2 & 2 & 5 & | & 0 \\ 3 & 6 & 2 & 7 & | & 0 \end{pmatrix} \longrightarrow \cdots \longrightarrow \begin{pmatrix} 1 & 2 & 0 & 1 & | & 0 \\ 0 & 0 & 1 & 2 & | & 0 \\ 0 & 0 & 0 & 0 & | & 0 \end{pmatrix}$$

なので，

$$x_1 + 2x_2 + x_4 = 0, \quad x_3 + 2x_4 = 0$$

である。ここで $x_2 = s,\ x_4 = t$ とおくと，$x_1 = -2s - t,\ x_3 = -2t$ から

$$\begin{pmatrix} x_1 \\ x_2 \\ x_3 \\ x_4 \end{pmatrix} = \begin{pmatrix} -2s-t \\ s \\ -2t \\ t \end{pmatrix} = s\begin{pmatrix} -2 \\ 1 \\ 0 \\ 0 \end{pmatrix} + t\begin{pmatrix} -1 \\ 0 \\ -2 \\ 1 \end{pmatrix}$$

よって $\mathrm{Ker}(T)$ の基底として $\begin{pmatrix} -2 \\ 1 \\ 0 \\ 0 \end{pmatrix}, \boxed{\text{(d)}}$ が取れる。 $\quad \cdots\cdots (答)$

....

(a) 2　(b) $\begin{pmatrix} 4 \\ 5 \\ 7 \end{pmatrix}$　(c) 2　(d) $\begin{pmatrix} -1 \\ 0 \\ -2 \\ 1 \end{pmatrix}$

xy 平面上において，直線 $y=mx$ に関する線対称移動は線形写像となることを，その表現行列を求めることによって示せ。

【解答＆解説】

点 P (x, y) を，直線 $y=mx$ に関して線対称移動させた点を Q (X, Y) とする。線分 PQ の中点 M は，直線 $y=mx$ 上にあって，点 P から直線 $y=mx$ へ下ろした垂線の足である。

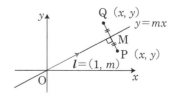

そこで，M (t, mt) とおくと，$\overrightarrow{\mathrm{PM}}$ は $\boldsymbol{0}$ か，または直線 $y=mx$ に平行なベクトル $\boldsymbol{l}=(1, m)$ に垂直ゆえ，

$$\boldsymbol{l}\cdot\overrightarrow{\mathrm{PM}}=(1, m)\cdot(t-x, mt-y)$$
$$=t-x+m(mt-y)=(1+m^2)t-(x+my)=0$$

$$\therefore \quad t=\frac{x+my}{1+m^2} \quad \cdots\cdots①$$

$$\therefore \quad \overrightarrow{\mathrm{OQ}}=\overrightarrow{\mathrm{OP}}+2\overrightarrow{\mathrm{PM}}=\overrightarrow{\mathrm{OP}}+2(\overrightarrow{\mathrm{OM}}-\overrightarrow{\mathrm{OP}})=2\overrightarrow{\mathrm{OM}}-\overrightarrow{\mathrm{OP}}$$

$$=2(t, mt)-(x, y)=2\left(\frac{x+my}{1+m^2}, \frac{mx+m^2y}{1+m^2}\right)-(x, y)$$

$$=\left(\frac{1-m^2}{1+m^2}x+\frac{2m}{1+m^2}y, \frac{2m}{1+m^2}x-\frac{1-m^2}{1+m^2}y\right)$$

結果，Q (X, Y) に対して，

$$\binom{X}{Y}=\begin{pmatrix}\dfrac{1-m^2}{1+m^2}x+\dfrac{2m}{1+m^2}y \\[3mm] \dfrac{2m}{1+m^2}x-\dfrac{1-m^2}{1+m^2}y\end{pmatrix}=\begin{pmatrix}\dfrac{1-m^2}{1+m^2} & \dfrac{2m}{1+m^2} \\[3mm] \dfrac{2m}{1+m^2} & -\dfrac{1-m^2}{1+m^2}\end{pmatrix}\binom{x}{y}$$

と書けるので，写像 $T: \mathrm{P}\to\mathrm{Q}$ は線形写像で，その表現行列は，

$$\begin{pmatrix}\dfrac{1-m^2}{1+m^2} & \dfrac{2m}{1+m^2} \\[3mm] \dfrac{2m}{1+m^2} & -\dfrac{1-m^2}{1+m^2}\end{pmatrix} \quad \cdots\cdots（答）$$

次の行列 A による線形写像 T に対し，次の各問いに答えよ。

$$A = \begin{pmatrix} 1 & 0 & 2 & 1 \\ -2 & 1 & -1 & 1 \\ 3 & -1 & 3 & 0 \\ -1 & 1 & 1 & 2 \end{pmatrix}$$

(1) 像 $T(\mathbf{R}^4)$ の次元を求め，基底を 1 組作れ。

(2) $\mathrm{Ker}(T)$ の次元を求め，基底を 1 組作れ。

【解答＆解説】

(1) $A\begin{pmatrix} 1 \\ 0 \\ 0 \\ 0 \end{pmatrix} = \begin{pmatrix} 1 \\ -2 \\ 3 \\ -1 \end{pmatrix}$, $A\begin{pmatrix} 0 \\ 1 \\ 0 \\ 0 \end{pmatrix} = \begin{pmatrix} 0 \\ 1 \\ -1 \\ 1 \end{pmatrix}$, $A\begin{pmatrix} 0 \\ 0 \\ 1 \\ 0 \end{pmatrix} = \begin{pmatrix} 2 \\ -1 \\ 3 \\ 1 \end{pmatrix}$, $A\begin{pmatrix} 0 \\ 0 \\ 0 \\ 1 \end{pmatrix} = \begin{pmatrix} 1 \\ 1 \\ 0 \\ 2 \end{pmatrix}$

により $T(\mathbf{R}^4)$ は，$\left\{ \begin{pmatrix} 1 \\ -2 \\ 3 \\ -1 \end{pmatrix}, \begin{pmatrix} 0 \\ 1 \\ -1 \\ 1 \end{pmatrix}, \begin{pmatrix} 2 \\ -1 \\ 3 \\ 1 \end{pmatrix}, \begin{pmatrix} 1 \\ 1 \\ 0 \\ 2 \end{pmatrix} \right\}$ ……①で張られる空間で，

これらによる行列 A は，

$$A = \begin{pmatrix} 1 & 0 & 2 & 1 \\ -2 & 1 & -1 & 1 \\ 3 & -1 & 3 & 0 \\ -1 & 1 & 1 & 2 \end{pmatrix} \to \cdots \to \begin{pmatrix} 1 & 0 & 2 & 1 \\ 0 & 1 & 3 & 3 \\ 0 & 0 & 0 & 0 \\ 0 & 0 & 0 & 0 \end{pmatrix}$$

により，$\mathrm{rank}(A) = 2$ となって，$T(\mathbf{R}^4)$ の次元は，

$$T(\mathbf{R}^4) = \mathrm{rank}(A) = 2 \quad \cdots\cdots(答)$$

①の中から 1 次独立な 2 ベクトルを選べばそれが基底で，

例えば，$\left\{ \begin{pmatrix} 1 \\ -2 \\ 3 \\ -1 \end{pmatrix}, \begin{pmatrix} 0 \\ 1 \\ -1 \\ 1 \end{pmatrix} \right\}$ ……(答)

(2)(1)によって，$\mathrm{Ker}(T)$ の次元は，$4-2=2$　……(答)

$$A \begin{pmatrix} x \\ y \\ z \\ w \end{pmatrix} = \begin{pmatrix} 1 & 0 & 2 & 1 \\ -2 & 1 & -1 & 1 \\ 3 & -1 & 3 & 0 \\ -1 & 1 & 1 & 2 \end{pmatrix} \begin{pmatrix} x \\ y \\ z \\ w \end{pmatrix} = \begin{pmatrix} 0 \\ 0 \\ 0 \\ 0 \end{pmatrix}$$

を解けば，(1)同様，

$$(A \,|\, \mathbf{0}) = \left(\begin{array}{cccc|c} 1 & 0 & 2 & 1 & 0 \\ -2 & 1 & -1 & 1 & 0 \\ 3 & -1 & 3 & 0 & 0 \\ -1 & 1 & 1 & 2 & 0 \end{array} \right) \to \cdots \to \left(\begin{array}{cccc|c} 1 & 0 & 2 & 1 & 0 \\ 0 & 1 & 3 & 3 & 0 \\ 0 & 0 & 0 & 0 & 0 \\ 0 & 0 & 0 & 0 & 0 \end{array} \right)$$

と標準化できるから，

$$x+2z+w=0, \quad y+3z+3w+0$$

ここで，$z=-s$，$w=-t$ とおけば，

$$\begin{pmatrix} x \\ y \\ z \\ w \end{pmatrix} = \begin{pmatrix} 2s+t \\ 3s+3t \\ -s \\ -t \end{pmatrix} = s \begin{pmatrix} 2 \\ 3 \\ -1 \\ 0 \end{pmatrix} + t \begin{pmatrix} 1 \\ 3 \\ 0 \\ -1 \end{pmatrix}$$

と書けるので，$\mathrm{Ker}(T)$ の基底として，

$$\left\{ \begin{pmatrix} 2 \\ 3 \\ -1 \\ 0 \end{pmatrix}, \begin{pmatrix} 1 \\ 3 \\ 0 \\ -1 \end{pmatrix} \right\} \qquad ……(答)$$

が取れる。

講義 9 内積と正規直交基底

空間内の距離や長さや角度，そして面積や体積といった量を測定するためには，内積が重大な役割を果たす。ここでは n 次元空間に拡張した内積を定義することで，n 次元空間における距離や角度を考えてみることにしよう。

R^n の（自然な）内積

2 次元平面や 3 次元空間のときに定めたあの内積をそのまま n 次元数ベクトル空間へ拡張したらどうなるだろうか。

実をいうと，講義 1 で行列の積を考えたとき，一度この問題をも考えていたのだ。いまさらという気がするかもしれないが，大事なのはそう定めても「ちゃんと」機能するかどうかという点にある。

定義

n 次元数ベクトル空間 R^n の任意の 2 つの元を
$$x=(x_1, x_2, \cdots, x_n), \ y=(y_1, y_2, \cdots, y_n)$$
とするとき，
$$x \cdot y = x_1 y_1 + x_2 y_2 + \cdots + x_n y_n = \sum_{k=1}^{n} x_k y_k$$
と定め，これを x と y の（自然な）**内積**と呼ぶ。

次に，ベクトルの大きさを定めよう。

定義

ベクトルの大きさを $\|x\| = \sqrt{x \cdot x}$ と表し，これを x の**ノルム**と呼ぶ。

いま，内積を自然なものと定めたので，次の公式が成り立つ。

$x=(x_1, x_2, \cdots, x_n)$ のとき
$$\|x\|=\sqrt{x_1{}^2+x_2{}^2+\cdots+x_n{}^2}$$

内積の公理

さあ，どうだろうか。このように内積を定めてしまってもよいのだろうか？　2次元や3次元の場合にこのように定めたおかげで成り立ったよい性質を思い出すと，次のようなものがある。

❶ $(x+y)\cdot z=x\cdot z+y\cdot z, x\cdot(y+z)=x\cdot y+x\cdot z$
❷ $(cx)\cdot y=c(x\cdot y)=x\cdot(cy)$
❸ $x\cdot y=y\cdot x$
❹ $x\cdot x\geqq 0$（等号は $x=0$ でのみ成り立つ）

いずれも先のような（自然な）定め方ならば大丈夫なことが確かめられるので，各自やっておこう。

内積はこれらの性質が成り立つからこそ，**空間内の様々な量を計算によって求めることができるのだ**。これらの諸性質を**内積の公理**と呼ぶ。むしろ，この内積の公理が成り立つように定めた演算のことを内積という場合もある。

注　これらはいずれも実ベクトル空間での話である。成分などに虚数も許す**複素ベクトル空間**では**ユニタリ積**という上の内積とはちょっと違うものを考える必要がある。それらは教科書で確認しておこう。

シュバルツ（Schwarz）の不等式と ベクトルのなす角

内積や大きさが定まると，次に角度はどうするのかという疑問が浮かんでくる。n 次元空間の角度っていっても，2次元や3次元は身の周りにモデルがあるからイメージしやすいが，n 次元となるとなかなか難しい。ところで，内積には次のような不等式が成り立っている。

$$\|\boldsymbol{x}\|\|\boldsymbol{y}\| \geqq |\boldsymbol{x} \cdot \boldsymbol{y}| \quad (\text{シュバルツの不等式})$$

注 証明はちょっと難しい。任意の実数 t に対して,

$$\|t\boldsymbol{x} - \boldsymbol{y}\|^2 = \|\boldsymbol{x}\|^2 t^2 - 2(\boldsymbol{x} \cdot \boldsymbol{y})t + \|\boldsymbol{y}\|^2 \geqq 0 \quad \cdots\cdots ①$$

が成り立つことから,①の左辺を t の 2 次式と考えると

$$\frac{判別式}{4} = (\boldsymbol{x} \cdot \boldsymbol{y})^2 - \|\boldsymbol{x}\|^2\|\boldsymbol{y}\|^2 \leqq 0$$

となるので,$|\boldsymbol{x} \cdot \boldsymbol{y}| \leqq \|\boldsymbol{x}\|\|\boldsymbol{y}\|$ がいえる。

このシュバルツの不等式から

$$-1 \leqq \frac{\boldsymbol{x} \cdot \boldsymbol{y}}{\|\boldsymbol{x}\|\|\boldsymbol{y}\|} \leqq 1$$

が成り立つことがわかる。

さて,$y = \cos\theta$ のグラフを考えると,-1 以上 1 以下の値 $\dfrac{\boldsymbol{x} \cdot \boldsymbol{y}}{\|\boldsymbol{x}\|\|\boldsymbol{y}\|}$ の 1 つ

1 つを $\cos\theta$ とみて θ を対応させることができる。こうしてようやく,

$$\frac{\boldsymbol{x} \cdot \boldsymbol{y}}{\|\boldsymbol{x}\|\|\boldsymbol{y}\|} = \cos\theta$$

をみたす $0 \leqq \theta \leqq \pi$ なる θ を,$\boldsymbol{x}$ と $\boldsymbol{y}$ のなす角 θ とする。

と定めることができるのだ。

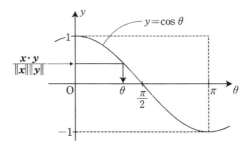

このようにしてなす角が定まったのだが,なんといっても重要なのは垂直である。ところでなす角 $\theta = \dfrac{\pi}{2}$ のとき,$\cos\theta = 0$ である。そこで,垂直を次のように定める。

$x \neq 0$, $y \neq 0$ のとき,

$$x \cdot y = 0$$

ならば x と y は**垂直**であるという。

正規直交基底

続いて基底について考えてみよう。もし「R^n の基底として最も単純なものを取れ」といわれたら,

$$e_1 = \begin{pmatrix} 1 \\ 0 \\ \vdots \\ \vdots \\ 0 \end{pmatrix}, \ e_2 = \begin{pmatrix} 0 \\ 1 \\ 0 \\ \vdots \\ 0 \end{pmatrix}, \ \cdots, \ e_n = \begin{pmatrix} 0 \\ \vdots \\ \vdots \\ 0 \\ 1 \end{pmatrix}$$

を取ればよいだろう。この基底によって R^n の任意の点は

$$p = x_1 e_1 + x_2 e_2 + \cdots + x_n e_n = \begin{pmatrix} x_1 \\ x_2 \\ \vdots \\ x_n \end{pmatrix}$$

と表せる。またノルムも

$$\|p\| = \sqrt{x_1{}^2 + x_2{}^2 + \cdots + x_n{}^2}$$

と, とてもシンプルになる。R^n の最も単純な基底を取るのはとても簡単なことなのだ。ところが, R^n の中のある m 次元部分空間 V の最も単純な基底はどうだといわれたら, そう簡単にはいかない。$e_1, \cdots, e_n$ から m 個を取ったとしても, たいていはうまくいかないのだ。

たとえば, R^3 内で

$$a = \begin{pmatrix} 0 \\ 1 \\ 1 \end{pmatrix}, \ b = \begin{pmatrix} -1 \\ 0 \\ 1 \end{pmatrix}$$

によって張られる 2 次元部分空間 π は
右図のような平面になっている。

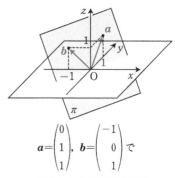

　右図を見てもらえればわかるように，
$\begin{pmatrix}1\\0\\0\end{pmatrix}$も$\begin{pmatrix}0\\1\\0\end{pmatrix}$も$\begin{pmatrix}0\\0\\1\end{pmatrix}$も，どれもこの部分空間
には含まれていない。

　この π 上の任意の点は，もちろん $\boldsymbol{p} = x\boldsymbol{a}+y\boldsymbol{b}$ と表せるので，$\boldsymbol{a}, \boldsymbol{b}$ は基底には
なっている。そのノルム（大きさ）はと

$\boldsymbol{a}=\begin{pmatrix}0\\1\\1\end{pmatrix}, \boldsymbol{b}=\begin{pmatrix}-1\\0\\1\end{pmatrix}$ で

張られる 2 次元部分空間

いうと，せっかく $\boldsymbol{p}$ を特定する x, y が取れるのだからと x, y を用いて表そ
うとすると，

$$\|\boldsymbol{a}\|=\sqrt{2},\ \|\boldsymbol{b}\|=\sqrt{2},\ \boldsymbol{a}\cdot\boldsymbol{b}=1$$

から，

$$\|\boldsymbol{p}\|=\sqrt{(x\boldsymbol{a}+y\boldsymbol{b})\cdot(x\boldsymbol{a}+y\boldsymbol{b})}$$
$$=\sqrt{x^2\|\boldsymbol{a}\|^2+2xy\boldsymbol{a}\cdot\boldsymbol{b}+y^2\|\boldsymbol{b}\|^2}=\sqrt{2x^2+2xy+2y^2}$$

となってしまい，少々形がよろしくない（x, y が混ざってしまう）。よって
$\boldsymbol{a}, \boldsymbol{b}$ 自体はあまり単純な基底とはいえない。

　ところで，$\boldsymbol{R}^n$ の中の m 次元部分空間 V に，基底 $\{\boldsymbol{a}_1, \boldsymbol{a}_2, \cdots, \boldsymbol{a}_m\}$ が取れ
たとすれば，V の任意の元はいま述べたように

$$\boldsymbol{p}=x_1\boldsymbol{a}_1+x_2\boldsymbol{a}_2+\cdots+x_m\boldsymbol{a}_m$$

で表せる。またそのノルムは

$$\|\boldsymbol{p}\|=\sqrt{(x_1\boldsymbol{a}_1+x_2\boldsymbol{a}_2+\cdots+x_m\boldsymbol{a}_m)\cdot(x_1\boldsymbol{a}_1+x_2\boldsymbol{a}_2+\cdots+x_m\boldsymbol{a}_m)} \quad \cdots\cdots\circledast$$

になる。ここでもし，

$$\boldsymbol{a}_i\cdot\boldsymbol{a}_j=\begin{cases}1 & (i=j) \\ 0 & (i\neq j)\end{cases} \quad \cdots\cdots\circledast$$

が成り立ったとしたらどうなるだろうか。

　つまり，自分自身との内積が $\boldsymbol{a}_i\cdot\boldsymbol{a}_i=\|\boldsymbol{a}_i\|^2=1$ で，自分以外との内積が
$\boldsymbol{a}_i\cdot\boldsymbol{a}_j=0(i\neq j)$ だとするのだ。そうすると，$\circledast$ は計算がとても楽になって，

$$(x_1 \boldsymbol{a}_1 + x_2 \boldsymbol{a}_2 + \cdots + x_m \boldsymbol{a}_m) \cdot (x_1 \boldsymbol{a}_1 + x_2 \boldsymbol{a}_2 + \cdots + x_m \boldsymbol{a}_m)$$
$$= x_1{}^2 \|\boldsymbol{a}_1\|^2 + x_2{}^2 \|\boldsymbol{a}_2\|^2 + \cdots + x_m{}^2 \|\boldsymbol{a}_m\|^2$$
$$= x_1{}^2 + x_2{}^2 + \cdots + x_m{}^2$$

となる。その結果，

$$\|\boldsymbol{p}\| = \sqrt{x_1{}^2 + x_2{}^2 + \cdots + x_m{}^2}$$

となり，とても気持ちよい。

そう，このような単純な基底のことを**正規直交基底**と呼ぶのだ。

定　義

m 次元ベクトル空間において，基底 $\{\boldsymbol{a}_1, \boldsymbol{a}_2, \cdots, \boldsymbol{a}_m\}$ が
$$\begin{cases} \|\boldsymbol{a}_i\| = 1 & (i = 1, 2, \cdots, m) \\ \boldsymbol{a}_i \cdot \boldsymbol{a}_j = 0 & (i \neq j) \end{cases}$$
をみたすとき，この基底を**正規直交基底**と呼ぶ。

平たくいえば，各座標軸が**垂直**で，**目盛りが 1** の座標を考えるようなものである。

シュミット（Schmidt）の直交化法

正規直交基底がよい基底なのはわかってもらえたと思う。でもどうすれば都合よく正規直交基底が手に入るのだろうか。実はシュミットさんというエライ人が，**任意の基底から正規直交基底を作り出す**すばらしい方法を思いついたんだ。これを使えばいつでも正規直交基底が得られる。1 つ 1 つ手順を追って説明していこう。

シュミットの直交化法

ある基底 $\{\boldsymbol{x}_1, \boldsymbol{x}_2, \cdots, \boldsymbol{x}_m\}$ から正規直交基底 $\{\boldsymbol{a}_1, \boldsymbol{a}_2, \cdots, \boldsymbol{a}_m\}$ を次の順序で作り出そう。

1 $\boldsymbol{x}_1$ の大きさを 1 に縮めて，$\boldsymbol{a}_1$ とする。

話は簡単だ。$\boldsymbol{x}_1$ をその大きさで割れば大きさは 1 になる。

$$\boldsymbol{a}_1 = \frac{1}{\|\boldsymbol{x}_1\|} \boldsymbol{x}_1$$

2 $\boldsymbol{x}_2$ から $\boldsymbol{a}_1$ による直線（1 次元部分空間）への垂線ベクトルを作って $\boldsymbol{y}_2$ とし，その大きさを 1 に縮めて $\boldsymbol{a}_2$ とする。

右図でイメージすると，$y_2 = \overrightarrow{H_1A_2}$ のことだ。

$\overrightarrow{OH_1} /\!/ a_1$ だから $\overrightarrow{OH_1} = ta_1$ とおけば，

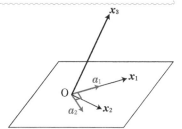

a_1による
直線（1次元）

$$y_2 = \overrightarrow{H_1A_2} = x_2 - \overrightarrow{OH_1}$$
$$= x_2 - ta_1$$

$a_1 \perp y_2$ であり，$\|a_1\| = 1$ とあわせて，

$$a_1 \cdot y_2 = a_1 \cdot (x_2 - ta_1)$$
$$= a_1 \cdot x_2 - t\|a_1\|^2 = a_1 \cdot x_2 - t = 0$$

よって $t = a_1 \cdot x_2$ となる。

$$y_2 = x_2 - (a_1 \cdot x_2)a_1$$

そして y_2 の大きさを1に縮めて a_2 とする。

$$a_2 = \frac{1}{\|y_2\|} y_2$$

以下，これを a_m ができるまで繰り返すのだ。数学的帰納法のように考えよう。

> $\boxed{k}$ k 個の基底ベクトル $\{x_1, \cdots, x_k\}$ を用いて，正規直交基底の一部（a_1, $\cdots$, a_k）がすでにできているとする。

$\{x_1, \cdots, x_k\}$ は k 個の1次独立なベクトルだから，それによって k 次元のベクトル空間が張れる。もちろん $\{a_1, \cdots, a_k\}$ はその正規直交基底である。とすると次の x_{k+1} は，$\{a_1, \cdots, a_k\}$ によって張られる部分空間から「はみでる」成分だ。

$\{x_1, x_2\}$ で張られる部分空間は，$\{a_1, a_2\}$ で張られる部分空間でもある。x_3 はこの部分空間から「はみでる」成分である。

当然，次の式が成り立っている。

> $1 \leqq i, j \leqq k$ に対し，
> $$a_i \cdot a_j = \begin{cases} 0 & (i \neq j) \\ 1 & (i = j) \end{cases}$$

> $\boxed{k+1}$ x_{k+1} から $\{a_1, \cdots, a_k\}$ による部分空間への垂線ベクトルを作って y_{k+1} とし，その大きさを1に縮めて a_{k+1} とする。

$\{a_1, \cdots, a_k\}$ への垂線の足 H_k は，もちろん

$$\overrightarrow{OH_k} = t_1a_1 + t_2a_2 + \cdots + t_ka_k$$

の形で表せる。ここで

$$\boldsymbol{y}_{k+1}=\overrightarrow{\mathrm{H}_k\mathrm{A}_{k+1}}=\boldsymbol{x}_{k+1}-\overrightarrow{\mathrm{OH}_k}$$

$$=\boldsymbol{x}_{k+1}-(t_1\boldsymbol{a}_1+t_2\boldsymbol{a}_2+\cdots+t_k\boldsymbol{a}_k)$$

は,$\boldsymbol{a}_1,\boldsymbol{a}_2,\cdots,\boldsymbol{a}_k$ すべてに垂直だから,
内積は 0 でなきゃいけない。

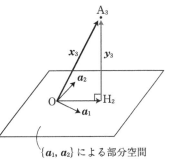

$\{\boldsymbol{a}_1,\boldsymbol{a}_2\}$ による部分空間

さらに $\boldsymbol{a}_i\cdot\boldsymbol{a}_j=\begin{cases}0 & (i\ne j)\\ 1 & (i=j)\end{cases}$ なので,$i=1,$

$2,\cdots,k$ に対し

$$\boldsymbol{a}_i\cdot\boldsymbol{y}_{k+1}=\boldsymbol{a}_i\cdot(\boldsymbol{x}_{k+1}-t_1\boldsymbol{a}_1-t_2\boldsymbol{a}_2-\cdots-t_k\boldsymbol{a}_k)$$

$$=\boldsymbol{a}_i\cdot\boldsymbol{x}_{k+1}-t_i\|\boldsymbol{a}_i\|^2=\boldsymbol{a}_i\cdot\boldsymbol{x}_{k+1}-t_i=0$$

から,$t_i=\boldsymbol{a}\cdot\boldsymbol{x}_{k+1}$ になってしまうのだ!!

$$\boldsymbol{y}_{k+1}=\boldsymbol{x}_{k+1}-(t_1\boldsymbol{a}_1+t_2\boldsymbol{a}_2+\cdots+t_k\boldsymbol{a}_k)\quad(\text{ただし},\ t_i=\boldsymbol{a}_i\cdot\boldsymbol{x}_{k+1})$$

そして $\boldsymbol{y}_{k+1}$ の大きさを 1 に縮めて $\boldsymbol{a}_{k+1}$ とする。

$$\boldsymbol{a}_{k+1}=\frac{1}{\|\boldsymbol{y}_{k+1}\|}\boldsymbol{y}_{k+1}$$

これを $k+1=m$ となるまで繰り返せば,正規直交基底ができあがるのである。

$$\{\boldsymbol{a}_1,\boldsymbol{a}_2,\cdots,\boldsymbol{a}_m\}\quad\cdots\cdots\text{完成}!!$$

これがシュミットの直交化法のプロセスである。まとめると次のようになる。

シュミットの直交化法

$\{\boldsymbol{x}_1,\boldsymbol{x}_2,\cdots,\boldsymbol{x}_m\}$ のうち,k 個の $\{\boldsymbol{x}_1,\cdots,\boldsymbol{x}_k\}$ を用いて正規直交基底の一部

$$\{\boldsymbol{a}_1,\boldsymbol{a}_2,\cdots,\boldsymbol{a}_k\}$$

ができているとき,

$$\boldsymbol{y}_{k+1}=\boldsymbol{x}_{k+1}-\sum_{i=1}^{k}(\boldsymbol{a}_i\cdot\boldsymbol{x}_{k+1})\boldsymbol{a}_i$$

$$\boldsymbol{a}_{k+1}=\frac{1}{\|\boldsymbol{y}_{k+1}\|}\boldsymbol{y}_{k+1}$$

なる操作を繰り返せば,正規直交基底 $\{\boldsymbol{a}_1,\cdots,\boldsymbol{a}_m\}$ ができる。

シュミットの直交化法により，次の基底を直交化せよ。

演習問題
9-1

(1) $\left\{ \begin{pmatrix} 1 \\ 0 \\ 1 \end{pmatrix}, \begin{pmatrix} 0 \\ 1 \\ 1 \end{pmatrix}, \begin{pmatrix} -1 \\ 0 \\ 1 \end{pmatrix} \right\}$

(2) $\left\{ \begin{pmatrix} 1 \\ 0 \\ 0 \\ 1 \end{pmatrix}, \begin{pmatrix} -1 \\ 1 \\ 0 \\ 0 \end{pmatrix}, \begin{pmatrix} 0 \\ 1 \\ -1 \\ 0 \end{pmatrix}, \begin{pmatrix} 0 \\ 2 \\ 0 \\ -1 \end{pmatrix} \right\}$

【解答＆解説】　計算過程が重要である。しっかり書き残そう。

（1）　与えられた順に x_1, x_2, x_3 とおく。

$$a_1 = \frac{1}{\|x_1\|} x_1 = \frac{1}{\sqrt{2}} \begin{pmatrix} 1 \\ 0 \\ 1 \end{pmatrix}$$

$$y_2 = x_2 - (a_1 \cdot x_2) a_1 = \begin{pmatrix} 0 \\ 1 \\ 1 \end{pmatrix} - \frac{1}{\sqrt{2}} \cdot \frac{1}{\sqrt{2}} \begin{pmatrix} 1 \\ 0 \\ 1 \end{pmatrix} = \frac{1}{2} \begin{pmatrix} -1 \\ 2 \\ 1 \end{pmatrix}$$

$$a_2 = \frac{1}{\|y_2\|} y_2 = \frac{1}{\sqrt{6}} \begin{pmatrix} -1 \\ 2 \\ 1 \end{pmatrix}$$

$$y_3 = x_3 - (a_1 \cdot x_3) a_1 - (a_2 \cdot x_3) a_2$$
$$= \begin{pmatrix} -1 \\ 0 \\ 1 \end{pmatrix} - 0 \begin{pmatrix} 1 \\ 0 \\ 1 \end{pmatrix} - \frac{2}{\sqrt{6}} \cdot \frac{1}{\sqrt{6}} \begin{pmatrix} -1 \\ 2 \\ 1 \end{pmatrix} = \frac{2}{3} \begin{pmatrix} -1 \\ -1 \\ 1 \end{pmatrix}$$

$$a_3 = \frac{1}{\|y_3\|} y_3 = \frac{1}{\sqrt{3}} \begin{pmatrix} -1 \\ -1 \\ 1 \end{pmatrix}$$

$$\{a_1, a_2, a_3\} = \left\{ \frac{1}{\sqrt{2}} \begin{pmatrix} 1 \\ 0 \\ 1 \end{pmatrix}, \frac{1}{\sqrt{6}} \begin{pmatrix} -1 \\ 2 \\ 1 \end{pmatrix}, \frac{1}{\sqrt{3}} \begin{pmatrix} -1 \\ -1 \\ 1 \end{pmatrix} \right\} \quad \cdots\cdots（答）$$

(2) 与えられた順に x_1, x_2, x_3, x_4 とおく。

$$a_1 = \frac{1}{\|x_1\|}\,x_1 = \frac{1}{\sqrt{2}}\begin{pmatrix} 1 \\ 0 \\ 0 \\ 1 \end{pmatrix}$$

$$y_2 = x_2 - (a_1 \cdot x_2)a_1 = \begin{pmatrix} -1 \\ 1 \\ 0 \\ 0 \end{pmatrix} - \frac{-1}{\sqrt{2}} \cdot \frac{1}{\sqrt{2}}\begin{pmatrix} 1 \\ 0 \\ 0 \\ 1 \end{pmatrix} = \frac{1}{2}\begin{pmatrix} -1 \\ 2 \\ 0 \\ 1 \end{pmatrix}$$

$$a_2 = \frac{1}{\|y_2\|}\,y_2 = \frac{1}{\sqrt{6}}\begin{pmatrix} -1 \\ 2 \\ 0 \\ 1 \end{pmatrix}$$

$$y_3 = x_3 - (a_1 \cdot x_3)a_1 - (a_2 \cdot x_3)a_2$$

$$= \begin{pmatrix} 0 \\ 1 \\ -1 \\ 0 \end{pmatrix} - 0 \cdot \frac{1}{\sqrt{2}}\begin{pmatrix} 1 \\ 0 \\ 0 \\ 1 \end{pmatrix} - \frac{2}{\sqrt{6}} \cdot \frac{1}{\sqrt{6}}\begin{pmatrix} -1 \\ 2 \\ 0 \\ 1 \end{pmatrix} = \frac{1}{3}\begin{pmatrix} 1 \\ 1 \\ -3 \\ -1 \end{pmatrix}$$

$$a_3 = \frac{1}{\|y_3\|}\,y_3 = \frac{1}{2\sqrt{3}}\begin{pmatrix} 1 \\ 1 \\ -3 \\ -1 \end{pmatrix}$$

$$y_4 = x_4 - (a_1 \cdot x_4)a_1 - (a_2 \cdot x_4)a_2 - (a_3 \cdot x_4)a_3$$

$$= \begin{pmatrix} 0 \\ 2 \\ 0 \\ -1 \end{pmatrix} - \frac{-1}{\sqrt{2}} \cdot \frac{1}{\sqrt{2}}\begin{pmatrix} 1 \\ 0 \\ 0 \\ 1 \end{pmatrix} - \frac{3}{\sqrt{6}} \cdot \frac{1}{\sqrt{6}}\begin{pmatrix} -1 \\ 2 \\ 0 \\ 1 \end{pmatrix}$$

$$- \frac{3}{2\sqrt{3}} \cdot \frac{1}{2\sqrt{3}}\begin{pmatrix} 1 \\ 1 \\ -3 \\ -1 \end{pmatrix}$$

$$=\frac{3}{4}\begin{pmatrix}1\\1\\1\\-1\end{pmatrix}$$

$$\boldsymbol{a}_4=\frac{1}{\|\boldsymbol{y}_4\|}\boldsymbol{y}_4=\frac{1}{2}\begin{pmatrix}1\\1\\1\\-1\end{pmatrix}$$

$\{\boldsymbol{a}_1,\,\boldsymbol{a}_2,\,\boldsymbol{a}_3,\,\boldsymbol{a}_4\}$

$$=\left\{\frac{1}{\sqrt{2}}\begin{pmatrix}1\\0\\0\\1\end{pmatrix},\,\frac{1}{\sqrt{6}}\begin{pmatrix}-1\\2\\0\\1\end{pmatrix},\,\frac{1}{2\sqrt{3}}\begin{pmatrix}1\\1\\-3\\-1\end{pmatrix},\,\frac{1}{2}\begin{pmatrix}1\\1\\1\\-1\end{pmatrix}\right\}\quad\cdots\cdots(\text{答})$$

R^2 と R^3 の幾何

ここではいままで勉強してきた内積の知識などを利用して，平面や空間の幾何を学ぼう。

R^3 内の外積

$A=\begin{pmatrix}x_1 & y_1 & z_1\\x_1 & y_1 & z_1\\x_2 & y_2 & z_2\end{pmatrix}$ という行列を考える。「**❼行同じは行列式 0 の法則**」

から $|A|=0$ である。この行列式を第 1 行について余因子展開すると，

$$|A|=x_1\begin{vmatrix}y_1 & z_1\\y_2 & z_2\end{vmatrix}-y_1\begin{vmatrix}x_1 & z_1\\x_2 & z_2\end{vmatrix}+z_1\begin{vmatrix}x_1 & y_1\\x_2 & y_2\end{vmatrix}=0\quad\cdots\cdots①$$

になる。同様に $B=\begin{pmatrix}x_2 & y_2 & z_2\\x_1 & y_1 & z_1\\x_2 & y_2 & z_2\end{pmatrix}$ とおけば $|A|=0$ で，これを第 1 行について余因子展開すると，

$$|B|=x_2\begin{vmatrix}y_1 & z_1\\y_2 & z_2\end{vmatrix}-y_2\begin{vmatrix}x_1 & z_1\\x_2 & z_2\end{vmatrix}+z_2\begin{vmatrix}x_1 & y_1\\x_2 & y_2\end{vmatrix}=0\quad\cdots\cdots②$$

になる。ここで①，②をよーく見てみよう！　そう，こいつらはなんとなく**内積**の形になっているじゃないか。つまり，

$$\boldsymbol{x}_1=(x_1,\,y_1,\,z_1),\quad \boldsymbol{x}_2=(x_2,\,y_2,\,z_2)$$

とおくと，

$$\boldsymbol{x}_3=\left(\begin{vmatrix} y_1 & z_1 \\ y_2 & z_2 \end{vmatrix},\ -\begin{vmatrix} x_1 & z_1 \\ x_2 & z_2 \end{vmatrix},\ \begin{vmatrix} x_1 & y_1 \\ x_2 & y_2 \end{vmatrix}\right)$$

として，$\boldsymbol{x}_1\cdot\boldsymbol{x}_3=\boldsymbol{x}_2\cdot\boldsymbol{x}_3=0$ となっているのだ！！

これだと第 2 成分はマイナスになるが，「**❷行（列）入れ換え　−1 倍の法則**」から $-\begin{vmatrix} x_1 & z_1 \\ x_2 & z_2 \end{vmatrix}=\begin{vmatrix} z_1 & x_1 \\ z_2 & x_2 \end{vmatrix}$ と書き換えられるので，

$$\boldsymbol{x}_3=\left(\begin{vmatrix} y_1 & z_1 \\ y_2 & z_2 \end{vmatrix},\ \begin{vmatrix} z_1 & x_1 \\ z_2 & x_2 \end{vmatrix},\ \begin{vmatrix} x_1 & y_1 \\ x_2 & y_2 \end{vmatrix}\right)$$

と変形できる。このややこしい**第 3 のベクトル**は何かというと　$\boldsymbol{x}_1$ にも $\boldsymbol{x}_2$ にも垂直なベクトル　なのである！

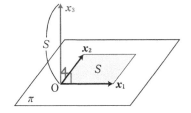

　これを $\boldsymbol{x}_1$ と $\boldsymbol{x}_2$ の**外積**と呼んで，$\boldsymbol{x}_1\times\boldsymbol{x}_2$ と表す。計算が大変なので結論だけいうと，その大きさ（つまり $\|\boldsymbol{x}_1\times\boldsymbol{x}_2\|$）は，$\boldsymbol{x}_1$ と $\boldsymbol{x}_2$ で形作られる平行四辺形の面積と一致するのだ。

定　義

$\boldsymbol{x}_1=(x_1,\,y_1,\,z_1)$，$\boldsymbol{x}_2=(x_2,\,y_2,\,z_2)$ に対し，

$$\boldsymbol{x}_1\times\boldsymbol{x}_2=\left(\begin{vmatrix} y_1 & z_1 \\ y_2 & z_2 \end{vmatrix},\ \begin{vmatrix} z_1 & x_1 \\ z_2 & x_2 \end{vmatrix},\ \begin{vmatrix} x_1 & y_1 \\ x_2 & y_2 \end{vmatrix}\right)$$

と表し，これを $\boldsymbol{x}_1,\ \boldsymbol{x}_2$ の**外積**と呼ぶ。また

$$\boldsymbol{x}_1\cdot(\boldsymbol{x}_1\times\boldsymbol{x}_2)=\boldsymbol{x}_2\cdot(\boldsymbol{x}_1\times\boldsymbol{x}_2)=0$$

が成り立つ。

　ここで外積の簡単な覚え方を紹介しよう。$\boldsymbol{e}_1=(1,\,0,\,0)$，$\boldsymbol{e}_2=(0,\,1,\,0)$，$\boldsymbol{e}_3=(0,\,0,\,1)$ とすると，

$$\boldsymbol{x}_1\times\boldsymbol{x}_2=\begin{vmatrix} \boldsymbol{e}_1 & \boldsymbol{e}_2 & \boldsymbol{e}_3 \\ x_1 & y_1 & z_1 \\ x_2 & y_2 & z_2 \end{vmatrix}$$

という公式が成り立っているのだ（第 1 行について余因子展開してみよう）。これならすぐに覚えられるんじゃないかな。

平行四辺形の面積と平行六面体の体積

高校生の頃に学んだかもしれないが，

$$\boldsymbol{x}_1 = \begin{pmatrix} p \\ q \end{pmatrix},\ \boldsymbol{x}_2 = \begin{pmatrix} r \\ s \end{pmatrix}$$

によって形作られる平行四辺形の面積は，

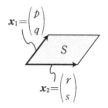

$$S = |ps - qr| = \left\| \begin{matrix} p & r \\ q & s \end{matrix} \right\|$$

という形で表される。これは行列 $(\boldsymbol{x}_1\ \ \boldsymbol{x}_2)$ の行列式の絶対値を取ったものになっている。

この面積の公式と同様の公式が平行六面体にも成り立っていて，

$$\boldsymbol{x}_1 = \begin{pmatrix} x_1 \\ y_1 \\ z_1 \end{pmatrix},\ \boldsymbol{x}_2 = \begin{pmatrix} x_2 \\ y_2 \\ z_2 \end{pmatrix},\ \boldsymbol{x}_3 = \begin{pmatrix} x_3 \\ y_3 \\ z_3 \end{pmatrix}$$ によって形作られる平行六面体の体

積は

$$V = \left\| \begin{matrix} x_1 & x_2 & x_3 \\ y_1 & y_2 & y_3 \\ z_1 & z_2 & z_3 \end{matrix} \right\| = \left\| \begin{matrix} \boldsymbol{x}_1 & \boldsymbol{x}_2 & \boldsymbol{x}_3 \end{matrix} \right\|$$

となるからおもしろい。この公式を説明しよう。

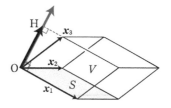

外積のところで「大きさ（つまり $\|\boldsymbol{x}_1 \times \boldsymbol{x}_2\|$）は，$\boldsymbol{x}_1$ と $\boldsymbol{x}_2$ で形作られる平行四辺形の面積と一致する」と述べた。これを底面積として，次に高さについて考えてみよう。

図を見てもらえればわかると思うが，$\boldsymbol{x}_1$，$\boldsymbol{x}_2$ 双方に垂直である外積ベクトル $\boldsymbol{x}_1 \times \boldsymbol{x}_2$ へ，$\boldsymbol{x}_3$ の正射影を取れば，その長さが高さになる。

右図のように，点 A（$\boldsymbol{x}_3$）から $\boldsymbol{x}_1 \times \boldsymbol{x}_2$ に平行な直線へ下した垂線の足を点 H とすれば

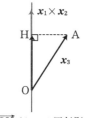

$\overrightarrow{\mathrm{OH}}$ が $\boldsymbol{x}_3$ の正射影

$$\overrightarrow{\mathrm{OH}} = k(\boldsymbol{x}_1 \times \boldsymbol{x}_2)$$

とおけて,

$$\overrightarrow{\mathrm{HA}} = \overrightarrow{\mathrm{OA}} - \overrightarrow{\mathrm{OH}} = \boldsymbol{x}_3 - k(\boldsymbol{x}_1 \times \boldsymbol{x}_2)$$

となるのだが, $\overrightarrow{\mathrm{HA}} \perp (\boldsymbol{x}_1 \times \boldsymbol{x}_2)$ なので,

$$\overrightarrow{\mathrm{HA}} \cdot (\boldsymbol{x}_1 \times \boldsymbol{x}_2) = 0 \Longleftrightarrow \boldsymbol{x}_3 \cdot (\boldsymbol{x}_1 \times \boldsymbol{x}_2) - k\|\boldsymbol{x}_1 \times \boldsymbol{x}_2\|^2 = 0$$

である。いまは $\|\boldsymbol{x}_1 \times \boldsymbol{x}_2\| \neq \boldsymbol{0}$ を考えているので, $k = \dfrac{\boldsymbol{x}_3 \cdot (\boldsymbol{x}_1 \times \boldsymbol{x}_2)}{\|\boldsymbol{x}_1 \times \boldsymbol{x}_2\|^2}$ となる。

その結果, この平行六面体の高さは,

$$\|\overrightarrow{\mathrm{OH}}\| = \|k(\boldsymbol{x}_1 \times \boldsymbol{x}_2)\| = |k| \cdot \|\boldsymbol{x}_1 \times \boldsymbol{x}_2\|$$
$$= \frac{|\boldsymbol{x}_3 \cdot (\boldsymbol{x}_1 \times \boldsymbol{x}_2)|}{\|\boldsymbol{x}_1 \times \boldsymbol{x}_2\|}$$

となるのだ。

求める体積 V の底面積は $\|\boldsymbol{x}_1 \times \boldsymbol{x}_2\|$ なので, 結局,

$$V = \|\boldsymbol{x}_1 \times \boldsymbol{x}_2\| \cdot \|\overrightarrow{\mathrm{OH}}\| = |\boldsymbol{x}_3 \cdot (\boldsymbol{x}_1 \times \boldsymbol{x}_2)|$$

となるのである。これを成分で計算すると,

$$V = \left| x_3 \begin{vmatrix} y_1 & z_1 \\ y_2 & z_2 \end{vmatrix} - y_3 \begin{vmatrix} x_1 & z_1 \\ x_2 & z_2 \end{vmatrix} + z_3 \begin{vmatrix} x_1 & y_1 \\ x_2 & y_2 \end{vmatrix} \right|$$

だが, なんとこれは次の行列式の第3行余因子展開の絶対値を取ったもの

$$\left| \begin{vmatrix} x_1 & y_1 & z_1 \\ x_2 & y_2 & z_2 \\ x_3 & y_3 & z_3 \end{vmatrix} \right| = \left| x_3 \begin{vmatrix} y_1 & z_1 \\ y_2 & z_2 \end{vmatrix} - y_3 \begin{vmatrix} x_1 & z_1 \\ x_2 & z_2 \end{vmatrix} + z_3 \begin{vmatrix} x_1 & y_1 \\ x_2 & y_2 \end{vmatrix} \right|$$

と一致してしまう。この行列式に「❺転置はオッケーの法則」を用いることで公式が証明できるのである。

　注　なお O $(0, 0, 0)$ と A $(\boldsymbol{x}_1)$, B $(\boldsymbol{x}_2)$, C $(\boldsymbol{x}_3)$ による四面体の体積はこの平行六面体の $\dfrac{1}{6}$ となることも注意しておこう（復習問題 9–2 参照）。

外積について，次の公式を証明せよ。

実習問題
9-1

(1) $\boldsymbol{a} \times \boldsymbol{b} = -\boldsymbol{b} \times \boldsymbol{a}$

(2) $\boldsymbol{a} \times (\boldsymbol{b} + \boldsymbol{b}') = \boldsymbol{a} \times \boldsymbol{b} + \boldsymbol{a} \times \boldsymbol{b}'$

【解答＆解説】

以下，$\boldsymbol{a} = \begin{pmatrix} a_1 \\ a_2 \\ a_3 \end{pmatrix}$, $\boldsymbol{b} = \begin{pmatrix} b_1 \\ b_2 \\ b_3 \end{pmatrix}$, $\boldsymbol{b}' = \begin{pmatrix} b_1' \\ b_2' \\ b_3' \end{pmatrix}$ とする。

(1) $\boldsymbol{a} \times \boldsymbol{b} = \left(\begin{vmatrix} a_2 & a_3 \\ b_2 & b_3 \end{vmatrix}, \begin{vmatrix} a_3 & a_1 \\ b_3 & b_1 \end{vmatrix}, \begin{vmatrix} a_1 & a_2 \\ b_1 & b_2 \end{vmatrix} \right)$

$= \left(-\begin{vmatrix} b_2 & b_3 \\ a_2 & a_3 \end{vmatrix}, -\begin{vmatrix} b_3 & b_1 \\ a_3 & a_1 \end{vmatrix}, \boxed{\text{(a)}} \right) = -\boldsymbol{b} \times \boldsymbol{a}$

（∵ ❹行入れ換え −1 倍の法則）

(2) $\boldsymbol{a} \times \boldsymbol{b} + \boldsymbol{a} \times \boldsymbol{b}'$

$= \left(\begin{vmatrix} a_2 & a_3 \\ b_2 & b_3 \end{vmatrix} + \begin{vmatrix} a_2 & a_3 \\ b_2' & b_3' \end{vmatrix}, \begin{vmatrix} a_3 & a_1 \\ b_3 & b_1 \end{vmatrix} + \begin{vmatrix} a_3 & a_1 \\ b_3' & b_1' \end{vmatrix}, \begin{vmatrix} a_1 & a_2 \\ b_1 & b_2 \end{vmatrix} + \begin{vmatrix} a_1 & a_2 \\ b_1' & b_2' \end{vmatrix} \right)$

$= \left(\begin{vmatrix} a_2 & a_3 \\ b_2 + b_2' & b_3 + b_3' \end{vmatrix}, \begin{vmatrix} a_3 & a_1 \\ b_3 + b_3' & b_1 + b_1' \end{vmatrix}, \boxed{\text{(b)}} \right)$

$= \boldsymbol{a} \times (\boldsymbol{b} + \boldsymbol{b}')$（∵ ❸ 1 行 2 分割の法則の逆）

(a) $-\begin{vmatrix} b_1 & b_2 \\ a_1 & a_2 \end{vmatrix}$　　(b) $\begin{vmatrix} a_1 & a_2 \\ b_1 + b_1' & b_2 + b_2' \end{vmatrix}$

復習問題
9-1

シュミットの直交化法によって，次の基底を正規直交化せよ。

$$\boldsymbol{x}_1 = \begin{pmatrix} 2 \\ 1 \\ -2 \\ 0 \end{pmatrix}, \quad \boldsymbol{x}_2 = \begin{pmatrix} 1 \\ 1 \\ 0 \\ 0 \end{pmatrix}, \quad \boldsymbol{x}_3 = \begin{pmatrix} 1 \\ 0 \\ 1 \\ 0 \end{pmatrix}, \quad \boldsymbol{x}_1 = \begin{pmatrix} 2 \\ -1 \\ 0 \\ 1 \end{pmatrix}$$

【解答＆解説】

$$\boldsymbol{a}_1 = \frac{\boldsymbol{x}_1}{\|\boldsymbol{x}_1\|} = \frac{1}{3}\begin{pmatrix} 2 \\ 1 \\ -2 \\ 0 \end{pmatrix}$$

$$\boldsymbol{y}_2 = \boldsymbol{x}_2 - (\boldsymbol{a}_1 \cdot \boldsymbol{x}_2)\boldsymbol{a}_1 = \begin{pmatrix} 1 \\ 1 \\ 0 \\ 0 \end{pmatrix} - \frac{1}{3}\left\{\frac{1}{3}\begin{pmatrix} 2 \\ 1 \\ -2 \\ 0 \end{pmatrix} \cdot \begin{pmatrix} 1 \\ 1 \\ 0 \\ 0 \end{pmatrix}\right\}\begin{pmatrix} 2 \\ 1 \\ -2 \\ 0 \end{pmatrix} = \frac{1}{3}\begin{pmatrix} 1 \\ 2 \\ 2 \\ 0 \end{pmatrix}$$

$$\boldsymbol{a}_2 = \frac{\boldsymbol{y}_2}{\|\boldsymbol{y}_2\|} = \frac{1}{3}\begin{pmatrix} 1 \\ 2 \\ 2 \\ 0 \end{pmatrix}$$

$$\boldsymbol{y}_3 = \boldsymbol{x}_3 - (\boldsymbol{a}_1 \cdot \boldsymbol{x}_3)\boldsymbol{a}_1 - (\boldsymbol{a}_2 \cdot \boldsymbol{x}_3)\boldsymbol{a}_2$$

$$= \begin{pmatrix} 1 \\ 0 \\ 1 \\ 0 \end{pmatrix} - \frac{1}{3}\left\{\frac{1}{3}\begin{pmatrix} 2 \\ 1 \\ -2 \\ 0 \end{pmatrix} \cdot \begin{pmatrix} 1 \\ 0 \\ 1 \\ 0 \end{pmatrix}\right\}\begin{pmatrix} 2 \\ 1 \\ -2 \\ 0 \end{pmatrix} - \frac{1}{3}\left\{\frac{1}{3}\begin{pmatrix} 1 \\ 2 \\ 2 \\ 0 \end{pmatrix} \cdot \begin{pmatrix} 1 \\ 0 \\ 1 \\ 0 \end{pmatrix}\right\}\begin{pmatrix} 1 \\ 2 \\ 2 \\ 0 \end{pmatrix} = \frac{1}{3}\begin{pmatrix} 2 \\ -2 \\ 1 \\ 0 \end{pmatrix}$$

$$\boldsymbol{a}_3 = \frac{\boldsymbol{y}_3}{\|\boldsymbol{y}_3\|} = \frac{1}{3}\begin{pmatrix} 2 \\ -2 \\ 1 \\ 0 \end{pmatrix}$$

$$\boldsymbol{y}_4 = \boldsymbol{x}_4 - (\boldsymbol{a}_1 \cdot \boldsymbol{x}_4)\boldsymbol{a}_1 - (\boldsymbol{a}_2 \cdot \boldsymbol{x}_4)\boldsymbol{a}_2 - (\boldsymbol{a}_3 \cdot \boldsymbol{x}_4)\boldsymbol{a}_3$$

$$= \begin{pmatrix} 2 \\ -1 \\ 0 \\ 1 \end{pmatrix} - \frac{1}{3}\left\{ \frac{1}{3}\begin{pmatrix} 2 \\ 1 \\ -2 \\ 0 \end{pmatrix} \cdot \begin{pmatrix} 2 \\ -1 \\ 0 \\ 1 \end{pmatrix} \right\}\begin{pmatrix} 2 \\ 1 \\ -2 \\ 0 \end{pmatrix} - \frac{1}{3}\left\{ \frac{1}{3}\begin{pmatrix} 1 \\ 2 \\ 2 \\ 0 \end{pmatrix} \cdot \begin{pmatrix} 2 \\ -1 \\ 0 \\ 1 \end{pmatrix} \right\}\begin{pmatrix} 1 \\ 2 \\ 2 \\ 0 \end{pmatrix}$$

$$- \frac{1}{3}\left\{ \frac{1}{3}\begin{pmatrix} 2 \\ -2 \\ 1 \\ 0 \end{pmatrix} \cdot \begin{pmatrix} 2 \\ -1 \\ 0 \\ 1 \end{pmatrix} \right\}\begin{pmatrix} 2 \\ -2 \\ 1 \\ 0 \end{pmatrix} = \begin{pmatrix} 0 \\ 0 \\ 0 \\ 1 \end{pmatrix}$$

$$\boldsymbol{a}_4 = \frac{\boldsymbol{y}_4}{\|\boldsymbol{y}_4\|} = \begin{pmatrix} 0 \\ 0 \\ 0 \\ 1 \end{pmatrix}$$

以上より求められた正規直交系は

$$\{\boldsymbol{a}_1, \quad \boldsymbol{a}_2, \quad \boldsymbol{a}_3, \quad \boldsymbol{a}_4\} = \left\{ \frac{1}{3}\begin{pmatrix} 2 \\ 1 \\ -2 \\ 0 \end{pmatrix}, \quad \frac{1}{3}\begin{pmatrix} 1 \\ 2 \\ 2 \\ 0 \end{pmatrix}, \quad \frac{1}{3}\begin{pmatrix} 2 \\ -2 \\ 1 \\ 0 \end{pmatrix}, \quad \begin{pmatrix} 0 \\ 0 \\ 0 \\ 1 \end{pmatrix} \right\} \quad \cdots\cdots(答)$$

復習問題
9-2

xyz 空間内の 4 点

A$(1,\ 0,\ 1)$, B$(2,\ 1,\ 0)$, C$(3,\ 0,\ -1)$, D$(1,\ 2,\ 4)$

による四面体 ABCD の体積を求めよ。

【解答＆解説】

$$\overrightarrow{\mathrm{AB}}=\begin{pmatrix}1\\1\\-1\end{pmatrix},\ \overrightarrow{\mathrm{AC}}=\begin{pmatrix}2\\0\\-2\end{pmatrix},\ \overrightarrow{\mathrm{AD}}=\begin{pmatrix}0\\2\\3\end{pmatrix}$$

であるから，これらによって構成される平行六面体の体積 V_0 は，

$$V_0=\left\|\ \overrightarrow{\mathrm{AB}}\ \ \overrightarrow{\mathrm{AC}}\ \ \overrightarrow{\mathrm{AD}}\ \right\|=\begin{Vmatrix}1&2&0\\1&0&2\\-1&-2&3\end{Vmatrix}$$

$$=\left|\,0-4+0-0-6+4\,\right|=6$$

この平行六面体について，底面を $\overrightarrow{\mathrm{AB}}$, $\overrightarrow{\mathrm{AC}}$ で構成する平行四辺形と考えれば，その面積は △ ABC の 2 倍で，高さは平面 ABC と点 D との距離 h とすれば，

$$V_0=2\triangle\mathrm{ABC}\cdot h=6\qquad\cdots\cdots①$$

求める四面体 ABCD は △ ABC を底面，高さをそのまま h だとできるから，四面体 ABCD の体積を V として，①より

$$V=\frac{1}{3}\triangle\mathrm{ABC}\cdot h=\frac{1}{6}V_0=1\qquad\cdots\cdots(答)$$

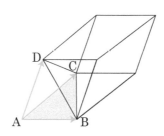

講義 10 | 固有値と 固有ベクトル

　ベクトル空間や線形写像といえば，具体例も豊富なので，我々にとっては最もわかりやすいフィールドの1つではある。それでも行列などは考えるべき要素が多く，イメージしづらいものには違いない。そこで，そうした中でも比較的イメージしやすい性質をもつものを取り出して考察してみよう。するとそこにはとても豊かな結果がたくさん隠れていることがわかるのだ。

考えるフィールド

　はじめにきちんとさせておくが，ここでは $R^n \to R^n$ の**線形変換**に限って話をすることにしよう。よって，扱う行列は主に $n \times n$ の正方行列となる。

特定の方向に特殊な作用を起こすことがある

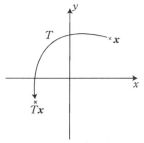

R^n から R^n 自身の中への写像だけを考える。

　線形変換についてあらためて考えてみよう。たとえば R^2 での線形変換くらいならまだわかりやすそうなものだが，

$$\begin{pmatrix} X \\ Y \end{pmatrix} = \begin{pmatrix} a & b \\ c & d \end{pmatrix}\begin{pmatrix} x \\ y \end{pmatrix} = \begin{pmatrix} ax+by \\ cx+dy \end{pmatrix}$$

を見て $\begin{pmatrix} x \\ y \end{pmatrix}$ から $\begin{pmatrix} ax+by \\ cx+dy \end{pmatrix}$ へ写っていく様子がどれだけ想像できるだろうか。正直ちんぷんかんぷんに近いだろう。しかしその中には少々気になる特徴的な動きもするものがあるので，そこに注目する。

　具体的な例として，$A = \begin{pmatrix} 1 & 1 \\ 1 & \frac{5}{2} \end{pmatrix}$ による線形写像を考えよう。

　この A によって平面全体がどう動かされるかはちょっと想像しにくいか

もしれないが，ダマされたと思って次の2つを計算してみてほしい。

$$\begin{pmatrix} 1 & 1 \\ 1 & \dfrac{5}{2} \end{pmatrix}\begin{pmatrix} 1 \\ 2 \end{pmatrix}=\begin{pmatrix} 3 \\ 6 \end{pmatrix}=3\begin{pmatrix} 1 \\ 2 \end{pmatrix}$$

$$\begin{pmatrix} 1 & 1 \\ 1 & \dfrac{5}{2} \end{pmatrix}\begin{pmatrix} -2 \\ 1 \end{pmatrix}=\begin{pmatrix} -1 \\ \dfrac{1}{2} \end{pmatrix}=\dfrac{1}{2}\begin{pmatrix} -2 \\ 1 \end{pmatrix}$$

どうだろう，これらから何を読み取れるだろうか。そう，　**R^2内にある平行でない2つのベクトルが定数倍されている**　ことがわかるのだ。

　これは2次元ベクトル空間とそこでの線形変換にとっては非常に重大なことだ。なぜならR^2内のどんなベクトルも

$$\boldsymbol{x}=\alpha\begin{pmatrix} 1 \\ 2 \end{pmatrix}+\beta\begin{pmatrix} -2 \\ 1 \end{pmatrix}$$

の形にただ1通りに表せるからなのだ（135ページを参照しよう）！

　この両辺にAをかけてみると

$$A\boldsymbol{x}=A\left(\alpha\begin{pmatrix} 1 \\ 2 \end{pmatrix}+\beta\begin{pmatrix} -2 \\ 1 \end{pmatrix}\right)$$

$$=\alpha A\begin{pmatrix} 1 \\ 2 \end{pmatrix}+\beta A\begin{pmatrix} -2 \\ 1 \end{pmatrix}$$

$$=3\alpha\begin{pmatrix} 1 \\ 2 \end{pmatrix}+\dfrac{1}{2}\beta\begin{pmatrix} -2 \\ 1 \end{pmatrix}$$

になって　$(1,\ 2)$方向は3倍，$(-2,\ 1)$方向は$\dfrac{1}{2}$倍　されるということが

保存されている！　これならAによる線形変換がどういうものかイメージできそうだ！　このように線形変換によってその方向が変わらないベクトルを行列Aの**固有ベクトル**，定数倍を**固有値**と呼ぶ。

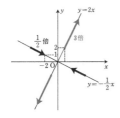

Aによって$(1, 2)$方向が3倍，
$(-2, 1)$方向が$\dfrac{1}{2}$倍される。

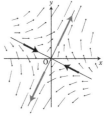

平面全体での点の動きを
イメージするとこんな感じだ。

$n \times n$ 行列 A に対して

$$Ax = \lambda x \quad (x \in \mathbf{R}^n, \ \lambda \text{ は実定数})$$

をみたす $\mathbf{0}$ でない x と λ が取れることがある。このとき，λ を A の**固有値**，x を A の**固有ベクトル**と呼ぶ。

固有値・固有ベクトルの求め方

$n \times n$ 行列 X に対して，$x \neq \mathbf{0}$ なる x が

$$Xx = \mathbf{0}$$

をみたすならば X^{-1} は存在しない。すなわち，

$$|X| = 0$$

証明は簡単だ。なぜなら，もし X^{-1} が存在すれば，それを両辺に左から
かけると

$$X^{-1}Xx = X^{-1}\mathbf{0} \Longleftrightarrow x = \mathbf{0}$$

となり，はじめの条件と矛盾するからだ。逆行列が存在しないとき，その行
列式が 0 になるのは講義 4 でやったよね。

この補題を用いて固有値の求め方を考えよう。

もし $Ax = \lambda x$ という式が成り立っているとしたらどうだろう。λx という
のは単に λ 倍することなので，それを表す行列といえば λE だ。そこで，

$$Ax = \lambda x \Longleftrightarrow Ax = \lambda Ex$$
$$\Longleftrightarrow Ax - \lambda Ex = \mathbf{0}$$
$$\Longleftrightarrow (A - \lambda E)x = \mathbf{0}$$

と変形したらどうだろう。これで補題が使える形になったね！

行列 A の固有値 λ は，方程式

$$|A - \lambda E| = 0$$

の解である。

196

というわけで，固有値・固有ベクトルの計算には

$$(A-\lambda E)\boldsymbol{x}=\boldsymbol{0}$$

が意味をもつわけだね！

　ここで，たとえば，$A=\begin{pmatrix} 1 & 1 \\ 0 & 2 \end{pmatrix}$ の固有値を求めるとする。先の補題を用いれば

$$A\boldsymbol{x}=\lambda\boldsymbol{x} \Longleftrightarrow (A-\lambda E)\boldsymbol{x}=\boldsymbol{0}$$

から

$$|A-\lambda E|=\begin{vmatrix} 1-\lambda & 1 \\ 0 & 2-\lambda \end{vmatrix}=(1-\lambda)(2-\lambda)=0$$

とおける。よって，2 つの固有値 $\lambda=1, 2$ が求まる。実は，この各固有値それぞれに一次独立に固有ベクトルが取れる のだ（後で述べる）。だから固有値ごとに場合分けをして，それぞれに固有ベクトルを求めよう。

㋑ $\lambda=1$ のとき

　固有ベクトルを $\boldsymbol{x}=\begin{pmatrix} x \\ y \end{pmatrix}$ とすれば，

$$(A-E)\begin{pmatrix} x \\ y \end{pmatrix}=\begin{pmatrix} 0 & 1 \\ 0 & 1 \end{pmatrix}\begin{pmatrix} x \\ y \end{pmatrix}=\begin{pmatrix} y \\ y \end{pmatrix}=\begin{pmatrix} 0 \\ 0 \end{pmatrix}$$

なので，$y=0$。逆に $y=0$ となるベクトルならば，すべて固有値 1 に対する固有ベクトル だから，$t_1\neq 0$ として $\begin{pmatrix} x \\ y \end{pmatrix}=t_1\begin{pmatrix} 1 \\ 0 \end{pmatrix}$ と表せる。

㋺ $\lambda=2$ のとき

　㋑と同様に

$$(A-2E)\begin{pmatrix} x \\ y \end{pmatrix}=\begin{pmatrix} -1 & 1 \\ 0 & 0 \end{pmatrix}\begin{pmatrix} x \\ y \end{pmatrix}=\begin{pmatrix} 0 \\ 0 \end{pmatrix} \longleftrightarrow x+y=0 \Leftrightarrow x=y$$

なので，$x=y=t_2\neq 0$ として $\begin{pmatrix} x \\ y \end{pmatrix}=t_2\begin{pmatrix} 1 \\ 1 \end{pmatrix}$ と表せる。

次の行列の固有値と固有ベクトルを求めよ。

演習問題 10-1

(1) $A = \begin{pmatrix} 1 & -1 \\ 2 & 4 \end{pmatrix}$ (2) $B = \begin{pmatrix} 5 & 2 \\ -2 & 1 \end{pmatrix}$

【解答＆解説】

(1) $|A - \lambda E| = \begin{vmatrix} 1-\lambda & -1 \\ 2 & 4-\lambda \end{vmatrix} = (1-\lambda)(4-\lambda) + 2 = (\lambda-2)(\lambda-3) = 0$

ゆえに，A の固有値は，$\lambda = 2, 3$ である。 ……(答)

㋑ $\lambda = 2$ のとき $Ax = 2x$ より，

$$(A - 2E)x = \begin{pmatrix} 1-2 & -1 \\ 2 & 4-2 \end{pmatrix}\begin{pmatrix} x \\ y \end{pmatrix} = \begin{pmatrix} -x-y \\ 2x+2y \end{pmatrix} = \begin{pmatrix} 0 \\ 0 \end{pmatrix}$$

よって $y = -x$ なる $\begin{pmatrix} x \\ y \end{pmatrix}$ はすべて固有ベクトルで，$x = t_1 \neq 0$ として，

$$\begin{pmatrix} x \\ y \end{pmatrix} = t_1 \begin{pmatrix} 1 \\ -1 \end{pmatrix} \quad \cdots\cdots(答)$$

㋺ $\lambda = 3$ のとき，$Ax = 3x$ より，

$$(A - 3E)x = \begin{pmatrix} -2 & -1 \\ 2 & 1 \end{pmatrix}\begin{pmatrix} x \\ y \end{pmatrix} = \begin{pmatrix} 0 \\ 0 \end{pmatrix}$$

よって $2x + y = 0$ なる $\begin{pmatrix} x \\ y \end{pmatrix}$ はすべて固有ベクトルで，$x = t_2 \neq 0$ として，

$$\begin{pmatrix} x \\ y \end{pmatrix} = t_2 \begin{pmatrix} 1 \\ -2 \end{pmatrix} \quad \cdots\cdots(答)$$

(2) $|B - \lambda E| = \begin{vmatrix} 5-\lambda & 2 \\ -2 & 1-\lambda \end{vmatrix} = (5-\lambda)(1-\lambda) + 4 = (\lambda-3)^2 = 0$

ゆえに，B の固有値は，$\lambda = 3$ である。 ……(答)

$Bx = 3x$ より，

$$(B - 3E)x = \begin{pmatrix} 2 & 2 \\ -2 & -2 \end{pmatrix}\begin{pmatrix} x \\ y \end{pmatrix} = 2\begin{pmatrix} x+y \\ -x-y \end{pmatrix} = \begin{pmatrix} 0 \\ 0 \end{pmatrix}$$

よって，$x + y = 0$ なる $\begin{pmatrix} x \\ y \end{pmatrix}$ はすべて固有ベクトルゆえ，$x = t \neq 0$ として，

$$\begin{pmatrix} x \\ y \end{pmatrix} = t\begin{pmatrix} 1 \\ -1 \end{pmatrix} \quad \cdots\cdots(答)$$

実習問題
10-1

次の行列の固有値と固有ベクトルを求めよ。

$$A=\begin{pmatrix} -1 & -3 & -4 \\ -2 & 0 & -2 \\ 3 & 3 & 6 \end{pmatrix}$$

【解答 & 解説】　サラスの規則を思い出そう！

$$|A-\lambda E|=\begin{vmatrix} -1-\lambda & -3 & -4 \\ -2 & -\lambda & -2 \\ 3 & 3 & 6-\lambda \end{vmatrix}$$

$$=(-1-\lambda)(-\lambda)(6-\lambda)+18+24-12\lambda-6(6-\lambda)+6(-1-\lambda)$$

$$=-\lambda^3+5\lambda^2-6\lambda=-\lambda(\lambda-2)(\lambda-3)=0$$

ゆえに，A の固有値は $\lambda=0, 2,$ (a)□ である。　……（答）

㋑ $\lambda=0$ のとき

$$A\begin{pmatrix} x \\ y \\ z \end{pmatrix}=\begin{pmatrix} 0 \\ 0 \\ 0 \end{pmatrix}$$

この拡大係数行列を標準化すれば，

$$\left(\begin{array}{ccc|c} -1 & -3 & -4 & 0 \\ -2 & 0 & -2 & 0 \\ 3 & 3 & 6 & 0 \end{array}\right) \longrightarrow \cdots \longrightarrow \left(\begin{array}{ccc|c} 1 & 0 & 1 & 0 \\ 0 & 1 & 1 & 0 \\ 0 & 0 & 0 & 0 \end{array}\right)$$

よって $\begin{cases} x+z=0 \\ y+z=0 \end{cases}$ になる $\begin{pmatrix} x \\ y \\ z \end{pmatrix}$ は $\mathbf{0}$ をのぞき固有ベクトルだから，

$z=t_1\neq 0$ として

$$\begin{pmatrix} x \\ y \\ z \end{pmatrix}=\boxed{\text{(b)}}=t_1\begin{pmatrix} 1 \\ 1 \\ -1 \end{pmatrix}\quad ……（答）$$

㋺ $\lambda=2$ のとき

$$A\begin{pmatrix} x \\ y \\ z \end{pmatrix}=2\begin{pmatrix} x \\ y \\ z \end{pmatrix} \Longleftrightarrow \begin{pmatrix} -3 & -3 & -4 \\ -2 & -2 & -2 \\ 3 & 3 & 4 \end{pmatrix}\begin{pmatrix} x \\ y \\ z \end{pmatrix}=\begin{pmatrix} 0 \\ 0 \\ 0 \end{pmatrix}$$

①と同様にこれを解けば $\begin{cases} x+y=0 \\ z=0 \end{cases}$ である。よって，$y=-t_2 \neq 0$ として

$$\begin{pmatrix} x \\ y \\ z \end{pmatrix} = \begin{pmatrix} t_2 \\ -t_2 \\ 0 \end{pmatrix} = t_2 \begin{pmatrix} 1 \\ -1 \\ 0 \end{pmatrix} \quad \cdots\cdots (\text{答})$$

㋩ $\lambda=3$ のとき

$$A\begin{pmatrix} x \\ y \\ z \end{pmatrix} = 3\begin{pmatrix} x \\ y \\ z \end{pmatrix} \iff \begin{pmatrix} -4 & -3 & -4 \\ -2 & -3 & -2 \\ 3 & 3 & 3 \end{pmatrix}\begin{pmatrix} x \\ y \\ z \end{pmatrix} = \begin{pmatrix} 0 \\ 0 \\ 0 \end{pmatrix}$$

①と同様にこれを解けば $\begin{cases} x+z=0 \\ y=0 \end{cases}$ である。よって，$z=-t_3 \neq 0$ として，

$$\begin{pmatrix} x \\ y \\ z \end{pmatrix} = \begin{pmatrix} t_3 \\ 0 \\ -t_3 \end{pmatrix} = \boxed{\text{(c)}} \quad \cdots\cdots (\text{答})$$

....

(a) 3　(b) $\begin{pmatrix} t_1 \\ t_1 \\ -t_1 \end{pmatrix}$　(c) $t_3 \begin{pmatrix} 1 \\ 0 \\ -1 \end{pmatrix}$

固有空間

もう1つ話しておこう。実は**固有ベクトルは各固有値に対してかならずしも1方向だけ取れるというわけじゃない**。ある固有値に対して2方向以上取れることもあるのだ。例として次を挙げておく。

例題
10-1

次の行列の固有値と固有ベクトルを求めよ。

$$A = \begin{pmatrix} 2 & 0 & 2 \\ 1 & 1 & 2 \\ 1 & 0 & 3 \end{pmatrix}$$

【解答＆解説】 なんだ？ さっきの問題とあまり変わらないじゃないかと思うなかれ。まず $|A-\lambda E|=0$ を解いてみると……。

$$
\begin{aligned}
|A-\lambda E| &= \begin{vmatrix} 2-\lambda & 0 & 2 \\ 1 & 1-\lambda & 2 \\ 1 & 0 & 3-\lambda \end{vmatrix} \\
&= (2-\lambda)(1-\lambda)(3-\lambda) - 2(1-\lambda) \\
&= (1-\lambda)(\lambda^2 - 5\lambda + 6 - 2) \\
&= -(\lambda-1)(\lambda^2 - 5\lambda + 4) \\
&= -(\lambda-1)^2(\lambda-4) = 0 \quad \leftarrow 重解だ！
\end{aligned}
$$

ゆえに，A の固有値は $\lambda = 1, 4$ である。

㋑ $\lambda = 4$ のとき

$$(A-4E)\begin{pmatrix} x \\ y \\ z \end{pmatrix} = \begin{pmatrix} -2 & 0 & 2 \\ 1 & -3 & 2 \\ 1 & 0 & -1 \end{pmatrix}\begin{pmatrix} x \\ y \\ z \end{pmatrix} = \begin{pmatrix} 0 \\ 0 \\ 0 \end{pmatrix}$$

としてこの拡大係数行列を標準化すれば，

$$\left(\begin{array}{ccc|c} -2 & 0 & 2 & 0 \\ 1 & -3 & 2 & 0 \\ 1 & 0 & -1 & 0 \end{array}\right) \longrightarrow \cdots \longrightarrow \left(\begin{array}{ccc|c} 1 & 0 & -1 & 0 \\ 0 & 1 & -1 & 0 \\ 0 & 0 & 0 & 0 \end{array}\right)$$

よって，$x=z$, $y=z$ より，固有ベクトルは $t_1\begin{pmatrix} 1 \\ 1 \\ 1 \end{pmatrix}$ の1方向である。

㋺ $\lambda=1$ （重解だった！）のとき

$$(A-E)\begin{pmatrix}x\\y\\z\end{pmatrix}=\begin{pmatrix}1&0&2\\1&0&2\\1&0&2\end{pmatrix}\begin{pmatrix}x\\y\\z\end{pmatrix}=\begin{pmatrix}0\\0\\0\end{pmatrix}$$

より，$x+2z=0$ しかでてこない。ということは，$z=-t_2$ とするのはよいとして，　y の値も任意　である。よって，$y=t_3$ として，固有ベクトルは

$$\begin{pmatrix}x\\y\\z\end{pmatrix}=\begin{pmatrix}2t_2\\t_3\\-t_2\end{pmatrix}=t_2\begin{pmatrix}2\\0\\-1\end{pmatrix}+t_3\begin{pmatrix}0\\1\\0\end{pmatrix}$$

となり，　2 方向のベクトル　の合成で表されることになる。だから，1 次独立な A の固有ベクトルとして，

$$\begin{pmatrix}1\\1\\1\end{pmatrix}と,\quad\begin{pmatrix}2\\0\\-1\end{pmatrix},\quad\begin{pmatrix}0\\1\\0\end{pmatrix}$$

の 3 つが取り出せる。

いまの㋺のケースでもわかったと思うが，1 つの固有値に対する固有ベクトル全体の集合は，$\mathbf{0}$ をあわせると部分空間になっているのだ！

なぜなら

$$\boldsymbol{x}, \boldsymbol{y} \in \{\boldsymbol{x}\,|\,A\boldsymbol{x}=\lambda\boldsymbol{x}\}$$

とすれば

$$A(\boldsymbol{x}+\boldsymbol{y})=A\boldsymbol{x}+A\boldsymbol{y}=\lambda\boldsymbol{x}+\lambda\boldsymbol{y}$$
$$=\lambda(\boldsymbol{x}+\boldsymbol{y})$$

となって，

$$\boldsymbol{x}+\boldsymbol{y}\in\{\boldsymbol{x}\,|\,A\boldsymbol{x}=\lambda\boldsymbol{x}\}$$

が成り立つからだ。

この　$\{\boldsymbol{x}\,|\,A\boldsymbol{x}=\lambda\boldsymbol{x}\}$　を $\boldsymbol{\lambda}$ による固有空間と呼ぶ。いまの㋺のケースでは，固有値 1 に対して固有空間は 2 次元になっているのだ。

> ### 定　義
>
> $n\times n$ の行列 A に対して，$A\boldsymbol{x}=\lambda\boldsymbol{x}$ をみたすベクトル全体はベクトル空間をなす。これを A の λ に関する固有空間 $V(\lambda)$ と書く。

当たり前かもしれないが，$n \times n$ の行列 A が 2 つの異なる固有値 α と β をもつとして，これらに関する固有空間 $V(\alpha)$，$V(\beta)$ に「原点以外」の共有点は無い。キチンといえば次が成立する。

　先ほどの例題 10-1 では，2 つの固有値に対応する**1 次独立な固有ベクトル**がそれぞれ**1 個と 2 個**とれた。すなわちそれら固有値に関する 1 次元と 2 次元の固有空間ができたこととなる。

　もともと 3 次元空間においては 1 次独立なベクトルは 3 個までしか取れないから，例題 10-1 の 3 つが 1 次独立であることを考えれば，これでこの空間内は「みたされた」形になる，といったら伝わるだろうか。

　3 次元数ベクトル空間の座標軸としてはもともと x, y, z 軸が取れていると考えられるわけだが，これは $(1, 0, 0)$，$(0, 1, 0)$，$(0, 0, 1)$，によって「張られている」といえる。そこにあたらしく 1 次独立な 3 ベクトルを持ち込めば，それらを新しい「座標軸」として空間を書き換えられるはずなのだ。

　これを「**座標変換**」という。第 11 講で解説しよう。

（定理の証明）

　行列 A の固有値 $\lambda_1, \lambda_2, \lambda_3, \cdots, \lambda_{m+1}$ と，それらに対応する各固有ベクトル $\boldsymbol{a}_1, \boldsymbol{a}_2, \boldsymbol{a}_3, \cdots, \boldsymbol{a}_{m+1}$ があり，$\boldsymbol{a}_{m+1}$ が他の固有ベクトル $\boldsymbol{a}_1, \boldsymbol{a}_2, \boldsymbol{a}_3, \cdots, \boldsymbol{a}_m$ と 1 次独立ではないとすれば，

$$\boldsymbol{a}_{m+1} = p_1\boldsymbol{a}_1 + p_2\boldsymbol{a}_2 + p_3\boldsymbol{a}_3 + \cdots + p_m\boldsymbol{a}_m$$

のかたちに書けるが，各 i に対して $A\boldsymbol{a}_i = \lambda_i\boldsymbol{a}_i$ なので，

$$\begin{aligned}
A\boldsymbol{a}_{m+1} &= A(p_1\boldsymbol{a}_1 + p_2\boldsymbol{a}_2 + p_3\boldsymbol{a}_3 + \cdots + p_m\boldsymbol{a}_m) \\
&= p_1 A\boldsymbol{a}_1 + p_2 A\boldsymbol{a}_2 + p_3 A\boldsymbol{a}_3 + \cdots + p_m A\boldsymbol{a}_m \\
&= p_1\lambda_1\boldsymbol{a}_1 + p_2\lambda_2\boldsymbol{a}_2 + p_3\lambda_3\boldsymbol{a}_3 + \cdots + p_m\lambda_m\boldsymbol{a}_m
\end{aligned}$$

　一方，

$$\begin{aligned}
A\boldsymbol{a}_{m+1} &= \lambda_{m+1}\boldsymbol{a}_{m+1} \\
&= \lambda_{m+1}(p_1\boldsymbol{a}_1 + p_2\boldsymbol{a}_2 + p_3\boldsymbol{a}_3 + \cdots + p_m\boldsymbol{a}_m) \\
&= p_1\lambda_{m+1}\boldsymbol{a}_1 + p_2\lambda_{m+1}\boldsymbol{a}_2 + p_3\lambda_{m+1}\boldsymbol{a}_3 + \cdots + p_m\lambda_{m+1}\boldsymbol{a}_m
\end{aligned}$$

なので，1 次独立性によって，各係数が各 i に対して

$$p_i \lambda_i = p_i \lambda_{m+1}$$

をみたすこととなり，すべてのが 0 ではないので，中には

$$i \neq m+1 \text{ なのに } \lambda_i = \lambda_{m+1}$$

となる番号 i ができてしまい，「異なる固有値」に矛盾する。

……（証明終わり）

　さて，固有空間の次元は具体的にはどう計算できるだろうか。

　行列 A の固有値 α に関する固有ベクトル x は，$Ax = \alpha x$ すなわち $Ax - \alpha x = 0$ をみたすので，$(A - \alpha E)x = 0$ となって，

「固有ベクトル x 全体は $A - \alpha E$ による写像 f の $\mathrm{Ker}(f)$ になる」

といえるから，その次元は**第 8 講定理**で述べた，次の定理（169 ページ）

定 理

$$(\mathrm{Ker}(f) \text{ の次元}) = n - \mathrm{rank}(A)$$

によって，次のようにもとまるのだ。

固有空間の次元：$\dim(V(\alpha)) = n - \mathrm{rank}(A - \alpha E)$

復習問題 10-1

次の各行列に対して，固有値と，各固有値に対する固有空間の次元，固有ベクトルを求めよ．

(1) $A = \begin{pmatrix} 3 & -4 & -2 \\ -2 & 7 & 4 \\ 3 & -8 & -4 \end{pmatrix}$ (2) $B = \begin{pmatrix} 2 & 0 & -6 \\ 0 & 2 & 0 \\ 0 & 0 & -1 \end{pmatrix}$

【解答＆解説】

(1) $|A - \lambda E| = \begin{vmatrix} 3-\lambda & -4 & -2 \\ -2 & 7-\lambda & 4 \\ 3 & -8 & -4-\lambda \end{vmatrix}$

$$= -\lambda^3 + 6\lambda^2 - 11\lambda + 6 = -(\lambda-1)(\lambda-2)(\lambda-3) = 0$$

ゆえに，固有値は $\lambda = 1, 2, 3$ である $\cdots\cdots$（答）

㋑ $\lambda = 1$ のとき

$$A\begin{pmatrix} x \\ y \\ z \end{pmatrix} = \begin{pmatrix} x \\ y \\ z \end{pmatrix} \iff \begin{pmatrix} 2 & -4 & -2 \\ -2 & 6 & 4 \\ 3 & -8 & -5 \end{pmatrix}\begin{pmatrix} x \\ y \\ z \end{pmatrix} = \begin{pmatrix} 0 \\ 0 \\ 0 \end{pmatrix}$$

拡大係数行列の標準化により，

$$\begin{pmatrix} 2 & -4 & -2 & | & 0 \\ -2 & 6 & 4 & | & 0 \\ 3 & -8 & -5 & | & 0 \end{pmatrix} \to \cdots \to \begin{pmatrix} 1 & 0 & 1 & | & 0 \\ 0 & 1 & 1 & | & 0 \\ 0 & 0 & 0 & | & 0 \end{pmatrix}$$

よって，$\mathrm{rank}(A-E) = 2$ なので固有空間の次元は 1 で，$\cdots\cdots$（答）

$$\begin{cases} x + z = 0 \\ y + z = 0 \end{cases}$$ により，固有ベクトルの 1 つは $\begin{pmatrix} 1 \\ 1 \\ -1 \end{pmatrix}$ $\cdots\cdots$（答）

㋺ $\lambda = 2$ のとき

$$A\begin{pmatrix} x \\ y \\ z \end{pmatrix} = 2\begin{pmatrix} x \\ y \\ z \end{pmatrix} \iff \begin{pmatrix} 1 & -4 & -2 \\ -2 & 5 & 4 \\ 3 & -8 & -6 \end{pmatrix}\begin{pmatrix} x \\ y \\ z \end{pmatrix} = \begin{pmatrix} 0 \\ 0 \\ 0 \end{pmatrix}$$

拡大係数行列の標準化により，

$$\begin{pmatrix} 1 & -4 & -2 & | & 0 \\ -2 & 5 & 4 & | & 0 \\ 3 & -8 & -6 & | & 0 \end{pmatrix} \to \cdots \to \begin{pmatrix} 1 & 0 & -2 & | & 0 \\ 0 & 1 & 0 & | & 0 \\ 0 & 0 & 0 & | & 0 \end{pmatrix}$$

よって，$\mathrm{rank}(A-2E)=2$ なので固有空間の次元は 1 で， ……（答）

$$\begin{cases} x-2z=0 \\ y=0 \end{cases} \text{により，固有ベクトルの 1 つは} \begin{pmatrix} 2 \\ 0 \\ 1 \end{pmatrix} \quad\text{……（答）}$$

㋺ $\lambda=3$ のとき

$$A\begin{pmatrix} x \\ y \\ z \end{pmatrix}=3\begin{pmatrix} x \\ y \\ z \end{pmatrix}\Longleftrightarrow\begin{pmatrix} 0 & -4 & -2 \\ -2 & 4 & 4 \\ 3 & -8 & -7 \end{pmatrix}\begin{pmatrix} x \\ y \\ z \end{pmatrix}=\begin{pmatrix} 0 \\ 0 \\ 0 \end{pmatrix}$$

拡大係数行列の標準化により，

$$\begin{pmatrix} 0 & -4 & -2 & \bigm| & 0 \\ -2 & 4 & 4 & \bigm| & 0 \\ 3 & -8 & -7 & \bigm| & 0 \end{pmatrix}\to\cdots\to\begin{pmatrix} 1 & 0 & -1 & \bigm| & 0 \\ 0 & 2 & 1 & \bigm| & 0 \\ 0 & 0 & 0 & \bigm| & 0 \end{pmatrix}$$

よって，$\mathrm{rank}(A-E)=2$ なので固有空間の次元は 1 で， ……（答）

$$\begin{cases} x-z=0 \\ 2y+z=0 \end{cases} \text{により，固有ベクトルの 1 つは} \begin{pmatrix} 2 \\ -1 \\ 2 \end{pmatrix} \quad\text{……（答）}$$

(2) $\quad |B-\lambda E|=\begin{vmatrix} 2-\lambda & 0 & -6 \\ 0 & 2-\lambda & 0 \\ 0 & 0 & -1-\lambda \end{vmatrix}$

$$=(2-\lambda)^2(-1-\lambda)=-(\lambda-2)^2(\lambda+1)=0$$

ゆえに，固有値は $\lambda=2,-1$ である ……（答）

㋑ $\lambda=2$ のとき

$$B\begin{pmatrix} x \\ y \\ z \end{pmatrix}=2\begin{pmatrix} x \\ y \\ z \end{pmatrix}\Longleftrightarrow\begin{pmatrix} 0 & 0 & -6 \\ 0 & 0 & 0 \\ 0 & 0 & -3 \end{pmatrix}\begin{pmatrix} x \\ y \\ z \end{pmatrix}=\begin{pmatrix} 0 \\ 0 \\ 0 \end{pmatrix}$$

拡大係数行列の標準化により，

$$\begin{pmatrix} 0 & 0 & -6 & \bigm| & 0 \\ 0 & 0 & 0 & \bigm| & 0 \\ 0 & 0 & -3 & \bigm| & 0 \end{pmatrix}\to\cdots\to\begin{pmatrix} 0 & 0 & 1 & \bigm| & 0 \\ 0 & 0 & 0 & \bigm| & 0 \\ 0 & 0 & 0 & \bigm| & 0 \end{pmatrix}$$

よって，$\mathrm{rank}(A-E)=1$ なので固有空間の次元は 2 で， ……（答）

$z=0$ により，固有ベクトルは $\begin{pmatrix} 1 \\ 0 \\ 0 \end{pmatrix},\begin{pmatrix} 0 \\ 1 \\ 0 \end{pmatrix}$ ……（答）

⒭ $\lambda = -1$ のとき

$$B\begin{pmatrix} x \\ y \\ z \end{pmatrix} = -\begin{pmatrix} x \\ y \\ z \end{pmatrix} \Longleftrightarrow \begin{pmatrix} 3 & 0 & -6 \\ 0 & 3 & 0 \\ 0 & 0 & 0 \end{pmatrix}\begin{pmatrix} x \\ y \\ z \end{pmatrix} = \begin{pmatrix} 0 \\ 0 \\ 0 \end{pmatrix}$$

拡大係数行列の標準化により，

$$\left(\begin{array}{ccc|c} 3 & 0 & -6 & 0 \\ 0 & 3 & 0 & 0 \\ 0 & 0 & 0 & 0 \end{array}\right) \rightarrow \cdots \rightarrow \left(\begin{array}{ccc|c} 1 & 0 & -2 & 0 \\ 0 & 1 & 0 & 0 \\ 0 & 0 & 0 & 0 \end{array}\right)$$

よって，$\mathrm{rank}(A - 2E) = 2$ なので固有空間の次元は 1 で，……（答）

$$\begin{cases} x - 2z = 0 \\ \quad y = 0 \end{cases} \text{により，固有ベクトルの1つは} \begin{pmatrix} 2 \\ 0 \\ 1 \end{pmatrix} \quad \text{……（答）}$$

こうして例えば行列 $A = \begin{pmatrix} 3 & -4 & -2 \\ -2 & 7 & 4 \\ 3 & -8 & -4 \end{pmatrix}$ については，異なる 3 つの固有

値それぞれに対して，一つずつ固有ベクトルが合計 3 コ，

$$\lambda = 1 \text{のとき} \begin{pmatrix} 1 \\ 1 \\ -1 \end{pmatrix}, \ \lambda = 2 \text{のとき} \begin{pmatrix} 2 \\ 0 \\ 1 \end{pmatrix}, \ \lambda = 3 \text{のとき} \begin{pmatrix} 2 \\ -1 \\ 2 \end{pmatrix}$$

と取れたわけだが，先の

定理

異なる固有値に対応する固有ベクトルは，一次独立である。

によってこれらは，3 次元空間内での一次独立な 3 ベクトルとなるわけだ。
と，いうことは，

これら 3 つの固有ベクトルで 3 次元空間座標を張り直せる

ことになるのだ！　これについては緊迫の次講，乞うご期待だ！

講義 11 | 行列の対角化

いよいよ講義も佳境へ入ってきた。本講では前講で学んだ固有値・固有ベクトルをどう利用するかを述べよう。これから学ぶ対角化という手法は、微分方程式などでも使う応用範囲の広い最重要項目の1つである。これまでたびたび斜交座標を意識して議論をしてきた理由も、本講の基礎となる座標変換の考え方を知ることでハッキリすると思う。ちょっと難しいかもしれないが心して取りかかってくれ。

準備——座標変換——

たとえば R^3 の中に1次独立な3つのベクトル x_1, x_2, x_3 を取ると、それらは**基底**として機能するのだった（講義7を参照）。すなわち、R^3 内の任意の点 (x, y, z) は、その位置ベクトルを x として、

$$x = \begin{pmatrix} x \\ y \\ z \end{pmatrix} = ax_1 + bx_2 + cx_3$$

の形にただ1通りに表せるのである。これは、xyz 座標上でのベクトル x は、$\{x_1, x_2, x_3\}$ を座標軸とする立場では、(a, b, c) という組みによって位置を特定できると言い換えられるのだ。このように、ある座標を別の座標で表すことを**座標変換**と呼ぶ。

さて、(a, b, c) っていうのは3次元数ベクトル空間 R^3 の元とみなせるわけだから、1つの R^3 を2つの視点で見ると考えることもできる。つまり、

$$e_x = \begin{pmatrix} 1 \\ 0 \\ 0 \end{pmatrix}, \; e_y = \begin{pmatrix} 0 \\ 1 \\ 0 \end{pmatrix}, \; e_z = \begin{pmatrix} 0 \\ 0 \\ 1 \end{pmatrix}$$

とおくとき、

$$\boldsymbol{x} = \begin{pmatrix} x \\ y \\ z \end{pmatrix} = x\boldsymbol{e}_x + y\boldsymbol{e}_y + z\boldsymbol{e}_z$$

と表せるのだから，$\boldsymbol{R}^3$ 内の同じ $\boldsymbol{x}$ は，

・$\{\boldsymbol{x}_1, \boldsymbol{x}_2, \boldsymbol{x}_3\}$ を基底とする $\boldsymbol{R}^3$ では，

(a, b, c) という表現

・$\{\boldsymbol{e}_x, \boldsymbol{e}_y, \boldsymbol{e}_z\}$ を基底（座標軸）とする通常の xyz 空間では，

(x, y, z) という表現

という 2 つの見方ができるというわけだ。ところで，これら 2 つの組み（x, y, z）と (a, b, c) の間にはキレイな対応関係がある。

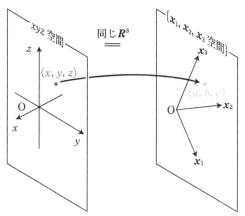

xyz 空間の (x, y, z) は，$\{\boldsymbol{x}_1, \boldsymbol{x}_2, \boldsymbol{x}_3\}$ 空間では (a, b, c) として表現される。

たとえば，$\boldsymbol{x}_1 = \begin{pmatrix} x_1 \\ y_1 \\ z_1 \end{pmatrix}$, $\boldsymbol{x}_2 = \begin{pmatrix} x_2 \\ y_2 \\ z_2 \end{pmatrix}$, $\boldsymbol{x}_3 = \begin{pmatrix} x_3 \\ y_3 \\ z_3 \end{pmatrix}$ とすれば，

$$\begin{pmatrix} x \\ y \\ z \end{pmatrix} = a\boldsymbol{x}_1 + b\boldsymbol{x}_2 + c\boldsymbol{x}_3 = \begin{pmatrix} ax_1 + bx_2 + cx_3 \\ ay_1 + by_2 + cy_3 \\ az_1 + bz_2 + cz_3 \end{pmatrix}$$

$$= \begin{pmatrix} x_1 a + x_2 b + x_3 c \\ y_1 a + y_2 b + y_3 c \\ z_1 a + z_2 b + z_3 c \end{pmatrix}$$

$$= \begin{pmatrix} x_1 & x_2 & x_3 \\ y_1 & y_2 & y_3 \\ z_1 & z_2 & z_3 \end{pmatrix} \begin{pmatrix} a \\ b \\ c \end{pmatrix} = \begin{pmatrix} x_1 & x_2 & x_3 \\ y_1 & y_2 & y_3 \\ z_1 & z_2 & z_3 \end{pmatrix}$$

となっている!!　　よって $(\boldsymbol{x}_1 \quad \boldsymbol{x}_2 \quad \boldsymbol{x}_3) = P$ とおくと,

$$\begin{pmatrix} x \\ y \\ z \end{pmatrix} = P \begin{pmatrix} a \\ b \\ c \end{pmatrix}$$

で表せるってわけだ!!

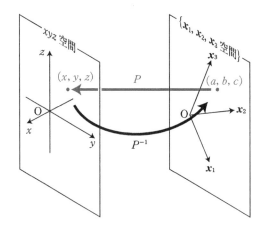

　ここで $\{\boldsymbol{x}_1, \boldsymbol{x}_2, \boldsymbol{x}_3\}$ は1次独立だったから, $P = (\boldsymbol{x}_1 \quad \boldsymbol{x}_2 \quad \boldsymbol{x}_3)$ には逆行列 P^{-1} が存在するので,

$$(x, y, z) \underset{P}{\overset{P^{-1}}{\rightleftarrows}} (a, b, c)$$

という関係でこの2つの表現はつながっているのだ!　このP, あるいは P^{-1} という行列を用いることで, 通常の xyz 空間では困難なことがらを, $\{\boldsymbol{x}_1, \boldsymbol{x}_2, \boldsymbol{x}_3\}$ 空間で見通しよく考えて, また通常の xyz 空間へ返すことができる のである。と, いきなりいわれてもピンとこないだろうから, 実際に対角化をすることでその便利さを体感してもらおう。

固有ベクトル張り合わせ行列による対角化

ここでは簡単のために，3つの1次独立な固有ベクトルをもつ3×3行列に限って話をすることにする。

また，3×3の行列Aが，3つの1次独立な固有ベクトル $\{\boldsymbol{x}_1, \boldsymbol{x}_2, \boldsymbol{x}_3\}$ をもち，それらに対応する固有値が$\lambda_1, \lambda_2, \lambda_3$だったとしよう。

もちろんAは$\boldsymbol{R}^3$上の線形変換を表し，または $\{\boldsymbol{x}_1, \boldsymbol{x}_2, \boldsymbol{x}_3\}$ は1次独立だから$\boldsymbol{R}^3$の基底となれる。しかも，

$$A\boldsymbol{x}_1 = \lambda_1 \boldsymbol{x}_1,\ A\boldsymbol{x}_2 = \lambda_2 \boldsymbol{x}_2,\ A\boldsymbol{x}_3 = \lambda_3 \boldsymbol{x}_3 \qquad \cdots\cdots ①$$

という非常によい性質をもっているので，$\boldsymbol{R}^3$上でのAの複雑な振る舞いを，$\{\boldsymbol{x}_1, \boldsymbol{x}_2, \boldsymbol{x}_3\}$ を通して簡単な形で見ることにしようというわけだ。

$\boldsymbol{R}^3$上の任意の点$\boldsymbol{x}$は，この $\{\boldsymbol{x}_1, \boldsymbol{x}_2, \boldsymbol{x}_3\}$ によって，

$$\boldsymbol{x} = a\boldsymbol{x}_1 + b\boldsymbol{x}_2 + c\boldsymbol{x}_3 \qquad \cdots\cdots ②$$

の形に表せた。だから $\boldsymbol{x} = \begin{pmatrix} x \\ y \\ z \end{pmatrix}$ に対して $\begin{pmatrix} a \\ b \\ c \end{pmatrix}$ が対応するというのもすでに述べた。ここで②の両辺に左からAをかけてこれらを写すと，

$$A\boldsymbol{x} = aA\boldsymbol{x}_1 + bA\boldsymbol{x}_2 + cA\boldsymbol{x}_3$$

なので，これに①に代入すれば，

$$A\boldsymbol{x} = \lambda_1 a\boldsymbol{x}_1 + \lambda_2 a\boldsymbol{x}_2 + \lambda_3 a\boldsymbol{x}_3 \qquad \cdots\cdots ③$$

と，$\boldsymbol{x}_1, \boldsymbol{x}_2, \boldsymbol{x}_3$ がそれぞれ$\lambda_1, \lambda_2, \lambda_3$倍されてでてくる！ その結果，$\boldsymbol{R}^3$での

$\boldsymbol{x} \overset{f}{\longmapsto} A\boldsymbol{x}$ の対応は，$\{\boldsymbol{x}_1, \boldsymbol{x}_2, \boldsymbol{x}_3\}$ の世界では $\begin{pmatrix} a \\ b \\ c \end{pmatrix} \overset{g}{\longmapsto} \begin{pmatrix} \lambda_1 a \\ \lambda_2 b \\ \lambda_3 c \end{pmatrix}$ という形で

現れる。しかもこれは**行列で表すことができる**のだ！

$$g: \begin{pmatrix} \lambda_1 a \\ \lambda_2 b \\ \lambda_3 c \end{pmatrix} = \begin{pmatrix} \lambda_1 & 0 & 0 \\ 0 & \lambda_2 & 0 \\ 0 & 0 & \lambda_3 \end{pmatrix} \begin{pmatrix} a \\ b \\ c \end{pmatrix} \qquad \cdots\cdots ④$$

前述の「座標変換」の考え方を用いれば，$P = (\boldsymbol{x}_1\ \ \boldsymbol{x}_2\ \ \boldsymbol{x}_3)$ とおくことで（$\{\boldsymbol{x}_1, \boldsymbol{x}_2, \boldsymbol{x}_3\}$ を1次独立としたので逆行列P^{-1}は存在する），

$$\begin{pmatrix} x \\ y \\ z \end{pmatrix} = P \begin{pmatrix} a \\ b \\ c \end{pmatrix} \iff P^{-1} \begin{pmatrix} x \\ y \\ z \end{pmatrix} = \begin{pmatrix} a \\ b \\ c \end{pmatrix}$$

と表せる。よって，

$$\begin{pmatrix} x \\ y \\ z \end{pmatrix} \overset{P^{-1}}{\underset{P}{\rightleftharpoons}} \begin{pmatrix} a \\ b \\ c \end{pmatrix}$$

という対応関係が成り立つ。ゆえにこの P という行列を，座標を変換する

フィルターのようなものと考えて，P を通して $\begin{pmatrix} X \\ Y \\ Z \end{pmatrix} = A \begin{pmatrix} x \\ y \\ z \end{pmatrix}$ という写像を
ながめるとすれば，

$$\begin{pmatrix} X \\ Y \\ Z \end{pmatrix} = A \begin{pmatrix} x \\ y \\ z \end{pmatrix} \overset{P^{-1}}{\underset{P}{\rightleftharpoons}} \begin{pmatrix} \lambda_1 a \\ \lambda_2 b \\ \lambda_3 c \end{pmatrix} = \begin{pmatrix} \lambda_1 & 0 & 0 \\ 0 & \lambda_2 & 0 \\ 0 & 0 & \lambda_3 \end{pmatrix} \begin{pmatrix} a \\ b \\ c \end{pmatrix}$$

という見方ができるというわけなのである！ この対応を視覚化すると，次
の図のようになる。

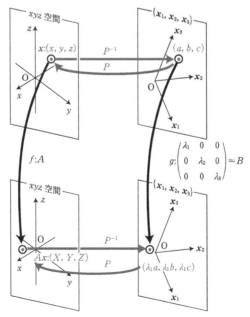

これによって，

$$xyz \text{ 空間での } \begin{pmatrix} x \\ y \\ z \end{pmatrix} \overset{A}{\longmapsto} \begin{pmatrix} X \\ Y \\ Z \end{pmatrix} \text{ の対応は，}$$

$$\{\boldsymbol{x}_1, \boldsymbol{x}_2, \boldsymbol{x}_3\} \text{ 空間における } \begin{pmatrix} a \\ b \\ c \end{pmatrix} \overset{B}{\longmapsto} \begin{pmatrix} \lambda_1 a \\ \lambda_2 b \\ \lambda_3 c \end{pmatrix} \text{ という対応とみなせる。}$$

繰り返しになるが，この図の意味は，$\boldsymbol{R}^3$ 上の複雑な写像 A を，P や P^{-1} を通してよりわかりやすい $\begin{pmatrix} \lambda_1 & 0 & 0 \\ 0 & \lambda_2 & 0 \\ 0 & 0 & \lambda_3 \end{pmatrix}$ へと言い換えることで容易に調べることが可能となるってことを示している。

そこで，$\boldsymbol{x} \longmapsto A\boldsymbol{x}$ の流れ，すなわち A そのものを次の図の流れで再構成してみよう。

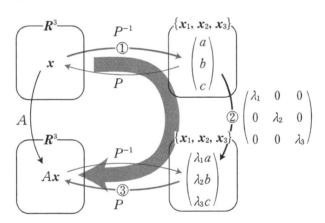

これをまとめると，

$$\boldsymbol{x} \overset{①\, P^{-1}}{\longrightarrow} \begin{pmatrix} a \\ b \\ c \end{pmatrix} \overset{② \begin{pmatrix} \lambda_1 & 0 & 0 \\ 0 & \lambda_2 & 0 \\ 0 & 0 & \lambda_3 \end{pmatrix}}{\longrightarrow} \begin{pmatrix} \lambda_1 a \\ \lambda_2 b \\ \lambda_3 c \end{pmatrix} \overset{③\, P}{\longrightarrow} A\boldsymbol{x}$$

である。

ここで x から Ax に到るプロセスは，

① P^{-1} をかけて $\begin{pmatrix} a \\ b \\ c \end{pmatrix}$ とする

② $\begin{pmatrix} \lambda_1 & 0 & 0 \\ 0 & \lambda_2 & 0 \\ 0 & 0 & \lambda_3 \end{pmatrix}$ をかけて $\begin{pmatrix} \lambda_1 a \\ \lambda_2 b \\ \lambda_3 c \end{pmatrix}$ とする。

③ P をかけて Ax とする。

であり（すべて左からかけることに注意!!)，これは次のように表せる。

$$x \xrightarrow{\ ①\ } \boxed{P^{-1}x} \xrightarrow{\ ②\ } \begin{pmatrix} \lambda_1 & 0 & 0 \\ 0 & \lambda_2 & 0 \\ 0 & 0 & \lambda_3 \end{pmatrix} P^{-1}x \xrightarrow{\ ③\ } P\begin{pmatrix} \lambda_1 & 0 & 0 \\ 0 & \lambda_2 & 0 \\ 0 & 0 & \lambda_3 \end{pmatrix} P^{-1}x$$

$$\begin{Vmatrix} \\ \end{Vmatrix} \qquad\qquad\qquad \begin{Vmatrix} \\ \end{Vmatrix} \qquad\qquad\qquad \begin{Vmatrix} \\ \end{Vmatrix}$$

$$\begin{pmatrix} a \\ b \\ c \end{pmatrix} \qquad\qquad \begin{pmatrix} \lambda_1 a \\ \lambda_2 b \\ \lambda_3 c \end{pmatrix} \qquad\qquad Ax$$

すなわち，$\boldsymbol{R}^3$ のどんな x に対しても，

$$Ax = P\begin{pmatrix} \lambda_1 & 0 & 0 \\ 0 & \lambda_2 & 0 \\ 0 & 0 & \lambda_3 \end{pmatrix} P^{-1}x \quad \cdots\cdots ⊛$$

だといえるのである！　ということは，写像としても，

$$A = P\begin{pmatrix} \lambda_1 & 0 & 0 \\ 0 & \lambda_2 & 0 \\ 0 & 0 & \lambda_3 \end{pmatrix} P^{-1} \quad \cdots\cdots ⊛'$$

がいえたことになる。

注　これをきちんと示すならば，x を $\begin{pmatrix} 1 \\ 0 \\ 0 \end{pmatrix}, \begin{pmatrix} 0 \\ 1 \\ 0 \end{pmatrix}, \begin{pmatrix} 0 \\ 0 \\ 1 \end{pmatrix}$ として ⊛ へ代入したものを張り合わせて，$A\begin{pmatrix} 1 & 0 & 0 \\ 0 & 1 & 0 \\ 0 & 0 & 1 \end{pmatrix} = A$ として両辺の一致を見ればよいだろう。

さらに⊛′の両辺に左から P^{-1} を，右から P をかけることで

$$P^{-1}AP = \begin{pmatrix} \lambda_1 & 0 & 0 \\ 0 & \lambda_2 & 0 \\ 0 & 0 & \lambda_3 \end{pmatrix} \quad \cdots\cdots ⊛''$$

が作れることになる。右辺のように対角成分以外の成分が 0 になる行列のことを**対角行列**と呼ぶので，この行列を求める作業を**行列 A の対角化**と呼ぶのである。

さて，話が長くなった。対角化の手法について，あらためてまとめ直すとしよう。一般の n については次の定理がいえる。

定理

$n \times n$ 行列 A が n 個の 1 次独立な固有ベクトル $x_1, \cdots, x_n$ をもつとき，それらを張り合わせた $P = (x_1 \ \cdots \ x_n)$ を取れば，$\lambda_1, \cdots, \lambda_n$ を対応する固有値として，

$$P^{-1}AP = \begin{pmatrix} \lambda_1 & & & O \\ & \lambda_2 & & \\ & & \ddots & \\ O & & & \lambda_n \end{pmatrix}$$

と表せる。

また，これまでの話を読んで気がついたかもしれないが，

行列 A を対角化するには，$n \times n$ 行列 A の固有ベクトルで，1 次独立なものが n 個取り出せることが必要十分条件

なのだ。したがって，かならずしも A が異なる n 個の固有値をもつ必要はない（例題 10-1 参照）。また逆に

A が異なる n 個の固有値をもつならば，対応する n 個の固有ベクトルは 1 次独立なので，対角化は可能である

ということがいえる。

演習問題 11-1

次の行列 A を，正則行列（逆行列をもつ行列）P で対角化せよ。また，その P も 1 つ求めておくこと。

$$A=\begin{pmatrix} 1 & 2 & 0 \\ 0 & -1 & 0 \\ 1 & 0 & 2 \end{pmatrix}$$

【解答＆解説】 A の固有値を λ，そのときの固有ベクトルを $x=\begin{pmatrix} x \\ y \\ z \end{pmatrix}$ とおく。

$$\begin{aligned} |A-\lambda E| &= \begin{vmatrix} 1-\lambda & 2 & 0 \\ 0 & -1-\lambda & 0 \\ 1 & 0 & 2-\lambda \end{vmatrix} \\ &= (1-\lambda)(-1-\lambda)(2-\lambda) \\ &= -(\lambda-1)(\lambda+1)(\lambda-2) = 0 \end{aligned}$$

ゆえに固有値は，$\lambda = 1,\ -1,\ 2$ である。これを順に $\lambda_1, \lambda_2, \lambda_3$ とすれば，それぞれの固有ベクトルは，$x_1=\begin{pmatrix} 1 \\ 0 \\ -1 \end{pmatrix}$, $x_2=\begin{pmatrix} 3 \\ -3 \\ -1 \end{pmatrix}$, $x_3=\begin{pmatrix} 0 \\ 0 \\ 1 \end{pmatrix}$ が取り出せる（講義 10 を参考にして自分で求めること！）。

よって，$P=\begin{pmatrix} 1 & 3 & 0 \\ 0 & -3 & 0 \\ -1 & -1 & 1 \end{pmatrix}$ とおけば，

$$P^{-1}AP=\begin{pmatrix} 1 & 0 & 0 \\ 0 & -1 & 0 \\ 0 & 0 & 2 \end{pmatrix} \quad \cdots\cdots (答)$$

注 $P^{-1}=\begin{pmatrix} 1 & 1 & 0 \\ 0 & -\dfrac{1}{3} & 0 \\ 1 & \dfrac{2}{3} & 1 \end{pmatrix}$ なので，$P^{-1}AP=\begin{pmatrix} 1 & 0 & 0 \\ 0 & -1 & 0 \\ 0 & 0 & 2 \end{pmatrix}$

実習問題
11-1

次の行列 A を正則行列 P で対角化せよ。また，その P も 1 つ求めておくこと。

$$A = \begin{pmatrix} 2 & 0 & 2 \\ 1 & 1 & 2 \\ 1 & 0 & 3 \end{pmatrix}$$

【解答 & 解説】 （これは実は例題 10-1 の行列だ）

A の固有値を λ，そのときの固有ベクトルを $\boldsymbol{x}$ とおく。

$$|A - \lambda E| = \begin{vmatrix} 2-\lambda & 0 & 2 \\ 1 & 1-\lambda & 2 \\ 1 & 0 & 3-\lambda \end{vmatrix} = -(\lambda-4)(\lambda-1)^2 = 0$$

ゆえに固有値は，$\lambda = 4,\ 1$ である。

$\lambda = 4$ のとき固有ベクトルは $\boldsymbol{x}_1 = \begin{pmatrix} 1 \\ 1 \\ 1 \end{pmatrix}$ が取り出せる。

$\lambda = 1$ （重解！）のとき，固有ベクトルは $\boldsymbol{x}_2 = \begin{pmatrix} 2 \\ 0 \\ -1 \end{pmatrix}$, $\boldsymbol{x}_3 =$ (a) が取り

出せる（例題 10-1 参照）。

$\boldsymbol{x}_2 \not\parallel \boldsymbol{x}_3$ であり，$\boldsymbol{x}_1$ と $\{\boldsymbol{x}_2,\ \boldsymbol{x}_3\}$ は固有値が異なるので 1 次独立である（定理（＊＊））。

ゆえに $\{\boldsymbol{x}_1,\ \boldsymbol{x}_2,\ \boldsymbol{x}_3\}$ も 1 次独立なので，$P = \begin{pmatrix} 1 & 2 & 0 \\ 1 & 0 & 1 \\ 1 & -1 & 0 \end{pmatrix}$ とおけば P^{-1} が存在して

$$P^{-1}AP = \text{(b)} \qquad \cdots\cdots（答）$$

(a) $\begin{pmatrix} 0 \\ 1 \\ 0 \end{pmatrix}$ (b) $\begin{pmatrix} 4 & 0 & 0 \\ 0 & 1 & 0 \\ 0 & 0 & 1 \end{pmatrix}$

直交変換

ここでもう1つ座標変換の興味深い応用例を述べておこう。

座標変換の中には実用上都合のよい変換というものがあって，たとえば，「ベクトルの大きさをいじらずに座標を組み換える」変換なんていうものもある。

そのような変換の具体例として，物理で用いられる「2つの慣性系をつなぐ座標変換」＝「ローレンツ変換」なども参照してみるとおもしろいかもしれない。

ベクトルの大きさであるノルムは，そのベクトル自身の内積によって定義されたから，「ベクトルの大きさをいじらずに座標を組み換える」というのは「内積の値をこわさずに座標を組み換える」といった方がより本質的だろう。

さて，それでは内積の値をこわさない座標変換を次のように定める。

定義

R^n 上の座標変換 T で次をみたすものを**直交変換**と呼ぶ。

$$x, y \in R^n \text{ として，} x \cdot y = (Tx) \cdot (Ty)$$

なぜこのような変換を直交変換と呼ぶかというと，次のような定理があるからである。

定理

R^n における正規直交基底 $\{e_1, e_2, \cdots, e_n\}$ を張り合わせてできる行列 $T = (e_1 \ e_2 \ \cdots \ e_n)$ を直交行列という。

直交変換の行列は直交行列である。

実は逆も成り立って，すべての直交行列は直交変換でもある。本書ではこれらについての証明は教科書にまかせ，その利用法だけ述べておくとしよう。

演習問題 11-2

2次直交行列 T は，ある実数 α によって，

$$T = \begin{pmatrix} \cos\alpha & -\sin\alpha \\ \sin\alpha & \cos\alpha \end{pmatrix} \text{または} \begin{pmatrix} \cos\alpha & \sin\alpha \\ \sin\alpha & -\cos\alpha \end{pmatrix}$$

と表されることを示せ。

【解答＆解説】

2次直交行列を $T = \begin{pmatrix} a & c \\ b & d \end{pmatrix}$ とおくと，$\boldsymbol{e}_1 = \begin{pmatrix} a \\ b \end{pmatrix}$，$\boldsymbol{e}_2 = \begin{pmatrix} c \\ d \end{pmatrix}$ として，

$$\|\boldsymbol{e}_1\|^2 = \|\boldsymbol{e}_2\|^2 = 1 \quad \text{なので} \quad \begin{cases} a^2 + b^2 = 1 \\ c^2 + d^2 = 1 \end{cases} \quad \cdots\cdots\text{①}$$

である（∵正規直交基底はノルムが 1）。

また

$$\boldsymbol{e}_1 \cdot \boldsymbol{e}_2 = ac + bd = 0 \qquad \cdots\cdots\text{②}$$

である（∵相異なる正規直交基底同士は内積が 0）。

①より

$$a = \cos\alpha, \ b = \sin\alpha, \ \text{および，} \ c = \cos\beta, \ d = \sin\beta$$

とおけるが，②より次式が成り立つ。

$$\cos\alpha\cos\beta + \sin\alpha\sin\beta = 0 \qquad \cdots\cdots\text{③}$$

$$\text{③} \Longleftrightarrow \cos(\alpha - \beta) = 0$$

よって，$\beta = \alpha \pm \dfrac{\pi}{2}$ とおける。

$$\therefore \quad \begin{pmatrix} c \\ d \end{pmatrix} = \begin{pmatrix} \cos\left(\alpha \pm \dfrac{\pi}{2}\right) \\ \sin\left(\alpha \pm \dfrac{\pi}{2}\right) \end{pmatrix} = \begin{pmatrix} \mp\sin\alpha \\ \pm\cos\alpha \end{pmatrix}$$

ゆえに，$T = \begin{pmatrix} \cos\alpha & \mp\sin\alpha \\ \sin\alpha & \pm\cos\alpha \end{pmatrix}$ ……（証明終わり）

直交行列の逆行列

$n \times n$ の直交行列 $T = (\boldsymbol{e}_1 \quad \boldsymbol{e}_2 \quad \cdots \quad \boldsymbol{e}_n)$ の転置行列は ${}^tT = \begin{pmatrix} {}^t\boldsymbol{e}_1 \\ {}^t\boldsymbol{e}_2 \\ \vdots \\ {}^t\boldsymbol{e}_n \end{pmatrix}$ と表せ

る。実はこのように表すと，これらの積は

$$
{}^tT \cdot T = \begin{pmatrix} {}^t\boldsymbol{e}_1 \\ {}^t\boldsymbol{e}_2 \\ \vdots \\ {}^t\boldsymbol{e}_n \end{pmatrix} (\boldsymbol{e}_1 \quad \boldsymbol{e}_2 \quad \cdots \quad \boldsymbol{e}_n)
$$

となる。このままではちょっと複雑だが，成分に直して計算すると，

$$
\boldsymbol{e}_1 = \begin{pmatrix} a_{11} \\ a_{12} \\ \vdots \\ a_{1n} \end{pmatrix}, \quad \boldsymbol{e}_2 = \begin{pmatrix} a_{21} \\ a_{22} \\ \vdots \\ a_{2n} \end{pmatrix}, \quad \cdots, \quad \boldsymbol{e}_n = \begin{pmatrix} a_{n1} \\ a_{n2} \\ \vdots \\ a_{nn} \end{pmatrix} \text{として，}
$$

$$
\begin{aligned}
{}^tT \cdot T &= \begin{pmatrix} a_{11} & a_{12} & \cdots & a_{1n} \\ a_{21} & a_{22} & \cdots & a_{2n} \\ \vdots & \vdots & \ddots & \vdots \\ a_{n1} & a_{n2} & \cdots & a_{nn} \end{pmatrix} \begin{pmatrix} a_{11} & a_{21} & \cdots & a_{n1} \\ a_{12} & a_{22} & \cdots & a_{n2} \\ \vdots & \vdots & \ddots & \vdots \\ a_{1n} & a_{2n} & \cdots & a_{nn} \end{pmatrix} \\
&= \begin{pmatrix} \boldsymbol{e}_1 \cdot \boldsymbol{e}_1 & \boldsymbol{e}_1 \cdot \boldsymbol{e}_2 & \cdots & \boldsymbol{e}_1 \cdot \boldsymbol{e}_n \\ \boldsymbol{e}_2 \cdot \boldsymbol{e}_1 & \boldsymbol{e}_2 \cdot \boldsymbol{e}_2 & \cdots & \boldsymbol{e}_2 \cdot \boldsymbol{e}_n \\ \vdots & \vdots & \ddots & \vdots \\ \boldsymbol{e}_n \cdot \boldsymbol{e}_1 & \boldsymbol{e}_n \cdot \boldsymbol{e}_2 & \cdots & \boldsymbol{e}_n \cdot \boldsymbol{e}_n \end{pmatrix} \\
&= \begin{pmatrix} 1 & 0 & \cdots & 0 \\ 0 & 1 & \cdots & 0 \\ \vdots & \vdots & \ddots & \vdots \\ 0 & 0 & \cdots & 1 \end{pmatrix} = E
\end{aligned}
$$

となってしまう!! なぜなら $\{\boldsymbol{e}_1, \boldsymbol{e}_2, \cdots, \boldsymbol{e}_n\}$ は正規直交基底なので，自分自身との内積は 1，異なる基底との内積は 0 だったからだ。よって次の定理がいえる。

定　理

直交行列 T においては

$$T^{-1} = {}^tT$$

が成り立つ。

注　ここでちょっと記号のおさらいをしておこう。

${}^tA$ は A の転置行列のことで，A の行と列とを入れ換えたものであった。だから，

$A = \begin{pmatrix} a & b \\ c & d \end{pmatrix}$ のときは ${}^tA = \begin{pmatrix} a & c \\ b & d \end{pmatrix}$ となる。

特にここでは

$${}^t(AB) = ({}^tB)({}^tA)$$

が成り立つことにも注意しておこう。

実際に 2×2 行列で確かめてみよう。

$$A = \begin{pmatrix} a & b \\ c & d \end{pmatrix}, \quad B = \begin{pmatrix} x & u \\ y & v \end{pmatrix} \text{ とするとき,}$$

$$AB = \begin{pmatrix} a & b \\ c & d \end{pmatrix}\begin{pmatrix} x & u \\ y & v \end{pmatrix} = \begin{pmatrix} ax+by & au+bv \\ cx+dy & cu+dv \end{pmatrix}$$

では次はどうだろう。

$$({}^tB)({}^tA) = \begin{pmatrix} x & y \\ u & v \end{pmatrix}\begin{pmatrix} a & c \\ b & d \end{pmatrix} = \left(\phantom{\begin{matrix} aaaaaa \\ aaaaaa \end{matrix}}\right)$$

....

$$\begin{pmatrix} ax+by & cx+dy \\ au+bv & cu+dv \end{pmatrix}$$

2 次の直交変換のもつ意味

実は演習問題 11-2 で示された 2 つの直交変換は，それぞれ図形的な意味をもっている。つまり，$\begin{pmatrix} \cos\alpha & -\sin\alpha \\ \sin\alpha & \cos\alpha \end{pmatrix}$ は　原点を中心とする α 回転　（159 ページ参照）　を，$\begin{pmatrix} \cos\alpha & \sin\alpha \\ \sin\alpha & -\cos\alpha \end{pmatrix}$ は　x 軸とのなす角が $\frac{\alpha}{2}$ となる　直線に関する対称移動　を表しているのだ。これらは**合同変換**とも呼ばれる（この変換で図形を写しても形や大きさが変わらない，つまり合同になるのでこの名がある）。**回転移動**や**対称移動**は確かに写したあとで大きさ（ノルム）が変わらないのだから，これらが**直交変換**であることはよくわかる。ここで重要だったのは，　すべての 2 次の直交変換がこれら 2 種類の合同変換で尽くされている　ことである。

　講義 0 で取り上げた例（11 ページ）も，この**直交変換**──**回転変換**──によるものだったのである。そこでは

$$13x^2 + 6\sqrt{3}\,xy + 7y^2 = 16 \quad \cdots\cdots ①$$

という 2 次曲線を考えた。こいつを $\dfrac{1}{2}\begin{pmatrix} 1 & -\sqrt{3} \\ \sqrt{3} & 1 \end{pmatrix}$ という線形変換を施して，

$$\frac{X^2}{4} + Y^2 = 1 \quad \cdots\cdots ②$$

という形に変形したのだが，いまあらためて見てみれば，

$$\frac{1}{2}\begin{pmatrix} 1 & -\sqrt{3} \\ \sqrt{3} & 1 \end{pmatrix} = \begin{pmatrix} \cos\dfrac{\pi}{3} & -\sin\dfrac{\pi}{3} \\ \sin\dfrac{\pi}{3} & \cos\dfrac{\pi}{3} \end{pmatrix}$$

という $\dfrac{\pi}{3}$ 回転によって，単純な②へ変形されていたことがわかるだろう。

実は 2 次曲線を表すのにも行列が使われたりしていて，ここでも対角化の技法が役に立つのだ。ではその方法を説明する前に，少し準備をしておこう。まずは対称行列というものから考える。

2 次曲線と対称行列

> **定 義**
>
> $f(x, y) = ax^2 + 2cxy + dy^2$ の形をした式を **2 次形式**と呼ぶ。

11 ページのだ円の例はまさしくこの形をしていた。実際，高校で学ぶ 2 次曲線のうち，単純なタイプはすべてこの形にまとめられるのだ。また，2 次形式は行列を使って次のように書き換えられる。

$$(x \quad y)\begin{pmatrix} a & c \\ c & d \end{pmatrix}\begin{pmatrix} x \\ y \end{pmatrix} = ax^2 + 2cxy + dy^2$$

ここで 2 次形式を作っている行列 $\begin{pmatrix} a & c \\ c & d \end{pmatrix}$，すなわち のように成分が対角線上に線対称に等しい行列を**対称行列**という。

> **定 義**
>
> $m \times n$ 行列のうちで $^tA = A$ となる行列を**対称行列**と呼ぶ。

3×3 の対称行列 $\begin{pmatrix} a & d & e \\ d & b & f \\ e & f & c \end{pmatrix}$ というのも同様に考えられて，

$$(x \quad y \quad z)\begin{pmatrix} a & d & e \\ d & b & f \\ e & f & c \end{pmatrix}\begin{pmatrix} x \\ y \\ z \end{pmatrix} = ax^2 + by^2 + cz^2 + 2dxy + 2ezx + 2fyz$$

と表して **2 次曲面**の計算に利用したりする。この式もまた **2 次形式**と呼ばれる。

2 変数の微分法を学ぶと，極大値や極小値を計算するとき，右図のような 2 次曲面で近似して考える。ここで 11 ページのような操作が活きてきたりするのだ。

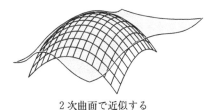

2 次曲面で近似する

対称行列の対角化

このようにして考えてきた対称行列と直交変換であるが，これらは次の定理で結びつくことになる。

定　理
$n \times n$ の実**対称行列**は，$n \times n$ の**直交行列**で対角化できる。

11 ページの例は，この定理を利用したものなのである。その構造を再確認して，この定理を実感してもらおう。

考える 2 次曲面は次の形である。

$$13x^2 + 6\sqrt{3}\,xy + 7y^2 = 16$$

これを 2 次形式として表現し直すと，

$$13x^2 + 6\sqrt{3}\,xy + 7y^2 = (x \quad y)\begin{pmatrix} 13 & 3\sqrt{3} \\ 3\sqrt{3} & 7 \end{pmatrix}\begin{pmatrix} x \\ y \end{pmatrix} = 16 \quad \cdots\cdots ①$$

となる。ところで点 (x, y) を原点 O を中心に $\dfrac{\pi}{3}$ 回転した点を (X, Y) とすると，

$$T = \begin{pmatrix} \cos\dfrac{\pi}{3} & -\sin\dfrac{\pi}{3} \\ \sin\dfrac{\pi}{3} & \cos\dfrac{\pi}{3} \end{pmatrix} = \frac{1}{2}\begin{pmatrix} 1 & -\sqrt{3} \\ \sqrt{3} & 1 \end{pmatrix}$$

として

$$\begin{pmatrix} X \\ Y \end{pmatrix} = T\begin{pmatrix} x \\ y \end{pmatrix} \iff \begin{pmatrix} x \\ y \end{pmatrix} = T^{-1}\begin{pmatrix} X \\ Y \end{pmatrix}$$

と表せる。

ところで演習問題 11-2 でもわかるように T は**直交行列**なので，

$$T^{-1} = {}^t T$$

である。ゆえに

$$\begin{pmatrix} x \\ y \end{pmatrix} = {}^t T\begin{pmatrix} X \\ Y \end{pmatrix}$$

と表せる。ここで転置行列の性質 ${}^t(AB) = {}^t B \cdot {}^t A$ より

$$(x \quad y) = {}^t\begin{pmatrix} x \\ y \end{pmatrix} = {}^t\left({}^t T\begin{pmatrix} X \\ Y \end{pmatrix}\right)$$

$$= (X \quad Y)\,T \quad (\because {}^t({}^t T) = T \,\text{だ})$$

と書き換えられる。これを①へ代入してみよう！！

$$(x \quad y)\begin{pmatrix} 13 & 3\sqrt{3} \\ 3\sqrt{3} & 7 \end{pmatrix}\begin{pmatrix} x \\ y \end{pmatrix}$$

$$=(X \quad Y)\,T\begin{pmatrix} 13 & 3\sqrt{3} \\ 3\sqrt{3} & 7 \end{pmatrix}T^{-1}\begin{pmatrix} X \\ Y \end{pmatrix}=16 \quad \cdots\cdots①'$$

ここで

$$T=\frac{1}{2}\begin{pmatrix} 1 & -\sqrt{3} \\ \sqrt{3} & 1 \end{pmatrix},\ \ T^{-1}={}^t T=\frac{1}{2}\begin{pmatrix} 1 & \sqrt{3} \\ -\sqrt{3} & 1 \end{pmatrix}$$

だから

$$T\begin{pmatrix} 13 & 3\sqrt{3} \\ 3\sqrt{3} & 7 \end{pmatrix}T^{-1}=\frac{1}{4}\begin{pmatrix} 1 & -\sqrt{3} \\ \sqrt{3} & 1 \end{pmatrix}\begin{pmatrix} 13 & 3\sqrt{3} \\ 3\sqrt{3} & 7 \end{pmatrix}\begin{pmatrix} 1 & \sqrt{3} \\ -\sqrt{3} & 1 \end{pmatrix}$$

$$=\begin{pmatrix} \\ \end{pmatrix}$$

となる。よって①' は

$$(x \quad y)\begin{pmatrix} 13 & 3\sqrt{3} \\ 3\sqrt{3} & 7 \end{pmatrix}\begin{pmatrix} x \\ y \end{pmatrix}$$

$$=(X \quad Y)\begin{pmatrix} 4 & 0 \\ 0 & 16 \end{pmatrix}\begin{pmatrix} X \\ Y \end{pmatrix}$$

$$=4X^2+16Y^2=16 \iff \frac{X^2}{4}+Y^2=1 \quad \cdots\cdots②$$

と変形できる!!　ここに**対角化**が見て取れるよね！　つまり，対称行列の対角化には直交行列が使えてしまうのだ!!　これをまとめたものがさっきの定理，

定　理

$n\times n$ 実対称行列は $n\times n$ の直交行列で対角化できる。

なのだ。これはすなわち対称行列 A に対し，適当な直交行列 T によって，

$$T^{-1}AT=\begin{pmatrix} \lambda_1 & & & O \\ & \lambda_2 & & \\ & & \ddots & \\ O & & & \lambda_n \end{pmatrix}$$

を作れるってことなのである。

対称行列の対角化のしかた

　最後に対称行列の対角化の具体的な手順をまとめ，実際に問題を解いて本講の締めくくりとしよう。A を $n \times n$ の対称行列とする。

① まず対称行列 A の固有値と固有ベクトルを求める。

　固有値はかならずしも n 個求まるとは限らないが，実は固有ベクトルだけは 1 次独立なものが n 個作れる。

② ①で作った 1 次独立な n 個の固有ベクトル $\{x_1,\ x_2,\ \cdots,\ x_n\}$ を正規直交化して $\{e_1,\ e_2,\cdots,\ e_n\}$ を作る。

　シュミットの直交化法を使えばよいだろう。

③ $T = (e_1 \quad e_2 \quad \cdots \quad e_n)$ とおけば，

$$T^{-1}AT = \begin{pmatrix} \lambda_1 & & & O \\ & \lambda_2 & & \\ & & \ddots & \\ O & & & \lambda_n \end{pmatrix} \text{ となる}$$

　なお，ここで $\lambda_1, \cdots, \lambda_n$ は，重複も許した A の固有値である。

　実際に次から実習問題を解いて練習してみよう。

実習問題
11-2

次の対称行列を直交行列で対角化せよ。ただし，その直交行列も求めておくこと。

$$A = \begin{pmatrix} 1 & -2 & 2 \\ -2 & 1 & -2 \\ 2 & -2 & 1 \end{pmatrix}$$

【解答＆解説】　(1)　A の固有値を λ とする。

$$|A - \lambda E| = \begin{vmatrix} 1-\lambda & -2 & 2 \\ -2 & 1-\lambda & -2 \\ 2 & -2 & 1-\lambda \end{vmatrix}$$

$$= -(\lambda+1)^2(\lambda-5) = 0$$

ゆえに固有値は $\lambda = -1, 5$ である。

㋑ $\lambda = -1$（重解）のとき

$$(A+E)\begin{pmatrix} x \\ y \\ z \end{pmatrix} = \begin{pmatrix} 2 & -2 & 2 \\ -2 & 2 & -2 \\ 2 & -2 & 2 \end{pmatrix}\begin{pmatrix} x \\ y \\ z \end{pmatrix} = \begin{pmatrix} 0 \\ 0 \\ 0 \end{pmatrix}$$

これを解けば，$x-y+z=0$ である。よって $x=t_1$, $z=t_2$ として

$$\begin{pmatrix} x \\ y \\ z \end{pmatrix} = t_1\begin{pmatrix} 1 \\ 1 \\ 0 \end{pmatrix} + t_2\begin{pmatrix} 0 \\ 1 \\ 1 \end{pmatrix}$$

㋺ $\lambda = 5$ のとき

$$(A-5E)\begin{pmatrix} x \\ y \\ z \end{pmatrix} = \begin{pmatrix} -4 & -2 & 2 \\ -2 & -4 & -2 \\ 2 & -2 & -4 \end{pmatrix}\begin{pmatrix} x \\ y \\ z \end{pmatrix} = \begin{pmatrix} 0 \\ 0 \\ 0 \end{pmatrix}$$

これを解けば，$\begin{cases} x-z=0 \\ y+z=0 \end{cases}$ である。よって $x=t_3$ として

$$\begin{pmatrix} x \\ y \\ z \end{pmatrix} = \text{(a)}$$

以上から1次独立な固有ベクトルとして

$$\left\{ \begin{pmatrix} 1 \\ 1 \\ 0 \end{pmatrix}, \begin{pmatrix} 0 \\ 1 \\ 1 \end{pmatrix}, \begin{pmatrix} 1 \\ -1 \\ 1 \end{pmatrix} \right\}$$

が取り出せる。これにシュミットの直交化法（講義9を参照）を使えば，

$$\boldsymbol{e}_1 = \frac{1}{\sqrt{2}} \begin{pmatrix} 1 \\ 1 \\ 0 \end{pmatrix}, \ \boldsymbol{e}_2 = \frac{1}{\sqrt{6}} \begin{pmatrix} -1 \\ 1 \\ 2 \end{pmatrix}, \ \boldsymbol{e}_3 = \boxed{\text{(b)}}$$

が求められる。

よって，$T = \begin{pmatrix} \dfrac{1}{\sqrt{2}} & -\dfrac{1}{\sqrt{6}} & \dfrac{1}{\sqrt{3}} \\ \dfrac{1}{\sqrt{2}} & \dfrac{1}{\sqrt{6}} & -\dfrac{1}{\sqrt{3}} \\ 0 & \dfrac{2}{\sqrt{6}} & \dfrac{1}{\sqrt{3}} \end{pmatrix}$ として，

$$T^{-1}AT = \boxed{\text{(c)}} \qquad \cdots\cdots(答)$$

....

(a) $t_3 \begin{pmatrix} 1 \\ -1 \\ 1 \end{pmatrix}$ 　(b) $\dfrac{1}{\sqrt{3}} \begin{pmatrix} 1 \\ -1 \\ 1 \end{pmatrix}$ 　(c) $\begin{pmatrix} -1 & 0 & 0 \\ 0 & -1 & 0 \\ 0 & 0 & 5 \end{pmatrix}$

復習問題
11-1

次の各行列に対して，正則行列を用いて対角化せよ。また，その正則行列も 1 つ求めておくこと。

(1) $A = \begin{pmatrix} 3 & -4 & -2 \\ -2 & 7 & 4 \\ 3 & -8 & -4 \end{pmatrix}$ (2) $B = \begin{pmatrix} 2 & 0 & -6 \\ 0 & 2 & 0 \\ 0 & 0 & -1 \end{pmatrix}$

【解答＆解説】

(1) 行列 A の固有値を λ とおく。

$$|A - \lambda E| = \begin{vmatrix} 3-\lambda & -4 & -2 \\ -2 & 7-\lambda & 4 \\ 3 & -8 & -4-\lambda \end{vmatrix} = -(\lambda-1)(\lambda-2)(\lambda-3) = 0$$

ゆえに，固有値は $\lambda = 1, 2, 3$ である。

㋑ $\lambda = 1$ のとき固有ベクトルの 1 つが $\begin{pmatrix} 1 \\ 1 \\ -1 \end{pmatrix}$ と取れる。

㋺ $\lambda = 2$ のとき固有ベクトルの 1 つが $\begin{pmatrix} 2 \\ 0 \\ 1 \end{pmatrix}$ と取れる。

㋩ $\lambda = 3$ のとき固有ベクトルの 1 つが $\begin{pmatrix} 2 \\ -1 \\ 2 \end{pmatrix}$ と取れる。

（復習問題 10-1 (1) 参照）

以上の固有ベクトルを用いて $P = \begin{pmatrix} 1 & 2 & 2 \\ 1 & 0 & -1 \\ -1 & 1 & 2 \end{pmatrix}$ とおくと，

$P^{-1} = \begin{pmatrix} 1 & -2 & -2 \\ -1 & 4 & 3 \\ 1 & -3 & -2 \end{pmatrix}$ となるので，

$$P^{-1}AP = \begin{pmatrix} 1 & -2 & -2 \\ -1 & 4 & 3 \\ 1 & -3 & -2 \end{pmatrix} \begin{pmatrix} 3 & -4 & -2 \\ -2 & 7 & 4 \\ 3 & -8 & -4 \end{pmatrix} \begin{pmatrix} 1 & 2 & 2 \\ 1 & 0 & -1 \\ -1 & 1 & 2 \end{pmatrix}$$

$$= \begin{pmatrix} 1 & 0 & 0 \\ 0 & 2 & 0 \\ 0 & 0 & 3 \end{pmatrix} \quad \cdots\cdots(\text{答})$$

(2) 行列 A の固有値を λ とおく。

$$|B-\lambda E| = \begin{vmatrix} 2-\lambda & 0 & -6 \\ 0 & 2-\lambda & 0 \\ 0 & 0 & -1-\lambda \end{vmatrix} = -(\lambda-2)^2(\lambda+1) = 0$$

ゆえに，固有値は $\lambda = 2, -1$ である。 ……(答)

①$\lambda = 2$ のとき，固有ベクトルが $\begin{pmatrix} 1 \\ 0 \\ 0 \end{pmatrix}$, $\begin{pmatrix} 0 \\ 1 \\ 0 \end{pmatrix}$ と取れる。

②$\lambda = -1$ のとき，固有ベクトルの1つが $\begin{pmatrix} 2 \\ 0 \\ 1 \end{pmatrix}$ と取れる。

(復習問題 10-1 (2) 参照)

以上の固有ベクトルを用いて，

$$P = \begin{pmatrix} 1 & 0 & 2 \\ 0 & 1 & 0 \\ 0 & 0 & 1 \end{pmatrix} \text{とおくと, } P^{-1} = \begin{pmatrix} 1 & 0 & -2 \\ 0 & 1 & 0 \\ 0 & 0 & 1 \end{pmatrix} \text{で}$$

$$P^{-1}BP = \begin{pmatrix} 1 & 0 & 2 \\ 0 & 1 & 0 \\ 0 & 0 & 1 \end{pmatrix} \begin{pmatrix} 2 & 0 & -6 \\ 0 & 2 & 0 \\ 0 & 0 & -1 \end{pmatrix} \begin{pmatrix} 1 & 0 & -2 \\ 0 & 1 & 0 \\ 0 & 0 & 1 \end{pmatrix}$$

$$= \begin{pmatrix} 2 & 0 & 0 \\ 0 & 2 & 0 \\ 0 & 0 & -1 \end{pmatrix} \quad \text{……(答)}$$

復習問題
11-2

次の対称行列を，直交行列を用いて対角化せよ。ただし，その直交行列も求めておくこと。

$$B = \begin{pmatrix} 2 & 0 & -1 \\ 0 & 2 & 1 \\ -1 & 1 & 1 \end{pmatrix}$$

【解答 & 解説】

B の固有値を λ とする。

$$|B - \lambda E| = \begin{vmatrix} 2-\lambda & 0 & -1 \\ 0 & 2-\lambda & 1 \\ -1 & 1 & 1-\lambda \end{vmatrix} = -\lambda(\lambda-2)(\lambda-3) = 0$$

よって固有値は，$\lambda = 0, 2, 3$。

(イ) $\lambda = 0$ のとき

$$B\begin{pmatrix} x \\ y \\ z \end{pmatrix} = \begin{pmatrix} 2 & 0 & -1 \\ 0 & 2 & 1 \\ -1 & 1 & 1 \end{pmatrix}\begin{pmatrix} x \\ y \\ z \end{pmatrix} = \begin{pmatrix} 0 \\ 0 \\ 0 \end{pmatrix}$$

これを解いて $\begin{cases} x+y=0 \\ 2y+z=0 \end{cases}$。 固有ベクトルとして $\begin{pmatrix} 1 \\ -1 \\ 2 \end{pmatrix}$ が取れる。

(ロ) $\lambda = 2$ のとき

$$(B-2E)\begin{pmatrix} x \\ y \\ z \end{pmatrix} = \begin{pmatrix} 0 & 0 & -1 \\ 0 & 0 & 1 \\ -1 & 1 & -1 \end{pmatrix}\begin{pmatrix} x \\ y \\ z \end{pmatrix} = \begin{pmatrix} 0 \\ 0 \\ 0 \end{pmatrix}$$

これを解いて $\begin{cases} z=0 \\ -x+y=0 \end{cases}$。 固有ベクトルとして $\begin{pmatrix} 1 \\ 1 \\ 0 \end{pmatrix}$ が取れる。

(ハ) $\lambda = 3$ のとき

$$(B-3E)\begin{pmatrix} x \\ y \\ z \end{pmatrix} = \begin{pmatrix} -1 & 0 & -1 \\ 0 & -1 & 1 \\ -1 & 1 & -2 \end{pmatrix}\begin{pmatrix} x \\ y \\ z \end{pmatrix} = \begin{pmatrix} 0 \\ 0 \\ 0 \end{pmatrix}$$

これを解いて $\begin{cases} x+y=0 \\ -y+z=0 \end{cases}$。 固有ベクトルとして $\begin{pmatrix} 1 \\ -1 \\ -1 \end{pmatrix}$ が取れる。

以上の固有ベクトル $\left\{\begin{pmatrix}1\\-1\\2\end{pmatrix}, \begin{pmatrix}1\\1\\0\end{pmatrix}, \begin{pmatrix}1\\-1\\-1\end{pmatrix}\right\}$ をシュミットの直交化法で正規

直交化して，

$$\left\{\frac{1}{\sqrt{6}}\begin{pmatrix}1\\-1\\2\end{pmatrix}, \frac{1}{\sqrt{2}}\begin{pmatrix}1\\1\\0\end{pmatrix}, \frac{1}{\sqrt{3}}\begin{pmatrix}1\\-1\\-1\end{pmatrix}\right\}$$

よって

$$T = \begin{pmatrix} \dfrac{1}{\sqrt{6}} & \dfrac{1}{\sqrt{2}} & \dfrac{1}{\sqrt{3}} \\ -\dfrac{1}{\sqrt{6}} & \dfrac{1}{\sqrt{2}} & -\dfrac{1}{\sqrt{3}} \\ \dfrac{2}{\sqrt{6}} & 0 & -\dfrac{1}{\sqrt{3}} \end{pmatrix}$$

として，

$$T^{-1}BT = \frac{1}{6}\begin{pmatrix} 1 & -1 & 2 \\ \sqrt{3} & \sqrt{3} & 0 \\ \sqrt{2} & -\sqrt{2} & -\sqrt{2} \end{pmatrix}\begin{pmatrix} 2 & 0 & -1 \\ 0 & 2 & 1 \\ -1 & 1 & 1 \end{pmatrix}\begin{pmatrix} 1 & \sqrt{3} & \sqrt{2} \\ -1 & \sqrt{3} & -\sqrt{2} \\ 2 & 0 & -\sqrt{2} \end{pmatrix}$$

$$= \begin{pmatrix} 0 & 0 & 0 \\ 0 & 2 & 0 \\ 0 & 0 & 3 \end{pmatrix} \quad \cdots\cdots(\text{答})$$

復習問題
11-3

行列 $A = \begin{pmatrix} -3 & -4 \\ 1 & 2 \end{pmatrix}$ を正則行列を用いて対角化し，A^n を求めよ。

【解答 & 解説】

行列 A の固有値を λ とおく。

$$|A - \lambda E| = \begin{vmatrix} -3-\lambda & -4 \\ 1 & 2-\lambda \end{vmatrix} = \lambda^2 + \lambda - 2 = 0 \text{ により，} \lambda = 1, -2$$

$\lambda = -2$ のとき，固有ベクトルは $\begin{pmatrix} 4 \\ -1 \end{pmatrix}$ が取れる。

$\lambda = 1$ のとき，固有ベクトルは $\begin{pmatrix} -1 \\ 1 \end{pmatrix}$ が取れる。

$P = \begin{pmatrix} 4 & -1 \\ -1 & 1 \end{pmatrix}$ とおくと $P^{-1} = \dfrac{1}{3}\begin{pmatrix} 1 & 1 \\ 1 & 4 \end{pmatrix}$ で，$P^{-1}AP = \begin{pmatrix} -2 & 0 \\ 0 & 1 \end{pmatrix}$。

$(P^{-1}AP)^n = P^{-1}APP^{-1}AP \cdots P^{-1}AP = P^{-1}AA \cdots AP = P^{-1}A^nP$ であり，

$$P^{-1}A^nP = \begin{pmatrix} -2 & 0 \\ 0 & 1 \end{pmatrix}^n = \begin{pmatrix} (-2)^n & 0 \\ 0 & 1^n \end{pmatrix}$$

$$\therefore \ A^n = P\begin{pmatrix} (-2)^n & 0 \\ 0 & 1 \end{pmatrix}P^{-1}$$

$$= \begin{pmatrix} 4 & -1 \\ -1 & 1 \end{pmatrix}\begin{pmatrix} (-2)^n & 0 \\ 0 & 1 \end{pmatrix}\frac{1}{3}\begin{pmatrix} 1 & 1 \\ 1 & 4 \end{pmatrix}$$

$$= \frac{1}{3}\begin{pmatrix} 4(-2)^n - 1 & 4(-2)^n - 4 \\ -(-2)^n + 1 & -(-2)^n + 4 \end{pmatrix} \quad \cdots\cdots(\text{答})$$

講義 12 ジョルダン標準形

第 11 講では，$n \times n$ 行列 A が，n 個の 1 次独立な固有ベクトルとそれに対応する n 個の（重複も込めて）固有値 $\lambda_1, \cdots, \lambda_n$ をもつならば，それら固有ベクトルを張り合わせた行列 P を用いて，

$$P^{-1}AP = \begin{pmatrix} \lambda_1 & 0 & \cdots & 0 \\ 0 & \lambda_2 & \cdots & 0 \\ \vdots & \vdots & \ddots & \vdots \\ 0 & 0 & 0 & \lambda_n \end{pmatrix} \quad \text{（対角化）}$$

と表せることを学んだ。では，そのような固有ベクトルが取り切れないときはどうしたらよいのだろうか。

対角化できない場合の見分け方

固有値は求めた。固有ベクトルも頑張ってそろえてみたが，なんかうまくいかない。よくよく見れば，1 次独立な n 個になってなくて，「P^{-1}」が作れないじゃないか。それって固有ベクトルを探しそこねてるだけなのか，はじめから n 個も無かっただけか。それを調べるには「固有空間の次元」を調べれば良かった。

簡単のために 3×3 行列で説明しよう。

3×3 行列 A の固有値を求めるために作った方程式

$$f(\lambda) = |A - \lambda E| = \begin{vmatrix} a-\lambda & b & c \\ d & e-\lambda & f \\ g & h & i-\lambda \end{vmatrix} = 0$$

は λ の 3 次方程式である。これを 「A の固有方程式」 という。

この 「A の固有方程式」 が**異なる 3 根**をもてば， 215 ページの定理 のおかげで**対角化可能**とわかる。もしそうでないとすれば，それら固有値のうちいくつかは重解となるはずだ。

そうして求まった固有値 α たちそれぞれについて

$$（固有空間の次元）＝n-\mathrm{rank}(A-\alpha E)$$

をもとめ，**すべての和が n にならなければ対角化できない**のだった。

　例えば，3×3 行列 A で，$f_A(\lambda)=|A-\lambda E|=a(\lambda-\alpha)^2(\lambda-\beta)$ と書けたとするとして，固有値はもちろん α と β であり，それぞれに A の固有ベクトルがとれて固有空間が作れるハズだが，対角化できないのはその「重解の方の固有値 α」による固有空間が 2 次元にならないときだ。

演習問題
12-1

$A=\begin{pmatrix} 2 & 0 & 2 \\ 1 & 1 & 2 \\ 1 & 0 & 3 \end{pmatrix}$ の各固有空間の次元をそれぞれ求めよ。

【解答＆解説】

$$f_A(\lambda)=\begin{vmatrix} 2-\lambda & 0 & 2 \\ 1 & 1-\lambda & 2 \\ 1 & 0 & 3-\lambda \end{vmatrix}=-(\lambda-4)(\lambda-1)^2=0 \text{ とおくと，} \lambda=4, 1$$

$$(A-4E)=\mathrm{rank}\begin{pmatrix} -2 & 0 & 2 \\ 1 & -3 & 2 \\ 1 & 0 & -1 \end{pmatrix} \longrightarrow \begin{pmatrix} 1 & 0 & -1 \\ 1 & -3 & -2 \\ 0 & 0 & 0 \end{pmatrix}$$

$$\longrightarrow \begin{pmatrix} 1 & 0 & -1 \\ 0 & -3 & 3 \\ 0 & 0 & 0 \end{pmatrix} \longrightarrow \begin{pmatrix} 1 & 0 & -1 \\ 0 & 1 & -1 \\ 0 & 0 & 0 \end{pmatrix}$$

よって，$\mathrm{rank}\,(A-4E)=2$

$$(A-E)=\mathrm{rank}\begin{pmatrix} 1 & 0 & 2 \\ 1 & 0 & 2 \\ 1 & 0 & 2 \end{pmatrix} \longrightarrow \begin{pmatrix} 1 & 0 & 2 \\ 0 & 0 & 0 \\ 0 & 0 & 0 \end{pmatrix}$$

よって，$\mathrm{rank}\,(A-E)=1$

以上から，$\dim V(4)=3-\mathrm{rank}(A-4E)=1$

$\dim V(1)=3-\mathrm{rank}(A-E)=2$

（和が 3 なのでこの行列は対角化可能！）　　……（答）

2×2 のジョルダン標準形

　実は，任意の正方行列は，「対角化ができないとき」でも，その類似品である「対角行列モドキ」くらいには単純化できる。まずは 2×2 から具体的に説明しよう。

　行列 $A = \begin{pmatrix} a & b \\ c & d \end{pmatrix}$ が重根 α を固有値にもつとする。すなわち，

$$f_A(\lambda) = |A - \lambda E| = \begin{vmatrix} a - \lambda & b \\ c & d - \lambda \end{vmatrix}$$

$$= \lambda^2 - (a+b)\lambda + ad - bc = (\lambda - \alpha)^2 = 0$$

と書けたとしよう。

　そこで，$\mathrm{rank}(A - \alpha E) = 1$ となったなら，$\dim V(\alpha) = 1$ で，このまま対角化はできない。また，この**固有ベクトル**が

$$A \begin{pmatrix} x \\ y \end{pmatrix} = \alpha \begin{pmatrix} x \\ y \end{pmatrix} \text{と書けて，} \quad \boldsymbol{x} = \begin{pmatrix} x \\ y \end{pmatrix}$$

と取れたとしよう。このとき，もし

$$(A - \alpha E)\boldsymbol{y} = \boldsymbol{x} \text{ とできる } \boldsymbol{y} = \begin{pmatrix} p \\ q \end{pmatrix} \text{ を取れば，}$$

ちょっと凄いことができる。

　すなわち，$A\boldsymbol{x} = \alpha\boldsymbol{x}$，$A\boldsymbol{y} = \boldsymbol{x} + \alpha\boldsymbol{y}$ とできて，この

$$\boldsymbol{x} = \begin{pmatrix} x \\ y \end{pmatrix}, \quad \boldsymbol{y} = \begin{pmatrix} p \\ q \end{pmatrix}$$

を，「**ベクトル並べて行列**」にまとめ直せば，

$$A(\boldsymbol{x} \quad \boldsymbol{y}) = (\alpha\boldsymbol{x} \quad \boldsymbol{x} + \alpha\boldsymbol{y}) \text{ すなわち，}$$

$$A \begin{pmatrix} x & p \\ y & q \end{pmatrix} = \begin{pmatrix} \alpha x & x + \alpha p \\ \alpha y & y + \alpha q \end{pmatrix} = \begin{pmatrix} x & p \\ y & q \end{pmatrix} \begin{pmatrix} \alpha & 1 \\ 0 & \alpha \end{pmatrix} \quad \cdots\cdots (*)$$

と書けるのだ！

　（実際計算すれば，$\begin{pmatrix} x & p \\ y & q \end{pmatrix} \begin{pmatrix} \alpha & 1 \\ 0 & \alpha \end{pmatrix} = \begin{pmatrix} \alpha x & x + \alpha p \\ \alpha y & y + \alpha q \end{pmatrix}$ となる）

ここで「ベクトル並べて行列」$P = (\boldsymbol{x} \ \boldsymbol{y}) = \begin{pmatrix} x & p \\ y & q \end{pmatrix}$ と定めれば,

$AP = P \begin{pmatrix} \alpha & 1 \\ 0 & \alpha \end{pmatrix}$ と書けて,$\underline{P^{-1}\text{が存在すれば}}$めでたく

$$P^{-1}AP = \begin{pmatrix} \alpha & 1 \\ 0 & \alpha \end{pmatrix}$$

と無事「対角化モドキ」が完成するのである!

この「対角行列モドキ」$= \begin{pmatrix} \alpha & 1 \\ 0 & \alpha \end{pmatrix}$ を,**「ジョルダン標準形」**,第2の

ベクトル y を **「広義固有ベクトル」** という。

ここでの問題は $\boldsymbol{P^{-1}}$ **が存在するか**だが,$(A-\alpha E)\boldsymbol{y} = \boldsymbol{x}$ が成り立つときもちろん $(A-\alpha E)\boldsymbol{x} = \boldsymbol{0}$ が成り立つのだから,
$$(A-\alpha E)\boldsymbol{x} = (A-\alpha E)^2 \boldsymbol{y} = \boldsymbol{0}$$
ところが $\boldsymbol{x} \neq \boldsymbol{0}$ ゆえ $\boldsymbol{y}$ は,
$$(A-\alpha E)\boldsymbol{y} = \boldsymbol{x} \neq \boldsymbol{0} \ \text{だが} \ (A-\alpha E)^2 \boldsymbol{y} = \boldsymbol{0} \ \text{となるベクトル} \ \boldsymbol{y}$$
だとわかる。

$\boldsymbol{y} = k\boldsymbol{x}$ と書けていては $\boldsymbol{x} = \boldsymbol{0}$ となって矛盾するから

$\boldsymbol{x}$ と $\boldsymbol{y}$ は1次独立で,行列 $P = (\boldsymbol{x} \ \boldsymbol{y})$ は逆行列を持つ

とわかるのである。

■ ２ × ２ の ジ ョ ル ダ ン 標 準 形

行列 $A \begin{pmatrix} a & b \\ c & d \end{pmatrix}$ が重根 α を固有値にもち,$\dim V(\alpha) = 1$ のとき,

固有ベクトル $\boldsymbol{x} = \begin{pmatrix} x \\ y \end{pmatrix}$ **と,**$(A-\alpha E)\boldsymbol{y} = \boldsymbol{x}$ **とできる** $\boldsymbol{y} = \begin{pmatrix} p \\ q \end{pmatrix}$ **をとれば,**

$$A \begin{pmatrix} x & p \\ y & q \end{pmatrix} = \begin{pmatrix} \alpha x & x + \alpha p \\ \alpha y & y + \alpha q \end{pmatrix} = \begin{pmatrix} x & p \\ y & q \end{pmatrix} \begin{pmatrix} \alpha & 1 \\ 0 & \alpha \end{pmatrix}$$

$$\therefore \begin{pmatrix} x & p \\ y & q \end{pmatrix}^{-1} A \begin{pmatrix} x & p \\ y & q \end{pmatrix} = \begin{pmatrix} \alpha & 1 \\ 0 & \alpha \end{pmatrix}$$

次の行列のジョルダン標準形を求めよ。

演習問題
12-2

(1) $A = \begin{pmatrix} 3 & -2 \\ 2 & -1 \end{pmatrix}$ (2) $B = \begin{pmatrix} 1 & -1 \\ 1 & 3 \end{pmatrix}$

【解答＆解説】

(1) $f_A(\lambda) = (3-\lambda)(-1-\lambda) + 4 = (\lambda-1)^2 = 0$ ゆえ固有値は $\lambda = 1$ のみ。

$(A-E)\begin{pmatrix} x_1 \\ y_1 \end{pmatrix} = 2\begin{pmatrix} x_1 - y_1 \\ x_1 - y_1 \end{pmatrix} = \begin{pmatrix} 0 \\ 0 \end{pmatrix}$ として，固有ベクトルを $\boldsymbol{x}_1 = \begin{pmatrix} x_1 \\ y_1 \end{pmatrix} = \begin{pmatrix} 2 \\ 2 \end{pmatrix}$

ととれる $\left(\boldsymbol{x}_1 = \begin{pmatrix} 1 \\ 1 \end{pmatrix}$ でもよいが，計算がラクなので $\begin{pmatrix} 2 \\ 2 \end{pmatrix}$ とした$\right)$。

次に，$(A-E)\begin{pmatrix} x_2 \\ y_2 \end{pmatrix} = 2\begin{pmatrix} x_2 - y_2 \\ x_2 - y_2 \end{pmatrix} = \begin{pmatrix} 2 \\ 2 \end{pmatrix}$ とおけば，$x_2 - y_2 = 1$。

そこで，広義固有ベクトルを $\boldsymbol{x}_2 = \begin{pmatrix} x_2 \\ y_2 \end{pmatrix} = \begin{pmatrix} 1 \\ 0 \end{pmatrix}$ とでもおこう。

$P = (\boldsymbol{x}_1 \quad \boldsymbol{x}_2) = \begin{pmatrix} 2 & 1 \\ 2 & 0 \end{pmatrix}$ として，$P^{-1} = \dfrac{1}{2}\begin{pmatrix} 0 & 1 \\ 2 & -2 \end{pmatrix}$

結果 $P^{-1}AP = \dfrac{1}{2}\begin{pmatrix} 0 & 1 \\ 2 & -2 \end{pmatrix}\begin{pmatrix} 3 & -2 \\ 2 & -1 \end{pmatrix}\begin{pmatrix} 2 & 1 \\ 2 & 0 \end{pmatrix} = \begin{pmatrix} 1 & 1 \\ 0 & 1 \end{pmatrix}$ ……(答)

(2) $f_B(\lambda) = (1-\lambda)(3-\lambda) + 1 = (\lambda-2)^2 = 0$ ゆえ固有値は $\lambda = 2$ のみ。

$(A-2E)\begin{pmatrix} x_1 \\ y_1 \end{pmatrix} = \begin{pmatrix} -x_1 - y_1 \\ x_1 + y_1 \end{pmatrix} = \begin{pmatrix} 0 \\ 0 \end{pmatrix}$ として，固有ベクトルを $\boldsymbol{x}_1 = \begin{pmatrix} x_1 \\ y_1 \end{pmatrix} = \begin{pmatrix} 1 \\ -1 \end{pmatrix}$ と取れる。

次に，$(A-2E)\begin{pmatrix} x_2 \\ y_2 \end{pmatrix} = \begin{pmatrix} -x_2 - y_2 \\ x_2 + y_2 \end{pmatrix} = \begin{pmatrix} 1 \\ -1 \end{pmatrix}$ とおけば，$x_2 + y_2 = -1$。

そこで，広義固有ベクトルを $\boldsymbol{x}_2 = \begin{pmatrix} x_2 \\ y_2 \end{pmatrix} = \begin{pmatrix} 0 \\ -1 \end{pmatrix}$ とでもおこう。

$P = (\boldsymbol{x}_1 \quad \boldsymbol{x}_2) = \begin{pmatrix} 1 & 0 \\ -1 & -1 \end{pmatrix}$ として，$P^{-1} = \begin{pmatrix} 1 & 0 \\ -1 & -1 \end{pmatrix}$

結果 $P^{-1}AP = \begin{pmatrix} 1 & 0 \\ -1 & -1 \end{pmatrix}\begin{pmatrix} 1 & -1 \\ 1 & 3 \end{pmatrix}\begin{pmatrix} 1 & 0 \\ -1 & -1 \end{pmatrix} = \begin{pmatrix} 2 & 1 \\ 0 & 2 \end{pmatrix}$ ……(答)

3×3 のジョルダン標準形

3×3 以上でも，固有方程式が　重根　をもつがその**重複度分だけの 1 次独立な固有ベクトルたちが取れない**とき，すなわち，3 次方程式となる固有方程式において，

1. 固有値が 2 重根 α と単根 β で，$\dim V(\alpha)=1$ の場合

$$(\dim V(\alpha)=2 \text{ なら対角化可能})$$

2-1. 固有値が 3 重根 α で，$\dim V(\alpha)=2$ の場合

2-2. 固有値が 3 重根 α で，$\dim V(\alpha)=1$ の場合

$$(\dim V(\alpha)=3 \text{ なら対角化可能})$$

これらのときは，

対角化はできないけれども対角化モドキの「ジョルダン標準形」が作れる。

もう一度「広義固有ベクトル」について確認しておく。

重根固有ベクトル x に対し，$(A-\alpha E)y=x$ となる y を，**広義固有ベクトル**という。さらに，**広義固有ベクトル y_1 に対し，$(A-\alpha E)y_2=y_1$ となる y_2 も，広義固有ベクトルという。**

2×2 のときもそうだったが，この「広義固有ベクトル」とは，

$(A-\alpha E)x=0$ となる x に対して，
$\qquad (A-\alpha E)y=x\neq 0$ だが $(A-\alpha E)^2 y=0$ となるベクトル y

であった。

3×3 になるとさらに，　**「広義固有ベクトル」**　として

$(A-\alpha E)x=0$ となる x に対して，
$\quad (A-\alpha E)y_1=x_1\neq 0$ だが $(A-\alpha E)^2 y_1=(A-\alpha E)x_1=0$，
$\quad (A-\alpha E)y_2=y_1\neq 0$ だが $(A-\alpha E)^3 y_2=(A-\alpha E)^2 y_1=(A-\alpha E)x_1=0$
となるベクトル y_1, y_2

も取るのである。

1. $f_A(x)=a(x-\alpha)^2(x-\beta)$型 （$\alpha\neq\beta$ は $\dim V(\alpha)=1$）

$Ax_1=\alpha x_1,\ Ay_1=x_1+\alpha y_1,\ Ax_2=\beta x_2$ とできるとき.

重根 α に対して固有ベクトル x_1 と広義固有ベクトル y_1 をとり，単根 β に対して固有ベクトル x_2 をとれば，

$$A\begin{pmatrix}a\\b\\c\end{pmatrix}=\alpha\begin{pmatrix}a\\b\\c\end{pmatrix},\quad A\begin{pmatrix}p\\q\\r\end{pmatrix}=\begin{pmatrix}a\\b\\c\end{pmatrix}+\alpha\begin{pmatrix}p\\q\\r\end{pmatrix},\quad A\begin{pmatrix}d\\e\\f\end{pmatrix}=\beta\begin{pmatrix}d\\e\\f\end{pmatrix}\ \text{であるとして,}$$

$A(x_1\ \ y_1\ \ x_2)=(\alpha x_1\ \ x_1+\alpha y_1\ \ \beta x_2)$ となって，

$$A\begin{pmatrix}a&p&d\\b&q&e\\c&r&f\end{pmatrix}\begin{pmatrix}\alpha a&a+\alpha p&\beta d\\\alpha b&b+\alpha q&\beta e\\\alpha c&c+\alpha r&\beta f\end{pmatrix}=\begin{pmatrix}a&p&d\\b&q&e\\c&r&f\end{pmatrix}\begin{pmatrix}\alpha&1&0\\0&\alpha&0\\0&0&\beta\end{pmatrix}$$

そこで，$P=(x_1\ \ y_1\ \ x_2)$ とすれば，$P^{-1}AP=\begin{pmatrix}\alpha&1&0\\0&\alpha&0\\0&0&\beta\end{pmatrix}$ とできる。

2-1. $f_A(x)=a(x-\alpha)^3$ のとき （α は３重根，$\dim V(\alpha)=2$）

$Ax_1=\alpha x_1,\ Ay_1=x_1+\alpha y_1,\ Ax_2=\alpha x_2$ とできるとき.

３重根 α に対し，固有ベクトル x_1 とこれに対する広義固有ベクトル y_1 をとり，そしてもう一つ固有ベクトル x_2 をとれば，

$$A\begin{pmatrix}a\\b\\c\end{pmatrix}=\alpha\begin{pmatrix}a\\b\\c\end{pmatrix},\quad A\begin{pmatrix}p\\q\\r\end{pmatrix}=\begin{pmatrix}a\\b\\c\end{pmatrix}+\alpha\begin{pmatrix}p\\q\\r\end{pmatrix},\quad A\begin{pmatrix}d\\e\\f\end{pmatrix}=\alpha\begin{pmatrix}d\\e\\f\end{pmatrix}\ \text{であるとして,}$$

$A(x_1\ \ y_1\ \ x_2)=(\alpha x_1\ \ x_1+\alpha y_1\ \ \alpha x_2)$ となって，

$$A\begin{pmatrix}a&p&d\\b&q&e\\c&r&f\end{pmatrix}\begin{pmatrix}\alpha a&a+\alpha p&\alpha d\\\alpha b&b+\alpha q&\alpha e\\\alpha c&c+\alpha r&\alpha f\end{pmatrix}=\begin{pmatrix}a&p&d\\b&q&e\\c&r&f\end{pmatrix}\begin{pmatrix}\alpha&1&0\\0&\alpha&0\\0&0&\alpha\end{pmatrix}$$

そこで，$P=(x_1\ \ y_1\ \ x_2)$ とすれば，$P^{-1}AP=\begin{pmatrix}\alpha&1&0\\0&\alpha&0\\0&0&\alpha\end{pmatrix}$ とできる。

2-2. $f_A(x) = a(x-\alpha)^3$ のとき（α は 3 重根，$\dim V(\alpha) = 1$）

$Ax_1 = \alpha x_1$, $Ay_1 = x_1 + \alpha y_1$, $Ay_2 = y_1 + \alpha y_2$ とできるとき．

重根 α に対し，固有ベクトル x_1 とこれに対する広義固有ベクトル y_1，そしてさらにに対する講義固有ベクトル y_2 をとれば，

$$A\begin{pmatrix} a \\ b \\ c \end{pmatrix} = \alpha \begin{pmatrix} a \\ b \\ c \end{pmatrix},\ A\begin{pmatrix} p \\ q \\ r \end{pmatrix} = \begin{pmatrix} a \\ b \\ c \end{pmatrix} + \alpha \begin{pmatrix} p \\ q \\ r \end{pmatrix},\ A\begin{pmatrix} s \\ t \\ u \end{pmatrix} = \begin{pmatrix} p \\ q \\ r \end{pmatrix} + \alpha \begin{pmatrix} s \\ t \\ u \end{pmatrix}\ \text{である}$$

として，

$A(x_1\ \ y_1\ \ y_2) = (\alpha x_1\ \ x_1 + \alpha y_1\ \ y_1 + \alpha y_2)$ となって，

$$A\begin{pmatrix} a & p & s \\ b & q & t \\ c & r & u \end{pmatrix} \begin{pmatrix} \alpha a & a + \alpha p & p + \alpha s \\ \alpha b & b + \alpha q & q + \alpha t \\ \alpha c & c + \alpha r & r + \alpha u \end{pmatrix} = \begin{pmatrix} a & p & s \\ b & q & t \\ c & r & u \end{pmatrix} \begin{pmatrix} \alpha & 1 & 0 \\ 0 & \alpha & 1 \\ 0 & 0 & \alpha \end{pmatrix}$$

そこで，$P = (x_1\ \ y_1\ \ y_2)$ とすれば，$P^{-1}AP = \begin{pmatrix} \alpha & 1 & 0 \\ 0 & \alpha & 1 \\ 0 & 0 & \alpha \end{pmatrix}$ とできる。

演習問題 12-3

次のジョルダン標準形を求めよ（**1**の型）。

$$A = \begin{pmatrix} 1 & 1 & -1 \\ -1/2 & 2 & -1/2 \\ 0 & -1 & 2 \end{pmatrix}$$

【解答＆解説】

$$f_A(\lambda) = \begin{vmatrix} 1-\lambda & 1 & -1 \\ -1/2 & 2-\lambda & -1/2 \\ 0 & -1 & 2-\lambda \end{vmatrix} = -(\lambda-2)^2(\lambda-1) = 0 \text{ とおくと,}$$

固有値は 2（重根）と 1 で，**固有値 2 の固有ベクトルを x_1 として,**

$(A-2E)\begin{pmatrix} a \\ b \\ c \end{pmatrix} = \begin{pmatrix} 0 \\ 0 \\ 0 \end{pmatrix}$ とおけば，その解を $x_1 = \begin{pmatrix} a \\ b \\ c \end{pmatrix} = \begin{pmatrix} 1 \\ 0 \\ -1 \end{pmatrix}$ と取れる。

ここで $(A-2E)y_1 = x_1$ とできる**広義固有ベクトル y_1 を取る。**
すなわち

$(A-2E)\begin{pmatrix} p \\ q \\ r \end{pmatrix} = \begin{pmatrix} 1 \\ 0 \\ -1 \end{pmatrix}$ とおき，その解を $y_1 = \begin{pmatrix} p \\ q \\ r \end{pmatrix} = \begin{pmatrix} 0 \\ 1 \\ 0 \end{pmatrix}$ とでも取れる。

一方，**固有値 1 の固有ベクトルを x_2 として,** $(A-E)\begin{pmatrix} d \\ e \\ f \end{pmatrix} = \begin{pmatrix} 0 \\ 0 \\ 0 \end{pmatrix}$ とおき，

その解を $x_2 = \begin{pmatrix} d \\ e \\ f \end{pmatrix} = \begin{pmatrix} 1 \\ 1 \\ 1 \end{pmatrix}$ ととる。

$P = (x_1 \quad y_1 \quad x_2) = \begin{pmatrix} 1 & 0 & 1 \\ 0 & 1 & 1 \\ -1 & 0 & 1 \end{pmatrix}$ とおくと，$P^{-1} = \begin{pmatrix} 1 & 0 & -1/2 \\ -1/2 & 1 & -1/2 \\ 1/2 & 0 & 1/2 \end{pmatrix}$

結果として，$P^{-1}AP = \begin{pmatrix} 2 & 1 & 0 \\ 0 & 2 & 0 \\ 0 & 0 & 1 \end{pmatrix}$ ……（答）

演習問題 12-4

次のジョルダン標準形を求めよ（**2-1** の型）。

$$A = \begin{pmatrix} 4 & 2 & 1 \\ 0 & 6 & 0 \\ -4 & 4 & 8 \end{pmatrix}$$

【解答＆解説】

$$f_A(\lambda) = \begin{vmatrix} 4-\lambda & 2 & 1 \\ 0 & 6-\lambda & 0 \\ -4 & 4 & 8-\lambda \end{vmatrix} = -(\lambda-6)^2 = 0 \ とおくと,$$

固有値は 3 重根 6 のみだ。ところが $\mathrm{rank}(A-6E)=1$ より $\dim V(6)=2$,

よって，固有ベクトルは 1 次独立なのは 2 つまで，例えば，$\begin{pmatrix} 1 \\ 0 \\ 2 \end{pmatrix}, \begin{pmatrix} 1 \\ 1 \\ 0 \end{pmatrix}$ が

取れる。

ここで $(A-2E)y_1 = x_1$ **とできる広義固有ベクトル** y_1 **を取る**。

すなわち，

$$(A-6E)x_2 = \begin{pmatrix} -2 & 2 & 1 \\ 0 & 0 & 0 \\ -4 & 4 & 8 \end{pmatrix}\begin{pmatrix} p \\ q \\ r \end{pmatrix} = \begin{pmatrix} 1 \\ 0 \\ 2 \end{pmatrix} \ または \ \begin{pmatrix} 1 \\ 1 \\ 0 \end{pmatrix} \ とおくが，両方とも解$$

があるわけでは無い。じつは**後者は「解けない」**のである。

それでも，解のある方を $x_1 = \begin{pmatrix} 1 \\ 0 \\ 2 \end{pmatrix}$ とし，解 $y_1 = \begin{pmatrix} p \\ q \\ r \end{pmatrix}$ を $-2x+2y+z=1$

より $y_1 = \begin{pmatrix} 1 \\ 1 \\ 1 \end{pmatrix}$ とおき，**解がない方の固有ベクトル** $\begin{pmatrix} 1 \\ 1 \\ 0 \end{pmatrix}$ を x_2 として，

$$P = (x_1 \quad y_1 \quad x_2) = \begin{pmatrix} 1 & 1 & 1 \\ 0 & 1 & 1 \\ 2 & 1 & 0 \end{pmatrix} \ とおくと, \ P^{-1} = \begin{pmatrix} 1 & -1 & -0 \\ -2 & 2 & 1 \\ 2 & -1 & -1 \end{pmatrix} \ で$$

$$P^{-1}AP = \begin{pmatrix} 6 & 1 & 0 \\ 0 & 6 & 0 \\ 0 & 0 & 6 \end{pmatrix} \quad \cdots\cdots(答)$$

演習問題 12-5

次のジョルダン標準形を求めよ（**2-2** の型）。

$$A = \begin{pmatrix} 1 & 2 & 1 \\ -1/2 & 3 & 3/2 \\ 0 & 0 & 2 \end{pmatrix}$$

【解答＆解説】

$$f_A(\lambda) = \begin{vmatrix} 1-\lambda & 2 & 1 \\ -1/2 & 3-\lambda & 3/2 \\ 0 & 0 & 2-\lambda \end{vmatrix} = -(\lambda - 2)^2 = 0 \ \text{とおくと,}$$

固有値は 3 重根 2 で，$\text{rank}(A-2E)=1$ より $\dim(V)=1$ ゆえ**固有ベクトルは** $\boldsymbol{x}_1 = \begin{pmatrix} 2 \\ 1 \\ 0 \end{pmatrix}$ **の形のみだ。**

ここで $(A-2E)\boldsymbol{y}_1 = \boldsymbol{x}_1$ **とできる広義固有ベクトル** $\boldsymbol{y}_1$ **を取る。**

すなわち，$(A-2E)\boldsymbol{x}_2 = \begin{pmatrix} -1 & 2 & 1 \\ -1/2 & 1 & 3/2 \\ 0 & 0 & 0 \end{pmatrix} \begin{pmatrix} p \\ q \\ r \end{pmatrix} = \begin{pmatrix} 2 \\ 1 \\ 0 \end{pmatrix}$ とおくと,

$-p+2q+r=2$ かつ $-p/2+q+3r/2=1$ より，解 $\boldsymbol{y}_1 = \begin{pmatrix} p \\ q \\ r \end{pmatrix}$ を $\boldsymbol{y}_1 = \begin{pmatrix} 0 \\ 1 \\ 0 \end{pmatrix}$ とおき，**再度** $(A-2E)\boldsymbol{y}_2 = \boldsymbol{y}_1$ **とできる広義固有ベクトル** $\boldsymbol{y}_2$ **を取る。**

すなわち，$(A-2E)\boldsymbol{x}_2 = \begin{pmatrix} -1 & 2 & 1 \\ -1/2 & 1 & 3/2 \\ 0 & 0 & 0 \end{pmatrix} \begin{pmatrix} s \\ t \\ u \end{pmatrix} = \begin{pmatrix} 0 \\ 1 \\ 0 \end{pmatrix}$ とおくと,

$-s+2t+u=0$ かつ $-\dfrac{s}{2}+t+\dfrac{3u}{2}=1$ より，$\boldsymbol{y}_2 = \begin{pmatrix} s \\ t \\ u \end{pmatrix} = \begin{pmatrix} 1 \\ 0 \\ 1 \end{pmatrix}$ と取れる。

$P = (\boldsymbol{x}_1 \quad \boldsymbol{y}_1 \quad \boldsymbol{y}_2) = \begin{pmatrix} 2 & 0 & 1 \\ 1 & 1 & 0 \\ 0 & 0 & 1 \end{pmatrix}$ とおくと，$P^{-1} = \begin{pmatrix} 1/2 & 0 & 1 \\ -1/2 & 1 & 1/2 \\ 0 & 0 & 1 \end{pmatrix}$ で

$$P^{-1}AP = \begin{pmatrix} 2 & 1 & 0 \\ 0 & 2 & 1 \\ 0 & 0 & 2 \end{pmatrix} \quad \cdots\cdots \text{(答)}$$

4×4 のジョルダン標準形

同様にして，4×4 のジョルダン標準形も求めてみよう。

例 $A = \begin{pmatrix} 0 & -1 & 0 & 0 \\ 1 & 2 & 0 & 0 \\ 0 & 1 & 0 & -1 \\ 0 & 0 & 1 & 2 \end{pmatrix}$ に対して，

$$f_A(\lambda) = |A - \lambda E| = \begin{vmatrix} -\lambda & -1 & 0 & 0 \\ 1 & 2-\lambda & 0 & 0 \\ 0 & 1 & -\lambda & -1 \\ 0 & 0 & 1 & 2-\lambda \end{vmatrix} = - \begin{vmatrix} 1 & 2-\lambda & 0 & 0 \\ -\lambda & -1 & 0 & 0 \\ 0 & 1 & -\lambda & -1 \\ 0 & 0 & 1 & 2-\lambda \end{vmatrix}$$

$$= \begin{vmatrix} 1 & 2-\lambda & 0 & 0 \\ 0 & (\lambda-1)^2 & 0 & 0 \\ 0 & 1 & -\lambda & -1 \\ 0 & 0 & 1 & 2-\lambda \end{vmatrix} = \begin{vmatrix} (\lambda-1)^2 & 0 & 0 \\ 1 & -\lambda & -1 \\ 0 & 1 & 2-\lambda \end{vmatrix}$$

$= (\lambda-1)^2 \lambda(\lambda-2) + (\lambda-1)^2 = (\lambda-1)^4 = 0$ とおくと，

$$\boldsymbol{\lambda = 1 \text{（4 重解）}}$$

$\mathrm{rank}(A-E) = 3$ より $\dim V(1) = 1$。

$$(A-E)\boldsymbol{x}_1 = \begin{pmatrix} -1 & -1 & 0 & 0 \\ 1 & 1 & 0 & 0 \\ 0 & 1 & -1 & -1 \\ 0 & 0 & 1 & 1 \end{pmatrix} \begin{pmatrix} x \\ y \\ z \\ w \end{pmatrix} = \begin{pmatrix} -x-y \\ x+y \\ y-z-w \\ z+w \end{pmatrix} = \boldsymbol{0} \text{ とおくと，}$$

$$x+y = y-(w+z) = w+z = 0。$$

よって**固有ベクトル**として 1 次独立なのはひとつだけ $\boldsymbol{x}_1 = \begin{pmatrix} x \\ y \\ z \\ w \end{pmatrix} = \begin{pmatrix} 0 \\ 0 \\ 1 \\ -1 \end{pmatrix}$

が取れて，

$$(A-E)\boldsymbol{x}_2 = \begin{pmatrix} -1 & -1 & 0 & 0 \\ 1 & 1 & 0 & 0 \\ 0 & 1 & -1 & -1 \\ 0 & 0 & 1 & 1 \end{pmatrix} \begin{pmatrix} x_1 \\ y_1 \\ z_1 \\ w_1 \end{pmatrix} = \begin{pmatrix} -x_1-y_1 \\ x_1+y_1 \\ y_1-z_1-w_1 \\ z_1+w_1 \end{pmatrix} = \boldsymbol{x}_1 = \begin{pmatrix} 0 \\ 0 \\ 1 \\ -1 \end{pmatrix} \text{ とおくと，}$$

$$x_1 + y_1 = 0, \quad -y_1 + w_1 + z_1 = w_1 + z_1 = -1。$$

よって**広義固有ベクトル**として $\boldsymbol{x}_2 = \begin{pmatrix} x_2 \\ y_2 \\ z_2 \\ w_2 \end{pmatrix} = \begin{pmatrix} 0 \\ 0 \\ 0 \\ -1 \end{pmatrix}$ が取れて，

以下 $(A-E)\boldsymbol{x}_3 = \boldsymbol{x}_2,\ (A-E)\boldsymbol{x}_4 = \boldsymbol{x}_3$ として，

各広義固有ベクトルが $\boldsymbol{x}_3 = \begin{pmatrix} x_3 \\ y_3 \\ z_3 \\ w_3 \end{pmatrix} = \begin{pmatrix} 1 \\ -1 \\ -1 \\ 0 \end{pmatrix}, \ \boldsymbol{x}_4 = \begin{pmatrix} x_4 \\ y_4 \\ z_4 \\ w_4 \end{pmatrix} = \begin{pmatrix} 0 \\ -1 \\ 0 \\ 0 \end{pmatrix}$ と取れる。

$$P = (\boldsymbol{x}_1 \quad \boldsymbol{x}_2 \quad \boldsymbol{x}_3 \quad \boldsymbol{x}_4) = \begin{pmatrix} 0 & 0 & 1 & 0 \\ 0 & 0 & -1 & -1 \\ 1 & 0 & -1 & 0 \\ -1 & -1 & 0 & 0 \end{pmatrix}$$ とおけば，

$$P^{-1} = \begin{pmatrix} 0 & 0 & 1 & 0 \\ -1 & 0 & -1 & -1 \\ 1 & 0 & 0 & 0 \\ -1 & -1 & 0 & 0 \end{pmatrix}$$ となるから，

$$P^{-1}AP = \begin{pmatrix} 1 & 0 & 1 & 0 \\ -1 & 0 & -1 & -1 \\ 1 & 0 & 0 & 0 \\ -1 & -1 & 0 & 0 \end{pmatrix} \begin{pmatrix} 0 & -1 & 0 & 0 \\ 1 & 2 & 0 & 0 \\ 0 & 1 & 0 & -1 \\ 0 & 0 & 1 & 2 \end{pmatrix} \begin{pmatrix} 0 & 0 & -1 & 0 \\ 0 & 0 & -1 & -1 \\ 1 & 0 & -1 & 0 \\ -1 & -1 & 0 & 0 \end{pmatrix}$$

$$= \begin{pmatrix} 1 & 1 & 0 & 0 \\ 0 & 1 & 1 & 0 \\ 0 & 0 & 1 & 1 \\ 0 & 0 & 0 & 1 \end{pmatrix} \quad \cdots\cdots(答)$$

あ　と　が　き

　いやー，とにかく久しぶりに線形代数を勉強させてもらった（笑）。偉そうなことをさんざん書いているが，20年前の私は大学で「線形代数学」の単位を取りこぼしそうになって教官に呼びだされ（しかも世界的権威のえらーい先生にだ！），背筋に5リットルくらい冷や汗を流した元劣等生筆頭であるからして，「コリャ下手なものは書けないぞ」とそこら中から線形代数の教科書を数十冊買い集めて片っ端から読みまくった（ああ，これを20年前にやってりゃなあ……（笑））。

　そしたら世の中にはいい本がこんなにあるものかと正直凄く自信がなくなった。いやだってほんとに凄い本ばかりなんだもの。「こいつはとんでもない仕事引き受けちゃったぞ」と後悔しても後の祭りである。

　しかしながら次第に元劣等生の記憶がよみがえってきて，どこでわけがわからなくなったのかとか，どこで数学のおもしろさに目覚めさせられたのかとかいろいろ思い起こしながら，それではこういう風に書いたらどうだろうなんていうアイデアがいろいろわいてきて，書いている最中はそれなりに楽しめたというのが偽らざる正直な気持ちである。

　いや，なにしろ頑張って計算練習すればイロイロわかってくるし，わかればまた楽しいのである。これ，学習すべての原点ですよね。

　というわけで，私自身の学習ノートみたいな体裁になってしまった感はあるが，その分えらーい数学研究者の先生方より読者諸君に少々近い存在としていいアドバイスをちりばめられたんじゃないかなと勝手に思っている。

　なにより毎年予備校の教室から送り出している学生諸君の顔を思い起こしながら書いた。是非本書を活用して，さらに数ある名著へと挑戦する踏み台にしてもらえたら幸いである。そう，我々予備校講師はいつだって諸君の踏み台なのだから。

齋藤寛靖

索 引
INDEX

著者紹介

齋藤　寛靖
（さいとう　ひろやす）

　大手予備校にて 30 年以上大教室の教壇にたち，数多くの受講生を大学へ送り出してきた
かつてのイケメンも流石にちょっとくたびれてきたが，いまだに貧乏ヒマ無しで，若手講
師にもまれながらも彼らを上回るコマ数を精力的にこなす．おそらく黒板の前が人生でもっ
とも多く過ごした場所に違いない．でも髪はふさふさなのが自慢．

　趣味はキャンプと美妻溺愛．なんとか妻に捨てられずにもっている．

　主な著書に，「単位が取れる線形代数ノート」「単位が取れる微分方程式ノート」（講談社）
などがある．

　本書の追加情報は小社 HP：www.kspub.co.jp の本書ページをご覧ください．

NDC411　250p　21cm

単位が取れるシリーズ

単位が取れる線形代数ノート　改訂第 2 版

2020 年 11 月 26 日　第 1 刷発行

著者	齋藤　寛靖（さいとう　ひろやす）
発行者	渡瀬　昌彦
発行所	株式会社 講談社

〒 112-8001　東京都文京区音羽 2-12-21
　　販売　　（03）5395-4415
　　業務　　（03）5395-3615

編集	株式会社 講談社サイエンティフィク

代表　堀越　俊一
〒 162-0825　東京都新宿区神楽坂 2-14　ノービィビル
　　編集　　（03）3235-3701

本文データ制作	双文社印刷 株式会社
カバー・表紙印刷	豊国印刷 株式会社
本文印刷・製本	株式会社 講談社

Printed in Japan

ISBN978-4-06-520421-4